15-17
Version

한국STATA학회
The Korean Association of STATA

3rd Edition

고급 패널데이터 분석

민인식·최필선 공저

STATA

Advanced Panel Data Analysis

고급 패널데이터 분석 *3rd Edition*

STATA

Advanced Panel Data Analysis

민인식 · 최필선 공저

15-17
Version

MEDIA JIPHIL
(주)지필미디어

머리말

그 동안 많은 독자들로부터 패널 데이터 분석에서 좀 더 깊이 있고 폭넓은 내용의 해설서가 필요하다는 요청이 있었고 저자 역시 그런 필요성을 절감했지만 거기에 어떤 내용을 담아야 할지 고민도 적지 않았다. STATA 관련 기존 저서에서 견지해왔던 기본 방향, "연구자들에게 실제적으로 도움이 될 수 있는 책"에 다시 초점을 맞추기로 한다. 특히 2021년 Stata 17버전 출시에 맞추어 본서의 새로운 버전을 출간하고자 한다.

본서에서는 기존 『STATA 패널데이터 분석』에서 다루지 못했던 차분모형, SUR(Seemingly Unrelated Regression) 모형, 연립방정식 모형, GMM(Generalized Method of Moments)의 이론적 아이디어와 추정방법을 깊이 있게 설명한다. 기존 저서가 연속형 종속변수를 주로 다룬데 비해, 확장적 논의로서 연속형 변수 외에도 범주형 또는 질적 종속변수 모형을 중요하게 다루고 있다. 횡단면 데이터에 대한 범주형 종속변수 모형은 많은 (해외) 저서에서 다루고 있지만, 패널 데이터의 경우에는 추천할 만한 책이 보이지 않았다. 본서가 이러한 분야에서 독자들의 지적 갈증을 조금이나마 해소하는 데 도움이 되었으면 한다. 패널데이터 분석 방법을 이해하기 위해서는 먼저 횡단면데이터 방법론을 이해해야 한다. 따라서 본서 4장~11장에서는 먼저 횡단면 모형을 설명한 후 패널 모형을 다루는 방식으로 논의를 전개한다. 저자들의 다른 STATA 저서와 마찬가지로 이론적 논의는 개념 중심으로 소개하고 실제 데이터를 분석하고 해석하는 방법에 초점을 맞추었다. 본서의 모든 예제 데이터 파일은 한국STATA학회(http://kastata.org/html/sub02-04.asp)에서 다운로드 받아 독자들이 직접 실습할 수 있다.

본서가 출간되는데 실무를 맡아준 유혜림 박사님(건강보험공단)에게 감사드린다. 어려운 출판환경 하에서도 본서 출간을 후원해 주신 ㈜지필미디어 김성남 사장님 이하 임직원과 편집진에게도 깊이 감사드린다. 마지막으로 항상 조용히 지켜봐 주고 격려해 준 가족들에게 한없는 고마움을 전한다.

2022년 8월

저 자

목차

제1장 | 일원오차성분 모형

제2장 | 이원오차성분 모형

제3장 | 1차 차분 모형

제4장 | 패널 SUR 모형

제5장 | 패널 연립방정식 모형

제6장 | 패널 GMM 추정

제7장 | 패널 GEE

제8장 | 패널 토빗 모형

제9장 | 패널 카운트 모형

제10장 | 패널 순서형 로짓 · 프로빗 모형

제11장 | 패널 다항 로짓모형

제12장 | 멀티레벨 모형 I

제13장 | 멀티레벨 모형 II

CHAPTER 01 | 일원오차성분 모형

1.1 그룹 고정 · 확률효과 모형

패널데이터를 기초한 선형회귀 모형으로 다음과 같은 모형설정을 고려하자.

$$y_{it} = \alpha + \beta x_{it} + \gamma z_i + \epsilon_{it}, \quad i = 1, \cdots, n, \quad t = 1, \cdots, T \tag{1.1}$$

위 모형에서 설명변수를 보면, 패널 그룹과 시간에 따라 변하는 x_{it}, 그리고 그룹에 따라서만 변하는 z_i가 있다. 종속변수에 영향을 미치는 그 외 변수는 모두 오차항 ϵ_{it}에 포함되어 있다고 보면 된다.

식 1.1에서 오차항을 어떻게 규정하느냐에 따라 모형이 세분화된다. 우선 다음과 같은 아이디어를 생각해보자.

$$\epsilon_{it} = u_i + e_{it} \tag{1.2}$$

오차항을 그룹과 시간 모두에 대해 달라지는 요인(e_{it}) 외에 그룹에 대해서만 값이 달라지는 요인(u_i)으로 구분하는 것이다. 이러한 가정을 통해 식 1.1에서 제외된 시간불변(time-invariant) 설명변수를 통제하자는 것이다. 오차항을 식 1.2와 같이 규정하는 모형을 일원오차성분(one-way error component) 모형이라고 부른다. 순수한 의미의 오차인 e_{it} 이외에 패널 그룹의 이질성(group heterogeneity)을 포착할 수 있는 오차성분을 하나 둔다는 점에서 '일원' 성분 모형이다.*

그룹 고정효과 모형

이상에서 설명한 식 1.1과 1.2를 결합하면 다음과 같이 쓸 수 있다.

$$y_{it} = \alpha + \beta x_{it} + \gamma z_i + u_i + e_{it} \tag{1.3}$$

식 1.3이 관찰되지 않는 그룹 특성(unobserved group heterogeneity)을 고려한 일원오차

* 패널 그룹의 이질성이 아니라 시간 변수의 효과를 오차항의 일부분으로 구성할 수도 있으며, 이는 다음 절에서 다룬다. 그룹 특성과 시간 특성 두 가지를 모두 오차항에서 통제하는 모형을 이원오차성분(two-way error component) 모형이라 부르며, 본서 2장에서 다룬다.

성분 모형이다. 우리는 오차항 u_i를 고정효과(fixed effects)나 확률효과(random effects)의 둘 중 하나로 간주할 수 있다. 고정효과 모형에서는 오차항 u_i를 추정해야할 모수(parameter)로 간주하지만, 확률효과 모형에서는 확률변수(random variable)로 간주한다.*

먼저 고정효과 모형을 추정하는 방법을 생각해보자. 이 경우 관찰되지 않는 패널 그룹의 특성을 모형에서 통제하기 위해 패널 그룹 더미변수를 모형에 포함하여 추정한다.

$$y_{it} = \alpha + \beta x_{it} + \gamma z_i + \sum_{i=1}^{n-1} \lambda_i D_i + e_{it} \tag{1.4}$$

위 식에서 D_i는 i번째 패널 그룹에 해당하면 1이고, 그렇지 않으면 0의 값을 갖는 더미변수이다. 식 1.4를 OLS로 추정하면 모수에 대한 일치추정량을 얻을 수 있다. 물론 오차항 e_{it}는 평균이 0이고 분산이 동일하며, 자기상관이 존재하지 않는다는 가정을 만족해야 한다. 여기서 한 가지 주의해야 할 점은 설명변수 z_i 역시 시간에 따라 변하지 않고 그룹 내에서는 같은 값을 갖는 변수이기 때문에 z_i와 $D_1, D_2, \cdots, D_{n-1}$ 변수들 간에는 완벽한 선형관계가 존재한다. 그러므로 모수 γ는 추정치를 구할 수 없다. 그러나 여전히 z_i 변수는 통제변수로서의 역할을 하고 있으며, 단지 그 변수의 추정계수를 구별하여 얻을 수 없다는 의미이다.

그룹 고정효과 모형을 추정하기 위해 u_i를 더미변수로 만들어 모형에서 직접 추정하는 대신, 다음과 같이 within-group 변환을 통해 모형에서 u_i를 제외시킬 수도 있다.**

$$(y_{it} - \bar{y}_i) = \beta(x_{it} - \bar{x}_i) + (e_{it} - \bar{e}_i) \tag{1.5}$$

식 1.5와 같이 변환된 종속변수와 설명변수를 이용하여 OLS로 추정하면 여전히 β에 대한 일치추정량을 얻을 수 있다. 우리는 오차항 u_i와 설명변수 z_i가 모두 식에서 사라졌음을 알 수 있다. u_i와 z_i는 시간에 따라 변하지 않기 때문에 within 변환을 실행하면 0이 되기 때문이다. 그러나 앞선 더미변수 모형에서와 같이 z_i와 u_i는 모형에서 통제변수로 역할을 하고 있다.

그룹 고정효과 모형의 장점은 모형설정의 오류(model misspecification)를 줄일 수 있는 장점이 있다. 데이터의 제약으로 인해 식 1.3 모형에서 종속변수를 결정하는 모든 설명변수를 포함하기 어려울 수 있다. 이런 경우, 관찰되지 않는 (시간에 따라 변하지 않는) 설명변수와 x_{it}변수 사이에 상관관계가 존재하면 설명변수의 내생성(endogeneity)으로 인해 일치

* 고정효과와 확률효과 모형에 대한 추가적인 설명은 민인식・최필선(2022) 8장~10장을 참고하라.
** within 변환에 대한 자세한 설명은 민인식・최필선(2022) 8장을 참고하라.

추정량을 얻을 수 없다. 그러나 위 모형에서는 u_i를 더미변수로 만들어 관찰된 설명변수 형태로 포함시키거나 within-group 변환을 통해 모형에서 제외시키기 때문에 상관관계가 존재하더라도 β에 대한 일치추정량을 얻을 수 있다는 장점이 있다.

반면 그룹 고정효과 모형의 단점은 식 1.4에서 보듯이 더미변수만큼 추가적인 모수를 추정해야 하며, 따라서 더미변수의 수만큼 자유도의 손실(loss of degree of freedom)이 발생한다. 이러한 단점은 식 1.5에서도 마찬가지이다. 자유도의 손실로 인해 효율적인 추정량을 얻는 데 문제가 있을 수 있다. 종속변수 y_{it}와 설명변수 x_{it}가 유의한 관계가 있는데도 자유도 손실로 인해 표준오차가 커져서 추정계수가 통계적으로 유의하지 않게 될 수도 있다. 또한 설명변수 z_i에 대한 추정계수를 구할 수 없기 때문에 시간에 따라 변하지 않는 설명변수의 효과에 관심이 있는 연구자에게는 문제가 될 수 있다.

그룹 확률효과 모형

식 1.3에서 오차항 u_i를 추정해야할 모수가 아니고 확률변수로 간주하면 확률효과 모형이 된다. 이 경우에는 오차항 u_i에 대해 평균이 0이고, 분산이 일정하며(동분산성), e_{it}와 상관성이 없다고 가정한다. 즉,

$$
\begin{aligned}
&E(u_i) = 0, \\
&var(u_i) = \sigma_u^2, \\
&cov(u_i, e_{it}) = 0
\end{aligned}
$$

위 가정이 성립하면 식 1.3 모형에서 새로운 오차항은 $(u_i + e_{it})$가 되고 다음과 같은 성질을 지니게 된다.

$$
\begin{aligned}
&E(u_i + e_{it}) = 0 \\
&var(u_i + e_{it}) = \sigma_u^2 + \sigma_e^2
\end{aligned}
$$

그룹 확률효과 모형을 OLS로 추정한 결과가 일치추정량이면서 효율적인 추정량이기 위해서는 오차항 $(u_i + e_{it})$가 동분산성의 성질을 지니고, 자기상관이 없어야 한다. 위에서 보는 것처럼 동분산성을 만족한다. 하지만 $(u_i + e_{it})$의 1계 자기상관을 계산하면 0이 아님을 보일 수 있다.

$$
\begin{aligned}
&cov(u_i + e_{it}, u_i + e_{it-1}) \\
&\quad = cov(u_i, u_i) + cov(u_i, e_{it-1}) + cov(e_{it}, u_i) + cov(e_{it}, e_{it-1}) \\
&\quad = \sigma_u^2 \neq 0
\end{aligned}
$$

오차항의 1계 자기상관이 존재하기 때문에 OLS 추정에서 구한 표준오차는 편의(bias)가 있고 따라서 결과적으로 효율적인 추정량이 되지 못한다. 오차항의 1계 자기상관을 고려한 추정을 위해서는 GLS(Generalized Least Squares) 추정량을 사용할 수 있다. 다음과 같이 "θ 변환"을 이용해 새로운 종속변수와 설명변수를 만들고 변환된 모형을 OLS로 추정한다.

$$
\begin{aligned}
(y_{it} - \theta \bar{y}_i) &= \alpha(1-\theta) + \beta(x_{it} - \theta \bar{x}_i) \\
&\quad + \gamma(z_i - \theta z_i) + u_i(1-\theta) + (e_{it} - \theta \bar{e}_i)
\end{aligned} \tag{1.6}
$$

여기에서 θ는 다음과 같이 정의되며 항상 0과 1사이 값을 갖는다.[*]

$$
\theta = 1 - \sqrt{\frac{\sigma_e^2}{T\sigma_u^2 + \sigma_e^2}}
$$

여기에서 식 1.6의 새로운 오차항 $u_i(1-\theta) + (e_{it} - \theta \bar{e}_i)$은 점근적으로(asymptotically) 1계 자기상관이 존재하지 않는다. 따라서 OLS 추정량은 효율적인 추정량이 된다. 만약 $\theta = 0$이면 식 1.3을 합동(pooled) OLS로 추정한 것과 동일하다. 또한 $\theta = 1$이면 식 1.6은 within 변환, 즉 그룹 고정효과 모형이 된다. 따라서 θ 값이 1에 가까울수록 그룹 확률효과 추정량은 고정효과 추정량과 유사한 값이 된다.

확률효과 모형의 장점은 $\theta \neq 1$인 이상 시간불변 설명변수 z_i의 추정계수를 구할 수 있다는 점이다. 따라서 z_i 변수 추정계수에 관심이 있는 연구자에게 유용할 것이다. 고정효과 모형과 달리 자유도를 잃지 않기 때문에 더 효율적인 추정량을 얻을 수 있다. 확률효과 모형은 단점도 지니고 있다. 식 1.6의 새로운 오차항에는 u_i가 여전히 포함되어 있다. 따라서 설명변수 x_{it}와 u_i와 상관관계가 존재하게 되면 설명변수의 내생성 문제로 인해 일치추정량을 구할 수 없게 된다. 그룹 확률효과 모형에서 추정계수가 일치추정량이 되기 위해서는 반드시 다음과 같은 외생성(exogeneity) 가정이 필요하다.

$$
cov(x_{it}, u_i) = 0
$$

확률효과 모형은 오차항의 1계 자기상관을 고려한 로그우도 함수를 최대화하는 방식으

* θ에 대한 자세한 논의는 민인식 · 최필선(2022) 10장을 참고하라.

로 추정할 수도 있다. 즉 최우추정량(Maximum Likelihood Estimator; MLE)을 구할 수도 있다. 표본크기가 충분히 크다면 GLS와 ML 추정량은 거의 같은 값을 갖게 된다고 알려져 있다.

1.2 시간 고정 · 확률효과 모형

앞에서는 관찰되지 않은 패널 그룹의 특성을 오차항으로 포함하였는데, 동일한 아이디어를 시간 변수에도 적용할 수 있다. 즉 오차항을 다음과 같이 정의하는 것이다.

$$\epsilon_{it} = \mu_t + e_{it} \tag{1.7}$$

여기에서 오차항의 일부분인 μ_t는 시간에 따라서는 변하지만, 같은 시점의 모든 패널 개체에 대해서는 값이 일정하다. 패널 데이터는 그룹과 시간 개념을 동시에 가지고 있는데, 위와 같은 방식으로 시간 효과를 통제할 수도 있다. 이것 역시 일원오차성분 모형이다. 식 1.1과 1.7을 결합하면 다음과 같다.

$$y_{it} = \alpha + \beta x_{it} + \gamma z_i + \delta w_t + \mu_t + e_{it} \tag{1.8}$$

여기에서 μ_t는 관찰되지 않는 시간 특성(unobserved time heterogeneity)이다. 우변의 설명변수인 w_t는 μ_t와 마찬가지로 시간에 따라서는 변하지만 그룹에 따라서는 바뀌지 않는 변수이다. 하지만 w_t는 μ_t와 달리 관찰 가능한 변수라는 점에서 양자가 다르다. w_t의 예시로는 임금결정 모형에서 같은 시점에서 모든 개인에게 적용되는 물가상승률이나 경제성장률 변수에 해당한다.

시간 고정효과 모형

앞 절에서 그룹 특성과 유사하게 시간 특성인 μ_t 역시 고정효과나 확률효과 둘 중 하나로 간주할 수 있다. 먼저 시간 고정효과 모형을 생각해보자. 이 경우 각 시점에 대한 시간 더미변수(S_t)를 모형에 추가하여 추정할 수 있다.

$$y_{it} = \alpha + \beta x_{it} + \gamma z_i + \delta w_t + \sum_{t=1}^{T-1} \eta_i S_t + e_{it} \tag{1.9}$$

위 식에서 w_t와 S_t 변수들과는 완벽한 선형관계가 존재하므로 w_t의 추정계수는 얻을 수 없다. 더미변수를 사용하는 대신 다음과 같이 within-time 변환을 통해서도 추정할 수 있다.

$$(y_{it} - \overline{y}_t) = \beta(x_{it} - \overline{x}_t) + \gamma(z_i - \overline{z}_t) + (e_{it} - \overline{e}_t) \tag{1.10}$$

위 모형에서는 $cov(x_{it}, \mu_t) \neq 0$이더라도 여전히 β에 대한 일치추정량을 얻을 수 있다. 그러나 그룹 특성(group heterogeneity)은 통제되어 있지 않기 때문에 오차항 e_{it}에 u_i가 포함되어 있을 수 있다. 따라서 $cov(x_{it}, u_i) \neq 0$이면 $\hat{\beta}_{OLS}$는 일치추정량이 되지 못한다.

시간 확률효과 모형

다음으로 시간 확률효과 모형이다. 여기에서는 μ_t를 다음의 성질을 지니는 확률변수로 간주한다.

$$E(\mu_t) = 0$$
$$var(\mu_t) = \sigma_\mu^2$$
$$cov(\mu_t, \mu_{t-1}) = 0$$

위 가정에서 식 1.8에 대해 OLS 추정을 시도할 수 있다. 그런데 OLS 추정량이 효율적이면서 일치추정량이기 위해서는 새로운 오차항 $(\mu_t + e_{it})$이 OLS의 기본 가정을 만족시켜야 한다. 그러나 우리는 이 새로운 오차항 간에 동시적 상관관계(contemporaneous correlation)가 존재함을 증명할 수 있다.

$$\begin{aligned} &cov(\mu_t + e_{it}, \mu_t + e_{jt}) \\ &\quad = cov(\mu_t, \mu_t) + cov(\mu_t, e_{jt}) + cov(e_{it}, \mu_t) + cov(e_{it}, e_{jt}) \\ &\quad = \sigma_\mu^2 \neq 0, \ \ i \neq j \text{일 때} \end{aligned}$$

이런 문제점 때문에 시간 확률효과 모형에서 효율적인 추정량을 얻기 위해 GLS 또는 ML 추정량을 사용할 수 있다. 먼저 GLS 추정을 위해서는 다음과 같은 θ 변환으로 새로운 종속변수와 설명변수를 만든다.

$$(y_{it} - \theta\overline{y}_t) = \beta(x_{it} - \theta\overline{x_t}) + \gamma(z_i - \overline{z}_t) + [\mu_t(1-\theta) + (e_{it} - \theta\overline{e}_t)] \tag{1.11}$$

여기에서 θ는 다음과 같이 정의된다. n은 패널 그룹의 수이다.

$$\theta = 1 - \sqrt{\frac{\sigma_e^2}{n\ \sigma_\mu^2 + \sigma_e^2}}$$

식 11에서 새로운 오차항은 점근적으로 동시적 상관계수가 0이 된다. μ_t에 대해 정규분포를 가정하고 구한 최우추정량(MLE) 역시 효율적인 추정량이 된다.

1.3 STATA 실습

데이터 파일: A_data1_1.dta

한국고용정보원에서 2001년~2006년에 조사한 청년패널 데이터를 이용하여 청년층의 임금결정 모형을 추정해보자. 청년패널 조사는 15세~29세의 청년층을 대상으로 직업선택 및 노동시장 이동 등을 조사한 것이다. 본 예제에서는 현재 취업 중인 표본만을 대상으로 임금결정 모형을 추정하되, 개인별 임금이 아니라 산업별 임금을 추정해보기로 한다. 우리는 표본이 속한 산업군을 8개로 분류하였다. 따라서 패널 그룹은 8개이며, 각 그룹에 대해 2001년~2006년의 6개년 데이터가 존재한다. 결국 패널 데이터는 총 48개의 관측치로 구성되어 있다. 다음과 같은 임금결정 모형을 생각해보자.

$$wage_{it} = \alpha + \beta_1 age_{it} + \beta_2 male_{it} + \beta_3 coll_{it} + \beta_4 perm_{it} + \beta_5 size_{it} + \epsilon_{it} \qquad (1.12)$$

여기에서 $wage_{it}$는 t 시점에서 i 산업에 취업해 있는 근로자 실질임금을 평균한 것으로 로그를 취한 값이다. age_{it}는 취업자의 평균 나이, $male_{it}$는 취업자 중 남자의 비율, $coll_{it}$는 대졸자 비율, $perm_{it}$는 정규직 비율, 그리고 $size_{it}$는 고용자수로 측정한 산업규모 변수이다.

먼저 패널 데이터의 특성을 고려하지 않고 횡단면 데이터라고 가정하고 추정한 합동(pooled) OLS 추정 결과가 그림 1.1에서 제시된다.

그림 1.1 합동 OLS 추정 결과

```
. reg  lr_wage age male college perm size

      Source |       SS       df       MS              Number of obs =      48
-------------+------------------------------           F(  5,    42) =   54.42
       Model |  .548444959     5  .109688992           Prob > F      =  0.0000
    Residual |  .084662695    42  .002015778           R-squared     =  0.8663
-------------+------------------------------           Adj R-squared =  0.8504
       Total |  .633107654    47  .013470376           Root MSE      =   .0449

------------------------------------------------------------------------------
     lr_wage |      Coef.   Std. Err.      t    P>|t|     [95% Conf. Interval]
-------------+----------------------------------------------------------------
         age |    .063481   .0078726     8.06   0.000     .0475934    .0793685
```

```
    male |   .1634968   .0665573     2.46   0.018     .0291788    .2978148
 college |   .1648221   .0800042     2.06   0.046      .003367    .3262772
    perm |   .0391047   .1189909     0.33   0.744    -.2010286    .2792379
    size |    .000356   .0000841     4.23   0.000     .0001862    .0005258
   _cons |   2.967532   .1960696    15.14   0.000     2.571848    3.363217
------------------------------------------------------------------------------
```

위의 추정 결과를 보면, 정규직 변수만 제외하고 모든 설명변수의 추정계수가 양(+)이면서 유의하게 나왔다. *age* 변수의 추정계수 0.063을 해석해보면, 어떤 산업의 취업자 평균 나이가 1살 더 많으면 평균적으로 그 산업의 임금이 6.3% 더 높다고 해석할 수 있다.*

그룹 고정 · 확률효과 모형 추정

이번에는 관찰되지 않는 그룹의 특성을 통제하는 모형을 설정하자.

$$\begin{aligned} wage_{it} = \alpha + & \beta_1 age_{it} + \beta_2 male_{it} + \beta_3 coll_{it} \\ & + \beta_4 perm_{it} + \beta_5 size_{it} + u_i + e_{it} \end{aligned} \tag{1.13}$$

이를 고정효과 모형으로 추정한 결과가 아래 그림 1.2에 나와 있다. 설명변수 중 ind_code가 패널 그룹의 더미변수이다. ind_code 변수의 1번 산업이 빠지고 나머지 2~8번 산업에 대해 더미변수를 만들어 패널 그룹 효과를 통제하였다. 그림 1.1의 합동 OLS 결과에서는 정규직 변수가 유의하지 않게 나온 것과 달리 이번에는 (더미변수를 제외하고) 모든 설명변수가 10% 수준에서 통계적으로 유의한 것을 알 수 있다. 특히 성별 변수인 *male*의 경우 추정계수가 0.51로 합동 OLS의 0.16에 비해 3배 이상 추정치가 커졌음을 알 수 있다. 사실 합동 OLS의 경우 오차항과 설명변수 사이의 상관관계로 인해 일치추정량이 되지 않을 가능성이 있다. 그러나 그룹 고정효과 모형에서는 적어도 관찰되지 않는 그룹의 특성으로 인해 발생할 수 있는 이와 같은 문제를 없앨 수 있다.

* 로그를 취한 변수의 추정계수를 해석하는 방법에 대해서는 민인식 · 최필선(2019b) Tip 8.2를 참고하라.

그림 1.2 그룹 고정효과 모형 I

```
. reg lr_wage age male college perm size i.ind_code

      Source |       SS           df       MS      Number of obs   =        48
-------------+----------------------------------   F(12, 35)       =     72.06
       Model |  .608478626        12  .050706552   Prob > F        =    0.0000
    Residual |  .024629028        35  .000703687   R-squared       =    0.9611
-------------+----------------------------------   Adj R-squared   =    0.9478
       Total |  .633107654        47  .013470376   Root MSE        =    .02653

------------------------------------------------------------------------------
     lr_wage |      Coef.   Std. Err.      t    P>|t|     [95% Conf. Interval]
-------------+----------------------------------------------------------------
         age |   .0607273   .0061585     9.86   0.000     .0482248    .0732298
        male |   .5106493   .1280117     3.99   0.000     .2507718    .7705269
     college |   .2477538   .1138584     2.18   0.036      .016609    .4788986
        perm |   .2257295   .0955441     2.36   0.024     .0317646    .4196944
        size |   .0002328   .0001285     1.81   0.079    -.0000281    .0004938
             |
    ind_code |
           2 |  -.0693137   .0308895    -2.24   0.031    -.1320227   -.0066046
           3 |    .007509   .0270082     0.28   0.783    -.0473205    .0623385
           4 |  -.0326012   .0359387    -0.91   0.371    -.1055606    .0403582
           5 |   .0759826   .0248441     3.06   0.004     .0255463    .1264189
           6 |   .0970957   .0273703     3.55   0.001     .0415309    .1526605
           7 |  -.0087481   .0380062    -0.23   0.819    -.0859049    .0684087
           8 |   .1176999   .0567903     2.07   0.046     .0024094    .2329905
             |
       _cons |   2.661899   .1484079    17.94   0.000     2.360615    2.963183
------------------------------------------------------------------------------
```

위 명령문에서 i.ind_code의 의미는 ind_code 더미변수 중에서 1번 범주를 기준(reference)으로 하여, 이를 제외한 나머지 2~8번 범주의 더미변수를 모형에 포함시키라는 의미이다.*

그룹 고정효과를 추정하는 또 다른 명령어는 xtreg이다. 이를 사용한 추정 결과가 아래 그림 1.3에 나와 있다. xtreg를 사용하기 위해서는 먼저 tsset 명령어를 통해 그룹변수와 시간변수를 지정해 준다. xtreg로 시작하는 명령문에서 맨 마지막에 fe 옵션을 사용하면, within-group 변환을 적용한 식 1.5 모형을 추정한다. xtreg, fe 명령문으로 얻은 그림 1.3의 추정결과는 정확히 앞의 그림 1.2와 같다는 것을 확인할 수 있다.

* 연산자(operator) "i."에 대한 자세한 설명은 민인식 · 최필선(2019b) 9장을 참고하라.

그림 1.3 그룹 고정효과 모형 II

```
. tsset ind_code year
       panel variable:  ind_code (strongly balanced)
        time variable:  year, 2001 to 2006
                delta:  1 unit

. xtreg  lr_wage age male college perm size , fe

Fixed-effects (within) regression               Number of obs      =        48
Group variable: ind_code                        Number of groups   =         8

R-sq:  within  = 0.9469                         Obs per group: min =         6
       between = 0.6185                                        avg =       6.0
       overall = 0.7657                                        max =         6

                                                F(5,35)            =    124.80
corr(u_i, Xb)  = -0.5722                        Prob > F           =    0.0000

------------------------------------------------------------------------------
     lr_wage |      Coef.   Std. Err.      t    P>|t|     [95% Conf. Interval]
-------------+----------------------------------------------------------------
         age |   .0607273   .0061585     9.86   0.000     .0482248    .0732298
        male |   .5106493   .1280117     3.99   0.000     .2507718    .7705269
     college |   .2477538   .1138584     2.18   0.036      .016609    .4788986
        perm |   .2257295   .0955441     2.36   0.024     .0317646    .4196944
        size |   .0002328   .0001285     1.81   0.079    -.0000281    .0004938
       _cons |   2.685352    .141293    19.01   0.000     2.398512    2.972192
-------------+----------------------------------------------------------------
     sigma_u |  .06617507
     sigma_e |  .02652709
         rho |  .86155608   (fraction of variance due to u_i)
------------------------------------------------------------------------------
F test that all u_i=0:     F(7, 35) =     12.19              Prob > F = 0.0000
```

명령어 tsset을 사용하지 않고 바로 xtreg 명령문 마지막에 다음과 같이 i( ) 옵션을 사용할 수도 있는데, 이때 괄호 안에는 패널 그룹에 해당하는 변수 이름을 지정하면 된다.

```
. xtreg lr_wage age male college perm size , fe i(ind_code)
```

한편, 위 그림 1.3의 추정 결과 맨 아래에 나와 있는 F test that all u_i=0: F(7, 35) = 2.19는 그룹 더미변수에 대한 *F* 검정 결과이다. 이 검정의 귀무가설은 다음과 같다.

$$H_0 : u_i = 0,\quad \text{모든 } i\text{에 대해}$$

위 귀무가설을 기각할 수 없다면 그룹 고정효과가 존재하지 않는 것을 의미한다. 따라서 그룹 고정효과 모형보다는 합동(pooled) OLS 추정이 더 적절하다. 그러나 위 가설을 기각한다면 합동 OLS 대신 그룹 고정효과 모형을 선택한다. F 검정 결과를 보면 p값이 매우 작기 때문에 귀무가설을 기각한다.

식 1.4의 더미변수 모형에서도 F 검정을 실행할 수 있다. 아래에 F 검정 실행 과정과 결과가 나와 있다. 여기에서 보듯이 더미변수 모형을 추정한 후 test 명령어를 이용하여 더미변수의 모든 추정계수가 동시에 0인지를 검정한다.* 검정 통계량을 보면 그림 1.3의 F 검정 결과와 정확히 같은 값임을 확인할 수 있다.

```
. qui reg  lr_wage age male college perm size i.ind_code

. test 2.ind_code 3.ind_code 4.ind_code 5.ind_code 6.ind_code 7.ind_code 8.ind_code

 ( 1)  2.ind_code = 0
 ( 2)  3.ind_code = 0
 ( 3)  4.ind_code = 0
 ( 4)  5.ind_code = 0
 ( 5)  6.ind_code = 0
 ( 6)  7.ind_code = 0
 ( 7)  8.ind_code = 0

       F(  7,    35) =   12.19
            Prob > F =    0.0000
```

이제 그룹 확률효과 모형을 검토해 보기로 한다. 관찰되지 않는 그룹 특성을 확률변수로 가정한 확률효과 모형을 추정하기 위해서는 xtreg 명령문에서 re 옵션을 사용한다. 그러면 식 1.6의 θ 변환 모형을 OLS로 추정하게 된다. 다음은 추정 결과이다.

```
. xtreg  lr_wage age male college perm size , re theta

Random-effects GLS regression                   Number of obs      =        48
Group variable: ind_code                        Number of groups   =         8

R-sq:  within  = 0.9393                         Obs per group: min =         6
       between = 0.7028                                        avg =       6.0
       overall = 0.8596                                        max =         6

Random effects u_i ~ Gaussian                   Wald chi2(5)       =    463.38
corr(u_i, X)       = 0 (assumed)                Prob > chi2        =    0.0000
theta              = .54632695
------------------------------------------------------------------------------
     lr_wage |      Coef.   Std. Err.      z    P>|z|     [95% Conf. Interval]
-------------+----------------------------------------------------------------
```

* testparm 명령어에 대해서는 민인식 · 최필선(2022) 8장을 참고하라.

```
         age |   .0626076   .0063463     9.87   0.000     .0501691    .0750461
        male |   .2337042   .0788364     2.96   0.003     .0791876    .3882207
     college |   .2471065   .0876485     2.82   0.005     .0753185    .4188944
        perm |   .1646207    .102802     1.60   0.109    -.0368676    .3661089
        size |   .0003038   .0000995     3.05   0.002     .0001087     .000499
       _cons |   2.814115   .1487127    18.92   0.000     2.522644    3.105587
-------------+----------------------------------------------------------------
     sigma_u |   .0212731
     sigma_e |  .02652709
         rho |  .39139631   (fraction of variance due to u_i)
------------------------------------------------------------------------------
```

위 결과를 보면 *college* 변수를 제외하고는 모든 설명변수가 1% 수준에서 통계적으로 유의하다. 각 변수의 추정계수를 앞의 고정효과 모형 추정결과(그림 1.3)와 비교해보면, *male* 변수의 경우 두 모형 간에 상당한 차이가 있는 것을 알 수 있다. 한편, 추정결과에서 corr(u_i, X) = 0 (assumed)로 되어 있는 것을 볼 수 있는데, 이는 확률효과 모형에서 일치 추정량을 얻기 위해서는 $cov(x_{it}, u_i) = 0$ 가정이 필요하기 때문이다. 또한 theta=0.546은 식 1.6에서 사용된 θ 추정치를 보여주고 있다.

그룹 확률효과 모형에서 효율적인 추정량을 얻기 위해서 GLS 추정 대신 ML(최우추정법)을 실행할 수도 있다. 이를 위해서는 xtreg 명령문에 아래와 같이 re 대신 mle 옵션을 사용한다. 표본 수가 48개로 크지 않기 때문에 GLS와 MLE 추정결과에 어느 정도 차이가 있음을 알 수 있다.

```
. xtreg  lr_wage age male college perm size, mle nolog

Random-effects ML regression                    Number of obs      =        48
Group variable: ind_code                        Number of groups   =         8

Random effects u_i ~ Gaussian                   Obs per group: min =         6
                                                               avg =       6.0
                                                               max =         6

                                                LR chi2(5)         =    120.59
Log likelihood  =  96.754628                    Prob > chi2        =    0.0000
------------------------------------------------------------------------------
     lr_wage |      Coef.   Std. Err.      z    P>|z|     [95% Conf. Interval]
-------------+----------------------------------------------------------------
         age |   .0609872   .0056293    10.83   0.000      .049954    .0720204
        male |   .3212663   .1007882     3.19   0.001      .123725    .5188075
     college |   .2857145   .0881507     3.24   0.001     .1129423    .4584867
        perm |   .1964137   .0894893     2.19   0.028     .0210179    .3718094
        size |   .0002672    .000105     2.54   0.011     .0000614     .000473
       _cons |   2.770883   .1290739    21.47   0.000     2.517902    3.023863
-------------+----------------------------------------------------------------
```

```
    /sigma_u |    .039802   .0125346                       .0214704    .0737851
    /sigma_e |   .0256631   .0029755                       .0204465    .0322108
         rho |   .7063497   .1464138                       .3856355    .9156228
------------------------------------------------------------------------------
Likelihood-ratio test of sigma_u=0: chibar2(01)=   25.39 Prob>=chibar2 = 0.000
```

위 결과의 맨 아래에 제시되어 있는 우도비(likelihood ratio; LR) 검정은 다음과 같은 귀무가설을 검정한 것이다.

$$H_0 : \sigma_u = 0$$

귀무가설을 받아들이면 그룹 확률효과가 존재하지 않으므로 합동 OLS 추정량을 선택하고, 귀무가설이 기각되면 확률효과가 존재하여 GLS 또는 ML 추정량을 사용한다. 검정 결과를 보면, p값이 매우 작아 위 예제에서는 확률효과가 존재한다고 말할 수 있다.

한편, estimates table 명령어를 사용하면 여러 추정 결과들을 일목요연하게 비교해 볼 수 있다. 아래에 지금까지 설명한 합동 OLS 모형, 그룹 고정·확률효과 모형 추정치를 비교한 결과가 나와 있다. 결과에서 *perm* 변수 추정치가 눈에 띄는데, 고정효과와 확률효과에서 서로 유의성이 달라지며, 추정치 자체도 고정효과 모형에서 값이 훨씬 큰 것을 알 수 있다.

```
. qui reg  lr_wage age male college perm size
. estimates store OLS

. qui xtreg  lr_wage age male college perm size , fe
. estimates store group_FE2

. qui xtreg  lr_wage age male college perm size , re theta
. estimates store group_RE

. estimates table  OLS group_FE2  group_RE, b(%9.3f) star(0.01 0.05 0.1)

--------------------------------------------------------
    Variable |    OLS          group_FE2      group_RE
-------------+------------------------------------------
         age |   0.063***       0.061***       0.063***
        male |   0.163**        0.511***       0.234***
     college |   0.165**        0.248**        0.247***
        perm |   0.039          0.226**        0.165
        size |   0.000***       0.000*         0.000***
       _cons |   2.968***       2.685***       2.814***
--------------------------------------------------------
                        legend: * p<.1; ** p<.05; *** p<.01
```

고정효과와 확률효과 모형 중 모형 선택을 위해서 하우스만(Hausman) 검정으로 판단해 볼 수 있다. 만약 $cov(x_{it}, u_i) = 0$이면 두 모형에서 구한 추정량 모두 일치추정량이지만, 확률효과 모형이 더 효율적인 추정량을 제공한다. 하지만 $cov(x_{it}, u_i) = 0$이 성립하지 않는다면 확률효과 모형은 일치추정량이 될 수 없다. 하우스만 검정의 귀무가설은 다음과 같이 쓸 수 있다.

$$H_0 : cov(x_{it}, u_i) = 0$$

귀무가설을 받아들이면 확률효과 모형을 선택하고, 귀무가설을 기각하면 고정효과 모형을 선택한다.* 아래에 하우스만 검정 명령문과 결과가 나와 있다. 결과를 보면 p값이 0.01보다 작기 때문에 1% 유의수준에서 귀무가설을 기각한다. 따라서 이 예제에서는 고정효과 모형을 선택하는 것이 바람직하다.

```
. hausman group_FE2 group_RE, sigmamore

                 ---- Coefficients ----
             |      (b)          (B)            (b-B)     sqrt(diag(V_b-V_B))
             |   group_FE2     group_RE      Difference          S.E.
-------------+----------------------------------------------------------------
         age |    .0607273     .0626076      -.0018803        .0035917
        male |    .5106493     .2337042       .2769451        .1294599
     college |    .2477538     .2471065       .0006473        .1024367
        perm |    .2257295     .1646207       .0611088        .0472273
        size |    .0002328     .0003038       -.000071        .0001151
------------------------------------------------------------------------------
                           b = consistent under Ho and Ha; obtained from xtreg
            B = inconsistent under Ha, efficient under Ho; obtained from xtreg

    Test:  Ho:  difference in coefficients not systematic

                  chi2(5) = (b-B)'[(V_b-V_B)^(-1)](b-B)
                          =       15.61
                Prob>chi2 =      0.0081
```

시간 고정 · 확률효과 모형 추정

이번에는 일원오차성분 모형에서 그룹효과를 통제하는 대신 시간효과를 통제하는 모형을 생각해보자. 8개 산업군의 실질임금이 시간에 따라 변하는 어떤 요인의 영향을 받는다고 가정한다. 이를 식으로 표현하면 다음과 같다.

---

* 하우스만 검정의 구체적인 내용에 대해서는 민인식 · 최필선(2022)의 11장을 참고하라.

$$wage_{it} = \alpha + \beta_1 age_{it} + \beta_2 male_{it} + \beta_3 coll_{it} + \beta_4 perm_{it} + \beta_5 size_{it} + \mu_t + e_{it} \quad (1.14)$$

이를 고정효과 모형으로 추정해보자. 그림 1.4는 고정효과 모형을 시간 더미변수를 이용하여 추정한 결과이다. 2001년을 기준 범주로 삼아 2002년~2006년의 5개 연도 더미변수를 포함시켜 추정하였다. 추정 결과를 보면, 앞에서 살펴보았던 그룹 고정효과 모형과 많이 다른 것을 알 수 있다. 특히 선험적으로 볼 때, 산업별 임금에 유의한 영향을 미칠 것으로 예상되는 *age*와 *perm* 변수가 모두 유의하지 않게 추정된 것을 알 수 있다. 그룹 고정효과 모형과 달리 시간 고정효과 모형에서는 패널 그룹의 특성을 통제하지 않고, 그 대신 시간 특성을 통제했기 때문에 결과에 차이가 있을 수 있다.

그림 1.4 시간 고정효과 모형 추정: 더미변수 이용

```
. reg  lr_wage  age male college perm size i.year

      Source |       SS           df       MS      Number of obs   =        48
-------------+----------------------------------   F(10, 37)       =     33.39
       Model |  .569955876        10  .056995588   Prob > F        =    0.0000
    Residual |  .063151778        37  .001706805   R-squared       =    0.9003
-------------+----------------------------------   Adj R-squared   =    0.8733
       Total |  .633107654        47  .013470376   Root MSE        =    .04131

------------------------------------------------------------------------------
     lr_wage |      Coef.   Std. Err.      t    P>|t|     [95% Conf. Interval]
-------------+----------------------------------------------------------------
         age |     .01382   .0208961     0.66   0.512    -.0285195    .0561596
        male |   .3240208   .0903439     3.59   0.001     .1409666    .5070751
     college |   .3160669   .0970673     3.26   0.002     .1193898     .512744
        perm |  -.0791617    .117736    -0.67   0.506    -.3177174    .1593941
        size |   .0003005   .0000832     3.61   0.001      .000132    .0004691
             |
        year |
        2002 |   .0639694   .0235478     2.72   0.010     .0162569    .1116818
        2003 |   .0829142   .0291838     2.84   0.007     .0237822    .1420461
        2004 |   .0817607   .0394519     2.07   0.045     .0018236    .1616978
        2005 |   .1281139    .046788     2.74   0.009     .0333123    .2229155
        2006 |   .1704773   .0603237     2.83   0.008     .0482498    .2927049
             |
       _cons |   4.122309    .488684     8.44   0.000     3.132141    5.112477
------------------------------------------------------------------------------
```

그룹 고정효과 모형과 마찬가지로 시간 고정효과 모형 역시 더미변수 대신 xtreg 명령어를 이용하여 추정할 수 있다. 이를 위해서는 명령문 마지막에 fe i( ) 옵션을 두고, 괄호 안에 시간변수에 해당하는 year를 지정하면 된다. 그렇게 해서 얻은 아래 그림 1.5의 결과는 정확히 앞의 그림 1.4와 동일한 것을 확인할 수 있다.

그림 1.5 시간 고정효과 모형 추정: xtreg 명령어 이용

```
. xtreg  lr_wage  age male college perm size, fe i(year)
warning: existing panel variable is not year

Fixed-effects (within) regression               Number of obs      =        48
Group variable: year                            Number of groups   =         6

R-sq:  within  = 0.7022                         Obs per group: min =         8
       between = 0.9666                                        avg =       8.0
       overall = 0.7569                                        max =         8

                                                F(5,37)            =     17.45
corr(u_i, Xb)  = 0.5698                         Prob > F           =    0.0000

------------------------------------------------------------------------------
     lr_wage |      Coef.   Std. Err.      t    P>|t|     [95% Conf. Interval]
-------------+----------------------------------------------------------------
         age |     .01382   .0208961     0.66   0.512    -.0285195    .0561596
        male |   .3240208   .0903439     3.59   0.001     .1409666    .5070751
     college |   .3160669   .0970673     3.26   0.002     .1193898     .512744
        perm |  -.0791617    .117736    -0.67   0.506    -.3177174    .1593941
        size |   .0003005   .0000832     3.61   0.001      .000132    .0004691
       _cons |   4.210182   .5150852     8.17   0.000      3.16652    5.253844
-------------+----------------------------------------------------------------
     sigma_u |  .05796172
     sigma_e |  .04131349
         rho |   .6631106   (fraction of variance due to u_i)
------------------------------------------------------------------------------
F test that all u_i=0:     F(5, 37) =      2.52              Prob > F = 0.0463
```

위 결과의 맨 아래에 제시된 *F* 검정을 통해 시간 고정효과가 유의하게 존재한다고 판단할 수 있다. 위 *F* 검정에서 u_i로 되어 있는 부분은 식 1.14에서 μ_t에 해당한다.

다음으로 확률효과 모형에 대해 검토해 보자. 시간 확률효과는 xtreg 명령어를 사용하여 추정할 수 있다. 하지만 xtreg에서 mle 추정을 실행하면 $var(\mu_t)$의 추정치가 주어지지 않는 단점이 있다. 따라서 본 예제에서는 mixed 명령어를 이용해 MLE를 구해보기로 한다. 아래 그림 1.6에 명령문과 추정 결과가 나와 있다. mixed 명령문을 보면, 변수 이름 다음에 ||(double vertical bar)가 있고, 그 다음에 확률변수로 간주한 시간변수를 지정한다. 그 다음

에는 반드시 : (콜론)을 추가해야 한다. 마지막에 있는 mle 옵션은 최우추정량을 계산하라는 것이다.*

그림 1.6 시간 확률효과 모형 추정: mixed 명령어

```
. mixed lr_wage  age male college perm size || year:, nolog mle

Mixed-effects ML regression                     Number of obs     =         48
Group variable: year                            Number of groups  =          6
                                                Obs per group:
                                                              min =          8
                                                              avg =        8.0
                                                              max =          8
                                                Wald chi2(5)      =     292.74
Log likelihood =  84.067963                     Prob > chi2       =     0.0000

------------------------------------------------------------------------------
     lr_wage | Coefficient  Std. err.      z    P>|z|     [95% conf. interval]
-------------+----------------------------------------------------------------
         age |   .0630431   .0075626     8.34   0.000     .0482206    .0778655
        male |   .1643658   .0622458     2.64   0.008     .0423662    .2863653
     college |   .1655194   .0746574     2.22   0.027     .0191935    .3118453
        perm |   .0364821   .1108017     0.33   0.742    -.1806852    .2536495
        size |   .0003566   .0000784     4.55   0.000      .000203    .0005102
       _cons |   2.980213   .1882384    15.83   0.000     2.611273    3.349154
------------------------------------------------------------------------------

------------------------------------------------------------------------------
  Random-effects parameters  |   Estimate   Std. err.     [95% conf. interval]
-----------------------------+------------------------------------------------
year: Identity               |
                  var(_cons) |   .0000227   .0001671      1.23e-11    41.86492
-----------------------------+------------------------------------------------
               var(Residual) |   .0017413    .000387      .0011264    .0026919
------------------------------------------------------------------------------
LR test vs. linear model: chibar2(01) = 0.02          Prob >= chibar2 = 0.4430
```

위의 추정 결과를 보면, 시간 고정효과 모형에서는 유의하지 않았던 *age* 변수가 확률효과 모형에서는 양(+)으로 유의한 것으로 나타났다. 그러나 여전히 *perm* 변수는 통계적으로 유의하지 않다. var(_cons)는 확률변수인 μ_t의 분산 추정치이다. 이 값이 0이면 시간 확률효과가 존재하지 않는 것을 의미한다. 추정 결과의 맨 아래에 있는 LR 검정은 다음과 같은 귀무가설을 판단한다.

$$H_0 : \sigma_\mu = 0$$

* mixed 명령어에 대한 자세한 설명은 본서 12장과 13장을 참고하라.

위 귀무가설을 기각하면 시간 확률효과 추정량을 선택하고, 귀무가설을 받아들이면 합동(pooled) OLS 추정 방법을 선택한다. 검정통계량의 p값이 매우 커서 귀무가설을 기각하지 못한다. 결론적으로 시간 확률효과가 존재하지 않는다고 말할 수 있다.

마지막으로 estimates table 명령어를 사용하여 시간효과를 고려하지 않은 합동 OLS 추정량과 시간 고정효과 및 확률효과 추정량을 서로 비교해 보자. 아래 명령문을 보면, eq(1) 옵션을 사용함으로써 각 모형에서 공통되는 계수만을 서로 비교했다. 또한 drop 옵션을 이용해 시간 확률효과(time_RE) 결과에 들어 있는 추가적인 추정치들을 표에서 제외시켰다. 아래 결과를 보면, 시간 확률효과 추정과 합동 OLS 추정은 거의 차이가 없다. 이는 사실상 앞의 그림 1.6의 LR 검정결과에서 예상할 수 있다. 결국 본 예제에서는 시간 확률효과를 따로 고려할 필요가 없다고 할 수 있다.

그림 1.7 시간효과 모형 추정결과 비교

```
. qui reg  lr_wage  age male college perm size
. estimates store OLS

. xtreg  lr_wage  age male college perm size, fe i(year)
. estimates store time_FE2

. mixed lr_wage  age male college perm size || year:, nolog mle
. estimates store time_RE

.  estimates  table  OLS  time_FE2  time_RE,  b(%9.3f)  eq(1)  star(0.01  0.05  0.1)
drop(lns1_1_1:_cons lnsig_e:_cons)

-----------------------------------------------------------
    Variable |     OLS          time_FE2        time_RE
-------------+---------------------------------------------
         age |    0.063***       0.014          0.063***
        male |    0.163**        0.324***       0.164***
     college |    0.165**        0.316***       0.166**
        perm |    0.039         -0.079          0.036
        size |    0.000***       0.000***       0.000***
       _cons |    2.968***       4.210***       2.980***
-----------------------------------------------------------
                        legend: * p<.1; ** p<.05; *** p<.01
```

1.4 Stata do file

```
use A_data1_1, clear
reg  lr_wage age male college perm size
estimates store OLS
reg lr_wage age male college perm size i.ind_code

tsset ind_code year
xtreg  lr_wage age male college perm size , fe
xtreg lr_wage age male college perm size , fe i(ind_code)

qui reg  lr_wage age male college perm size i.ind_code
test 2.ind_code 3.ind_code 4.ind_code 5.ind_code ///
6.ind_code 7.ind_code 8.ind_code

xtreg  lr_wage age male college perm size , re theta
estimates store group_RE

xtreg  lr_wage age male college perm size, mle nolog

qui reg  lr_wage age male college perm size
estimates store OLS

qui xtreg  lr_wage age male college perm size , fe
estimates store group_FE2

qui xtreg  lr_wage age male college perm size , re theta
estimates store group_RE

estimates table  OLS group_FE2  group_RE, b(%9.3f) ///
star(0.01 0.05 0.1)

hausman group_FE2 group_RE, sigmamore

reg  lr_wage  age male college perm size i.year
xtreg  lr_wage  age male college perm size, fe i(year)

mixed lr_wage  age male college perm size ///
|| year:, nolog mle

qui reg  lr_wage  age male college perm size
estimates store OLS

xtreg  lr_wage  age male college perm size, fe i(year)
estimates store time_FE2

mixed lr_wage  age male college perm size || year:, nolog mle
estimates store time_RE
```

```
estimates table OLS time_FE2 time_RE, b(%9.3f) ///
eq(1) star(0.01 0.05 0.1) drop(lns1_1_1:_cons lnsig_e:_cons)

* Tip 1.1
estimates table OLS time_FE2 time_RE, b(%9.3f) ///
eq(1) star(0.01 0.05 0.1)

estimates table OLS time_FE2 time_RE, b(%9.3f) ///
eq(1) star(0.01 0.05 0.1) drop(#1:age)
```

Tip 1.1 ● drop 옵션 사용방법

그림 1.7에서 drop 옵션을 사용하여 특정 추정계수를 표에서 삭제할 수 있었다. 위 예에서 drop 옵션을 사용하지 않으면 다음과 같은 표를 얻게 된다.

```
. estimates table OLS time_FE2 time_RE, b(%9.3f) eq(1) star(0.01 0.05 0.1)
-----------------------------------------------------------------
    Variable |    OLS          time_FE2       time_RE
-------------+---------------------------------------------------
#1           |
         age |    0.063***       0.014          0.063***
        male |    0.163**        0.324***       0.164***
     college |    0.165**        0.316***       0.166**
        perm |    0.039         -0.079          0.036
        size |    0.000***       0.000***       0.000***
       _cons |    2.968***       4.210***       2.980***
-------------+---------------------------------------------------
lns1_1_1     |
       _cons |                                 -5.346
-------------+---------------------------------------------------
lnsig_e      |
       _cons |                                 -3.177***
-----------------------------------------------------------------
                          legend: * p<.1; ** p<.05; *** p<.01
```

위 결과를 보면 lns1_1_1와 lnsig_e 추정 계수는 OLS와 time_FE2에서는 주어지지 않는다. 이를 제외하고자 하면 drop 옵션을 사용하여 식(equation)과 변수 이름을 지정해 주어야 한다. 이 예에서 식 이름은 lns1_1_1 및 lnsig_e이고, 변수 이름은 _cons이다. 그리고 반드시 식과 변수 이름 사이에 : (콜론)을 사용해야 한다. 만약 위 예에서 *age* 변수의 추정계수를 제외하고자 하면, 다음과 같이 drop 옵션을 쓸 수 있다.

```
. estimates table OLS time_FE2 time_RE, b(%9.3f) eq(1) star(0.01 0.05 0.1)
drop(#1:age)
```

Variable	OLS	time_FE2	time_RE
#1			
male	0.163**	0.324***	0.164***
college	0.165**	0.316***	0.166**
perm	0.039	-0.079	0.036
size	0.000***	0.000***	0.000***
_cons	2.968***	4.210***	2.980***
lns1_1_1			
_cons			-5.346
lnsig_e			
_cons			-3.177***

legend: * p<.1; ** p<.05; *** p<.01

CHAPTER 02 | 이원오차성분 모형

2.1 고정효과 모형

다음과 같은 패널 선형회귀 모형을 생각해 보자.

$$y_{it} = \alpha + \beta_1 x_{it} + \beta_2 z_i + \beta_3 w_t + \epsilon_{it} \tag{2.1}$$

설명변수로서 시간과 그룹에 따라 변하는 x_{it}, 그룹에 따라서만 변하는 z_i, 그리고 시간에 따라서만 변하는 w_t가 있다. 이들 설명변수에 포함되지 않는 요인들은 오차항 ϵ_{it}에 포함되어 있다. 오차항 ϵ_{it}를 다음과 같이 세 부분으로 나누는 모형을 이원오차성분(two-way error component) 모형이라고 부른다.

$$\epsilon_{it} = u_i + \mu_t + e_{it} \tag{2.2}$$

여기에서 u_i는 관찰되지 않는 그룹의 특성을 통제하고, μ_t는 관찰되지 않는 시간 특성을 통제하고 있다. 앞 장의 일원오차성분 모형에서는 둘 중 하나만 오차항에 포함시킨데 반해, 여기에서는 둘을 동시에 고려한다는 의미에서 이원오차성분 모형이다.

이원(two-way) 고정효과 모형은 u_i와 μ_t 두 개 모두를 추정해야 할 모수로 간주한다. 식 2.1에 식 2.2를 대입시키면 다음과 같다.

$$y_{it} = \alpha + \beta_1 x_{it} + \beta_2 z_i + \beta_3 w_t + u_i + \mu_t + e_{it} \tag{2.3}$$

이를 이원 고정효과 모형으로 추정하는 첫 번째 방법은 더미변수를 이용하는 것이다. 관찰되지 않는 특성을 더미변수로 만들어 설명변수에 포함시켜 추정하는 것이다. 추정식은 다음과 같다.

$$y_{it} = \alpha + \beta_1 x_{it} + \beta_2 z_i + \beta_3 w_t + \sum_{i=1}^{n-1} \lambda_i D_i + \sum_{t=1}^{T-1} \eta_t S_t + e_{it} \tag{2.4}$$

여기에서 D_i는 i번째 그룹에 해당하면 1이고, 그렇지 않으면 0의 값을 갖는 더미변수이다. 또 S_t는 t시점에 해당하면 1이고, 그렇지 않으면 0의 값을 갖는 더미변수이다. 식 2.4에서 어떤 그룹 내에서 시간에 따라 변하지 않는 z_i 변수는 $(D_1, \cdots, D_{n-1})$과 완벽한 선형관계(perfect collinearity)가 존재하므로 β_2에 대한 추정계수는 주어지지 않는다. 또한 어떤 시점에서 모든 그룹에 대해 동일한 값을 갖는 w_t는 $(S_1, \cdots, S_{t-1})$과 완벽한 선형관계가 있기 때문에 β_3에 대한 추정계수 역시 계산되지 않는다. 그러나 여전히 z_i와 w_t 변수는 통제된 상태에서 x_{it} 변수가 종속변수에 미치는 효과인 β_1을 추정하게 된다.

이원 고정효과 모형을 추정하는 또 다른 방법으로는 within 변환을 통해 u_i와 μ_t를 제외하는 것이다. 먼저 다음과 같이 between-group 변환, between-time 변환, 그리고 overall mean 모형을 만든다.

- between-group : $\bar{y}_i = \alpha + \beta_1 \bar{x}_i + \beta_2 z_i + \beta_3 \bar{w}_t + u_i + \bar{\mu}_t + \bar{e}_i$ (2.5)
- between-time : $\bar{y}_t = \alpha + \beta_1 \bar{x}_t + \beta_2 \bar{z}_i + \beta_3 w_t + \bar{u}_i + \mu_t + \bar{e}_t$ (2.6)
- overall mean : $\bar{y} = \alpha + \beta_1 \bar{x} + \beta_2 \bar{z} + \beta_3 \bar{w} + \bar{u} + \bar{\mu} + \bar{e}$ (2.7)

식 2.5에서 각 패널 그룹에서 $\bar{w}_t = \frac{1}{T}\sum_{t=1}^{T} w_t$과 $\bar{\mu}_t = \frac{1}{T}\sum_{t=1}^{T}\mu_t$로 정의되며 식 2.6에서 각 시점 t에서 $\bar{z}_i = \frac{1}{n}\sum_{i=1}^{n} z_i$과 $\bar{u}_i = \frac{1}{n}\sum_{i=1}^{n} u_i$로 정의된다. 식 2.7에서 $\bar{u} = \frac{1}{nT}\sum_{i=1}^{n}\sum_{t=1}^{T} u_i = \frac{1}{n}\sum_{i=1}^{n} u_i$이고, $\bar{\mu} = \frac{1}{nT}\sum_{i=1}^{n}\sum_{t=1}^{T}\mu_t = \frac{1}{T}\sum_{t=1}^{T}\mu_t$이다. 이제 앞의 식 2.3에서 위의 식 2.5와 2.6을 빼주고 식 2.7을 더해주면 다음과 같은 변환 모형을 얻게 된다.

$$(y_{it} - \bar{y}_i - \bar{y}_t + \bar{y}) = \beta_1 (x_{it} - \bar{x}_i - \bar{x}_t + \bar{x}) + (e_{it} - \bar{e}_i - \bar{e}_t + \bar{e}) \quad (2.8)$$

위 식에서 u_i와 μ_t에 관련된 항이 모두 없어지는 이유는 $\bar{\mu}_t = \bar{\mu}$이고 $\bar{u}_i = \bar{u}$이기 때문이다. 식 2.8은 관찰되지 않는 그룹과 시간 특성을 통제한 모형이 되고 식 2.8의 OLS 추정량은 β_1에 대한 효율적인 일치추정량이 된다. 위 변형 모형에서는 시간에 따라 변하지 않는 z_i와 그룹에 따라 변하지 않는 w_t가 모두 사라지기 때문에 이들 변수들에 대한 추정계수는 주어지지 않는다.

이원 고정효과 모형의 장점은 식 2.8의 오차항에서 u_i와 μ_t가 제외되어 있기 때문에 설명변수 x_{it}와 관찰되는 않는 그룹 및 시간 특성 사이에 상관관계가 존재하더라도 여전히 β_1에 대한 일치추정량을 구할 수 있다는 점이다. 그러나 더미변수를 사용한 모형처럼 패널 그룹 개수$(n-1)$에 시점 개수$(T-1)$를 더한 만큼 자유도의 손실이 발생한다.

2.2 확률효과 모형

앞의 식 2.2의 오차항 구조에서 그룹 특성 u_i는 확률효과로, 그리고 시간 특성 μ_t는 고정효과로 간주하는 방법도 가능하다. 이 경우 μ_t는 더미변수로 만들어 설명변수에 포함시키고, u_i는 확률변수이므로 오차항의 일부분으로 간주하고 추정한다. 이를 식으로 표현하면 다음과 같다.

$$y_{it} = \alpha + \beta_1 x_{it} + \beta_2 z_i + \sum_{t=1}^{T-1} \eta_t S_t + u_i + e_{it} \qquad (2.9)$$

이 식에는 시간 더미변수가 포함되어 있어서 설명변수 w_t는 모형에서 제외된다. 모형의 새로운 오차항 $(u_i + e_{it})$은 1장에서 설명하였듯이 1계 자기상관을 가지게 되므로 θ 변환을 실행한 후 OLS 추정량을 구한다. u_i에 대해 확률효과를 가정하였기 때문에 시간에 따라 변하지 않는 설명변수 z_i에 대한 추정계수를 구할 수 있는 장점이 있다. 1장의 확률효과 모형에서 설명하였듯이 β_1에 대한 일치추정량을 구하기 위해서는 $cov(x_{it}, u_i) = 0$의 가정을 만족해야 한다.

이번에는 u_i와 μ_t를 모두 확률효과로 간주하는 이원(two-way) 확률효과 모형을 생각해 보자. 즉,

$$y_{it} = \alpha + \beta_1 x_{it} + \beta_2 z_i + \beta_3 w_t + u_i + \mu_t + e_{it} \qquad (2.10)$$

여기에서 u_i와 μ_t에 대해 다음과 같이 가정한다.

$$E(u_i) = 0,\ var(u_i) = \sigma_u^2,\ cov(u_i, u_j) = 0$$
$$E(\mu_t) = 0,\ var(\mu_t) = \sigma_\mu^2,\ cov(\mu_t, \mu_{t-1}) = 0$$

식 2.10 모형에 대한 OLS 추정량이 효율적이면서 일치추정량이기 위해서는 오차항 $(u_i + \mu_t + e_{it})$에 1계 자기상관과 동시적 상관관계가 존재하지 않아야 한다. 그러나 그렇지 않다는 것을 쉽게 보일 수 있다.

$$cov(u_i + \mu_t + e_{it}, u_i + \mu_{t-1} + e_{it-1}) = cov(u_i, u_i) = \sigma_u^2$$

: 1계 자기상관 존재

$$cov(u_i + \mu_t + e_{it}, u_j + \mu_t + e_{jt}) = cov(\mu_t, \mu_t) = \sigma_\mu^2$$

: 동시적 상관관계 존재

오차항의 상관관계를 고려한 GLS(Generalized Least Squares) 추정량을 구하기 위해 θ 변환을 적용할 수 있다(Fuller&Battesse, 1973). θ 변환을 적용한 추정 모형에서 새로운 종속변수는 다음과 같다.

$$y_{it}^* = y_{it} - \theta_1 \bar{y}_i - \theta_2 \bar{y}_t + \theta_3 \bar{y}$$

여기에서 $\theta_1 = 1 - (\sigma_e / \sqrt{T\sigma_u^2 + \sigma_\mu^2})$, $\theta_2 = 1 - (\sigma_e / \sqrt{n\sigma_\mu^2 + \sigma_e^2})$, $\theta_3 = \theta_1 + \theta_2 + (\sigma_e / \sqrt{T\sigma_u^2 + n\sigma_\mu^2 + \sigma_e^2}) - 1$로 정의된다. 이러한 θ 변환은 설명변수들과 새로운 오차항 $(u_i + \mu_t + e_{it})$에도 적용된다. θ 변환이 적용된 오차항은 점근적으로(asymptotically) 1계 자기상관과 동시적 상관관계가 존재하지 않는다. 따라서 OLS 추정량은 효율적인 추정량이 된다.

이원 확률효과 모형을 추정하는 또 다른 방법은 자기상관과 동시적 상관관계를 감안한 최우추정량(MLE)을 구하는 것이다.

식 2.10을 다음과 같이 확률절편(random intercept) 모형으로 다시 쓸 수 있다.

$$y_{it} = (\alpha + u_i + \mu_t) + \beta_1 x_{it} + \beta_2 z_i + \beta_3 w_t + e_{it} \tag{2.11}$$

이 모형에서는 상수항이 확률변수인 셈이다. Stata에서 mixed 명령어를 이용하면 위 모형에 대한 최우추정량을 구할 수 있다.

이원 확률효과 모형의 장점은 설명변수 z_i와 w_t의 추정계수를 얻을 수 있으며, 고정효과 모형과 달리 추가적인 자유도 손실이 없기 때문에 더 효율적인 추정량이 된다. 그러나 β_1에 대한 일치추정량을 얻기 위해서는 $cov(x_{it}, u_i) = cov(x_{it}, \mu_t) = 0$ 가정이 성립해야 한다. 즉 설명변수가 오차항 $(u_i + \mu_t + e_{it})$에 대해 외생적이어야 한다는 가정이 필요하다.

2.3 STATA 실습

데이터 파일: A_data2_1.dta

이번에 사용할 데이터 파일 역시 청년패널 데이터를 가공한 것이다. 한국고용정보원에서 2001년~2006년에 조사한 청년패널 데이터를 이용하여 청년층의 임금결정 모형을 추정해 보자. 단, 개인별 임금이 아니라 산업별 임금을 분석한다. 산업군이 8개이고, 각 그룹에 대해 2001년~2006년의 6개년 데이터가 존재한다. 임금결정 모형은 다음과 같다.

$$wage_{it} = \alpha + \beta_1 age_{it} + \beta_2 male_{it} + \beta_3 coll_{it} + \beta_4 perm_{it} + \beta_5 size_{it} + \epsilon_{it} \tag{2.12}$$

여기에서 $wage_{it}$는 t 시점에서 i 산업에 취업해 있는 근로자 실질임금을 평균한 값으로서 로그를 취한 값이다. age_{it}는 취업자의 평균 나이, $male_{it}$는 취업자 중 남자의 비율, $coll_{it}$는 대졸자 비율, $perm_{it}$는 정규직 비율, 그리고 $size_{it}$는 고용자수로 측정한 산업규모 변수이다.

고정효과 모형 추정

이원 고정효과 모형을 더미변수를 사용하여 추정하기 위해서 그림 2.1과 같이 i. 연산자를 이용하여 더미변수로 만들어 준다.

그림 2.1 이원 고정효과 모형 추정: 더미변수 이용

```
. reg  lr_wage age male college perm size i.ind_code i.year

      Source |       SS           df       MS      Number of obs   =        48
-------------+----------------------------------   F(17, 30)       =     63.11
       Model |  .615887176        17  .036228657   Prob > F        =    0.0000
    Residual |  .017220478        30  .000574016   R-squared       =    0.9728
-------------+----------------------------------   Adj R-squared   =    0.9574
       Total |  .633107654        47  .013470376   Root MSE        =    .02396

------------------------------------------------------------------------------
     lr_wage |      Coef.   Std. Err.      t    P>|t|     [95% Conf. Interval]
-------------+----------------------------------------------------------------
         age |   .0597226   .0170628     3.50   0.001     .0248756    .0945695
        male |   .4662856   .1280823     3.64   0.001     .2047067    .7278645
     college |   .2509984   .1073746     2.34   0.026     .0317103    .4702866
        perm |   .1939617   .0884337     2.19   0.036      .013356    .3745673
        size |   .0003083     .00014     2.20   0.035     .0000225    .0005941
             |
    ind_code |
          2  |  -.0567886   .0325485    -1.74   0.091    -.1232616    .0096844
          3  |   .0042838   .0275318     0.16   0.877    -.0519437    .0605114
          4  |  -.0166194   .0401342    -0.41   0.682    -.0985843    .0653456
          5  |   .0809595   .0250412     3.23   0.003     .0298185    .1321005
          6  |   .0931855   .0298101     3.13   0.004     .0323052    .1540657
          7  |  -.0104645    .045123    -0.23   0.818    -.1026179    .0816889
          8  |   .1109135   .0541802     2.05   0.049     .0002628    .2215643
             |
        year |
       2002  |   .0223375   .0191343     1.17   0.252      -.01674    .0614149
       2003  |   .0194396   .0281362     0.69   0.495    -.0380222    .0769013
       2004  |  -.0139088   .0412681    -0.34   0.738    -.0981895     .070372
       2005  |   .0081545   .0491369     0.17   0.869    -.0921964    .1085055
       2006  |   .0177867   .0620628     0.29   0.776    -.1089624    .1445358
             |
       _cons |     2.7084   .4294689     6.31   0.000     1.831308    3.585493
------------------------------------------------------------------------------
```

그림 2.1의 추정 결과를 보면, 그룹 효과와 시간 효과를 모두 통제한 상태에서 더미변수를 제외한 모든 설명변수가 통계적으로 유의한 것으로 나타났다. 위 추정에 대해 그룹 및 시간 효과가 동시에 통계적 유의성에 대해 결합검정을 할 수 있다. 다음과 같이 test 명령어를 이용하면 되는데, 결과를 보면 그룹 및 시간 고정효과가 동시에 통계적으로 유의하다고 말할 수 있다.

```
. qui reg  lr_wage age male college perm size i.ind_code i.year

.  test  2.ind_code  3.ind_code  4.ind_code  5.ind_code  6.ind_code  7.ind_code  8.ind_code
2002.year 2003.year 2004.year 2005.year 2006.year

 ( 1)  2.ind_code = 0
 ( 2)  3.ind_code = 0
 ( 3)  4.ind_code = 0
 ( 4)  5.ind_code = 0
 ( 5)  6.ind_code = 0
 ( 6)  7.ind_code = 0
 ( 7)  8.ind_code = 0
 ( 8)  2002.year = 0
 ( 9)  2003.year = 0
 (10)  2004.year = 0
 (11)  2005.year = 0
 (12)  2006.year = 0

       F( 12,    30) =    9.79
            Prob > F =    0.0000
```

xtreg 명령어를 이용해도 그림 2.1과 동일한 결과를 얻을 수 있다. 다음과 같이 xtreg 명령문에서 fe 옵션을 통해 그룹 고정효과를 포함시키고, 시간 고정효과는 더미변수로 모형에 포함시킨다.

그림 2.2 이원 고정효과 모형 추정: xtreg 명령어 이용

```
. tsset ind year
       panel variable:  ind_code (strongly balanced)
        time variable:  year, 2001 to 2006
                delta:  1 unit

. xtreg  lr_wage age male college perm size i.year, fe

Fixed-effects (within) regression               Number of obs      =        48
Group variable: ind_code                        Number of groups   =         8

R-sq:                                           Obs per group:
     within  = 0.9629                                          min =         6
```

```
     between = 0.6488                                         avg =        6.0
     overall = 0.8000                                         max =          6

                                                F(10,30)          =      77.79
corr(u_i, Xb)  = -0.5438                        Prob > F          =     0.0000

------------------------------------------------------------------------------
     lr_wage |      Coef.   Std. Err.      t    P>|t|     [95% Conf. Interval]
-------------+----------------------------------------------------------------
         age |   .0597226   .0170628     3.50   0.001     .0248756    .0945695
        male |   .4662856   .1280823     3.64   0.001     .2047067    .7278645
     college |   .2509984   .1073746     2.34   0.026     .0317103    .4702866
        perm |   .1939617   .0884337     2.19   0.036      .013356    .3745673
        size |   .0003083     .00014     2.20   0.035     .0000225    .0005941
             |
        year |
       2002  |   .0223375   .0191343     1.17   0.252      -.01674    .0614149
       2003  |   .0194396   .0281362     0.69   0.495    -.0380222    .0769013
       2004  |  -.0139088   .0412681    -0.34   0.738    -.0981895     .070372
       2005  |   .0081545   .0491369     0.17   0.869    -.0921964    .1085055
       2006  |   .0177867   .0620628     0.29   0.776    -.1089624    .1445358
             |
       _cons |   2.734084    .438084     6.24   0.000     1.839397    3.628771
-------------+----------------------------------------------------------------
     sigma_u |  .06081771
     sigma_e |  .02395863
         rho |  .86565844   (fraction of variance due to u_i)
------------------------------------------------------------------------------
F test that all u_i=0: F(7, 30) = 11.43                     Prob > F = 0.0000
```

위의 그림 2.2의 결과를 앞의 그림 2.1과 비교해 보면 설명변수 추정계수가 동일한 것을 확인할 수 있다. 위 그림 2.2의 맨 아래에 제시된 F 검정은 그룹 고정효과가 있는지를 검정한 것이다. p값이 매우 작아 그룹 고정효과가 존재한다고 판단할 수 있다.

확률효과 모형 추정

이번에는 그룹에 대해서는 확률효과를 가정하고, 시간에 대해서는 고정효과를 가정한 모형을 추정해보자. 이것 역시 다음과 같이 **xtreg, re** 명령문을 사용할 수 있다.

그림 2.3 그룹 확률효과 및 시간 고정효과 모형 추정

```
. xtreg  lr_wage age male college perm size i.year, re

Random-effects GLS regression                   Number of obs     =         48
Group variable: ind_code                        Number of groups  =          8

R-sq:                                           Obs per group:
```

```
    within  = 0.9571                                          min =          6
    between = 0.7214                                          avg =        6.0
    overall = 0.8885                                          max =          6

                                                Wald chi2(10)     =     599.88
corr(u_i, X)   = 0 (assumed)                    Prob > chi2       =     0.0000

------------------------------------------------------------------------------
    lr_wage |      Coef.   Std. Err.      z    P>|z|     [95% Conf. Interval]
-------------+----------------------------------------------------------------
        age |   .0420567   .0164198     2.56   0.010     .0098744     .074239
       male |   .2645836   .0827415     3.20   0.001     .1024132    .4267539
    college |   .2678243   .0845756     3.17   0.002     .1020591    .4335895
       perm |   .1264371   .0959158     1.32   0.187    -.0615544    .3144287
       size |    .000284    .000105     2.71   0.007     .0000783    .0004897
            |
       year |
      2002  |   .0444491   .0178281     2.49   0.013     .0095066    .0793916
      2003  |   .0530012   .0241295     2.20   0.028     .0057082    .1002942
      2004  |   .0331119   .0342651     0.97   0.334    -.0340464    .1002702
      2005  |   .0666276   .0405956     1.64   0.101    -.0129383    .1461935
      2006  |   .0863639   .0520218     1.66   0.097     -.015597    .1883248
            |
      _cons |   3.313824   .3964376     8.36   0.000     2.536821    4.090827
-------------+----------------------------------------------------------------
    sigma_u |  .02177513
    sigma_e |  .02395863
        rho |   .4523649   (fraction of variance due to u_i)
------------------------------------------------------------------------------
```

위 추정 결과를 보면, 앞의 이원 고정효과 모형과 달리 *perm* 변수가 5% 수준에서 유의하지 않은 것으로 나타난 것을 알 수 있다. 그러나 여전히 나머지 설명변수는 모두 통계적으로 유의하다. 위 모형에서 시간 고정효과가 존재하는지 다음과 같이 *F* 검정을 실행할 수 있다. 결과를 보면, *p*값이 0.019이기 때문에 5% 유의수준에서 시간 고정효과가 존재하다고 판단할 수 있다.

```
. test  2002.year 2003.year 2004.year 2005.year 2006.year

 ( 1)  2002.year = 0
 ( 2)  2003.year = 0
 ( 3)  2004.year = 0
 ( 4)  2005.year = 0
 ( 5)  2006.year = 0

           chi2(  5) =   13.46
         Prob > chi2 =    0.0194
```

위 모형에서 그룹 확률효과의 존재에 대한 가설검정은 다음과 같이 실행할 수 있다. 먼저 귀무가설은 다음과 같다.

$$H_0 : \sigma_u = 0$$

위 귀무가설을 기각할 수 없다면, 식 2.9의 모형에서 1계 자기상관이 존재하지 않으므로 합동(pooled) OLS로 추정하면 된다. 가설검정은 앞의 그림 2.3에서 xtreg, re로 추정한 후, xttest0 명령어를 이용하면 된다. 그러면 위 가설에 대한 LR 검정결과를 얻을 수 있다. 아래의 결과를 보면 p값이 매우 작아 귀무가설을 기각할 수 있다. 즉 그룹 확률효과가 존재한다고 말할 수 있다.

```
. xttest0

Breusch and Pagan Lagrangian multiplier test for random effects

        lr_wage[ind_code,t] = Xb + u[ind_code] + e[ind_code,t]

        Estimated results:
                         |       Var     sd = sqrt(Var)
                ---------+-----------------------------
                 lr_wage |   .0134704       .1160619
                       e |    .000574       .0239586
                       u |   .0004742       .0217751

        Test:   Var(u) = 0
                             chibar2(01) =    26.87
                          Prob > chibar2 =   0.0000
```

마지막으로 시간 및 그룹 특성을 모두 확률변수로 간주하는 이원 확률효과 모형을 추정해 보자. 앞서 설명한 것처럼 이는 θ 변환을 통한 GLS 추정이나 혹은 ML 추정을 실행해야 한다. Stata에서 이원 확률효과 모형을 GLS로 추정하는 명령어는 따로 존재하지 않는다. 따라서 여기에서는 ML 추정량을 구해보자. 이를 위한 명령어는 mixed이다. 종속변수와 설명변수를 적은 다음, 확률변수를 지정해 주어야 한다. 이를 위해서는 먼저 || 다음에 _all: R.ind_code를 입력한 후 : (콜론)을 입력해 준다. 또 다른 확률변수인 시간 변수를 지정하기 위해 같은 방법으로 || 다음에 _all: R.year 변수를 적고 : (콜론)을 입력한다. R.은 random effects(확률효과)를 의미한다. 최우추정량을 구하기 위해 mle 옵션을 사용하였다. || _all: R.ind_code와 || _all: R.year의 위치를 서로 바꾸더라도 결과에는 영향을 미치지 않는다. 그러나 패널 그룹의 수 n이 시점 T보다 훨씬 크다면 ||_all: R.ind_code를 먼저 사용하는 것이 효율적이다.

그림 2.4 이원 확률효과 모형 추정: mixed 명령어

```
. mixed lr_wage age male college perm size || _all: R.ind_code || _all: R.year, nolog
mle

Mixed-effects ML regression                    Number of obs     =         48
Group variable: _all                           Number of groups  =          1
                                               Obs per group:
                                                             min =         48
                                                             avg =       48.0
                                                             max =         48
                                               Wald chi2(5)      =     306.98
Log likelihood =  98.646671                    Prob > chi2       =     0.0000

------------------------------------------------------------------------------
     lr_wage | Coefficient  Std. err.      z    P>|z|     [95% conf. interval]
-------------+----------------------------------------------------------------
         age |    .060127   .0064024     9.39   0.000     .0475785    .0726754
        male |   .3129989   .0829514     3.77   0.000     .1504171    .4755807
     college |   .2807195   .0810135     3.47   0.001      .121936     .439503
        perm |   .1818401   .0807811     2.25   0.024      .023512    .3401682
        size |   .0002973   .0001004     2.96   0.003     .0001004    .0004942
       _cons |     2.8063   .1552978    18.07   0.000     2.501921    3.110678
------------------------------------------------------------------------------

------------------------------------------------------------------------------
  Random-effects parameters  |   Estimate   Std. err.     [95% conf. interval]
-----------------------------+------------------------------------------------
_all: Identity               |
             var(R.ind_code) |   .0015603   .0009585      .0004681    .0052014
-----------------------------+------------------------------------------------
_all: Identity               |
                 var(R.year) |   .0001407   .0001303      .0000229    .0008634
-----------------------------+------------------------------------------------
               var(Residual) |   .0005203   .0001278      .0003215    .0008422
------------------------------------------------------------------------------
LR test vs. linear model: chi2(2) = 29.18                 Prob > chi2 = 0.0000
```

위 추정 결과를 보면, 모든 설명변수가 5% 수준에서 유의하며, 계수의 부호는 모두 양(+)으로 나타났다. 추정계수 다음에 제시된 부가적인 모수 추정결과를 살펴보면, 먼저 ind_code의 var(R.ind_code)=0.0015는 그룹 확률효과의 분산(σ_u^2) 추정치이다. 또한 year의 var(R.year)=0.00014는 시간 확률효과의 분산(σ_μ^2) 추정치이다. 마지막에 제시된 var(Residual)은 오차항 e_{it}의 분산 추정치이다.

그림 2.4의 맨 아래에 제시된 LR 검정은 다음과 같은 귀무가설을 검정한다.

$$H_0 : \sigma_u = \sigma_\mu = 0$$

위 귀무가설을 기각할 수 없다면 그룹 및 시간 확률효과가 존재하지 않는다고 판단할 수 있다. 검정결과를 보면 p값이 매우 작아 그룹 및 시간 확률효과가 존재한다고 말할 수 있다. 따라서 합동 OLS 대신 이원 확률효과 모형의 ML 추정량을 선택하게 된다. 검정 결과에 나와 있는 LR 검정통계량 29.18이 나온 과정을 검토해보자. 이는 합동 OLS 추정량과 mixed 결과를 이용하면 계산할 수 있다. 우선 reg 명령문을 실행하면, ereturn list에서 e(ll)이 로그우도함수 값이다. 아래 결과를 보면 그룹·시간 확률효과가 없다고 가정한 합동 OLS 추정에서 우도함수 값은 84.057이다. 그리고 그림 2.4의 이원 확률효과 모형 추정 결과에서 로그우도함수 값은 98.64이다. 따라서 LR 통계량 공식을 적용하면 계산 결과가 아래에서 보는 것처럼 정확히 그림 2.4의 LR 통계량과 일치함을 알 수 있다.

```
. qui reg  lr_wage  age male college perm size

. di e(ll)
84.0577

. di -2*(84.05-98.64)
29.18
```

다음으로 전체 오차항의 분산에서 시간 및 그룹 효과의 분산이 차지하는 비율을 구해보자. 식 2.10의 이원 확률효과 모형에서 새로운 오차항이 $(u_i + \mu_t + e_{it})$이기 때문에 시간·그룹 효과의 분산이 전체 오차항의 분산에서 차지하는 비율은 다음과 같다.

$$\rho = \frac{\sigma_u^2 + \sigma_\mu^2}{\sigma_u^2 + \sigma_\mu^2 + \sigma_e^2}$$

이렇게 정의된 ρ값의 의미는 무엇일까? 이는 모형에 포함된 변수들에 의해 설명되지 않은 산업 · 연도별 임금 변화 중에서 관찰되지 않는 시간 및 그룹(산업) 특성의 차이에 의해 설명되는 부분이 어느 정도인지를 말해준다. 앞의 그림 2.4의 결과를 이용하여 ρ를 추정해보자. ereturn list에 포함된 추정계수 벡터는 e(b)인데, 그 내용은 다음과 같다.*

* ereturn list에 대한 기본적인 설명은 민인식 · 최필선(2019b) 8장을 참고하라.

```
. qui mixed lr_wage age male college perm size || _all: R.ind_code || _all: R.year,
nolog mle

. mat list e(b)

e(b)[1,9]
       lr_wage:    lr_wage:    lr_wage:    lr_wage:    lr_wage:    lr_wage:   lns1_1_1:
           age        male     college        perm        size       _cons       _cons
y1   .06012697   .31299889   .28071948   .18184008    .0002973   2.8062996  -3.2314316

      lns1_2_1:    lnsig_e:
         _cons       _cons
y1  -4.4343327  -3.7805244
```

여기에서 lns1_1_1:_cons는 $\log(\sigma_u^2)$, lns1_2_1:_cons는 $\log(\sigma_\mu^2)$, 그리고 lnsig_e:_cons는 $\log(\sigma_e^2)$의 추정치이다. 따라서 다음과 같이 ρ값을 계산할 수 있다.

```
. scalar rho1=exp(_b[lns1_1_1:_cons])+exp(_b[lns1_2_1:_cons])

. scalar rho2=exp(_b[lns1_1_1:_cons])+exp(_b[lns1_2_1:_cons])+exp(_b[lnsig_e :_cons])

. scalar rho=rho1/rho2

.  scalar list
        rho =  .69247259
       rho2 =  .07417462
       rho1 =  .05136389
```

위 결과를 보면 ρ 추정치는 약 69.2%로 모형에 포함된 변수에 의해 설명되지 않는 상당 부분의 임금 변화가 관찰되지 않은 시간 특성과 산업 특성에 의해 설명된다고 해석할 수 있다.

추정결과 비교 및 하우스만 검정

이번 장에서 설정한 4가지 모형에 대한 추정결과를 estimates table 명령어를 이용해서 서로 비교해 보자. estimates table 명령어의 옵션에서 같은 변수 이름을 서로 매칭시켜주기 위해서 eq(1) 옵션을 사용하였으며, 비교 대상에서 제외하고자 하는 변수들을 drop 옵션에 모두 포함했다. 다음은 실행 결과이다.

```
. qui reg  lr_wage  age male college perm size
. estimates store OLS

. qui xi : xtreg  lr_wage age male college perm size i.year, fe
. estimates store two_FE

. qui xi : xtreg  lr_wage age male college perm size i.year, re
. estimates store two_RE_FE

. qui mixed lr_wage age male college perm size || _all: R.ind_code || _all: R.year,
nolog mle
. estimates store two_RE

. estimates table OLS two*, eq(1) b(%9.3f) drop(2002.year 2003.year 2004.year 2005.year
2006.year lns1_1_1:_cons lns2_1_1:_cons lnsig_e:_cons) star(0.01 0.05 0.1)

--------------------------------------------------------------------------
    Variable |    OLS           two_FE       two_RE_FE        two_RE
-------------+------------------------------------------------------------
         age |    0.063***      0.060***      0.042**        0.061***
        male |    0.163**       0.466***      0.265***       0.321***
     college |    0.165**       0.251**       0.268***       0.286***
        perm |    0.039         0.194**       0.126          0.196**
        size |    0.000***      0.000**       0.000***       0.000***
             |
       _cons |    2.968***      2.734***      3.314***       2.771***
--------------------------------------------------------------------------
                                    legend: * p<.1; ** p<.05; *** p<.01
```

참고로 drop 옵션을 사용하는 대신 표에서 남기고 싶은 변수만 지정하는 keep 옵션을 사용할 수도 있다. 즉 estimates table 명령문을 다음과 같이 바꾸어도 위와 동일한 결과를 얻는다.

```
. estimates table OLS two*, eq(1) b(%9.3f) keep(age male college perm size
  _cons) star(0.01 0.05 0.1)
```

추정계수들을 비교한 위 결과를 보면, 대부분의 변수들은 유의성에서 큰 차이가 없지만, *perm* 변수는 이원 고정효과와 이원 확률효과 모형에서만 유의하다. 이원 고정효과와 이원 확률효과 모형에 한정하여 결과를 살펴보면, 다른 변수에서는 큰 차이가 없지만, *male* 변수의 경우에는 추정계수가 고정효과 모형에서 훨씬 크다는 것을 알 수 있다.

마지막으로 위 결과를 이용하여 하우스만(Hausman) 검정을 실행해보자. 하우스만 검정의 귀무가설은 다음과 같다.

$$H_0 : cov(x_{it}, u_i) = 0 \ \& \ cov(x_{it}, \mu_t) = 0$$

위 귀무가설을 기각할 수 없다면 일치추정량이면서 효율적인 추정량인 이원 확률효과 모형을 선택하게 된다. 아래 hausman 명령어에서 추정계수를 서로 매칭하기 위해서 eq(1:1) 옵션을 추가하였다. 또한 hausman 명령어 다음에 반드시 고정효과 모형 추정결과(two_FE)를 먼저 적고, 그 다음에 확률효과 모형 추정결과(two_RE)를 적어야 한다. 아래 결과를 보면 하우스만 검정의 p값이 매우 크기 때문에 귀무가설을 기각할 수 없다. 따라서 이원 확률효과 모형을 선택하는 것이 바람직하다.

```
. hausman two_FE two_RE, eq(1:1)

                 ---- Coefficients ----
             |      (b)          (B)            (b-B)     sqrt(diag(V_b-V_B))
             |     two_FE       two_RE       Difference          S.E.
-------------+----------------------------------------------------------------
         age |    .0597226     .0609872       -.0012646        .0161195
        male |    .4662856     .3212648        .1450207        .0949202
     college |    .2509984     .2857142       -.0347158        .0620034
        perm |    .1939617     .1964134       -.0024517               .
        size |    .0003083     .0002672        .0000411        .0000944
------------------------------------------------------------------------------
                          b = consistent under Ho and Ha; obtained from xtreg
           B = inconsistent under Ha, efficient under Ho; obtained from mixed

    Test:  Ho:  difference in coefficients not systematic

                  chi2(5) = (b-B)'[(V_b-V_B)^(-1)](b-B)
                          =        2.97
                Prob>chi2 =      0.7049
                (V_b-V_B is not positive definite)
```

2.4 Stata do file

```
use A_data2_1, clear
reg  lr_wage age male college perm size i.ind_code i.year

qui reg  lr_wage age male college perm size i.ind_code i.year
test 2.ind_code 3.ind_code 4.ind_code 5.ind_code ///
6.ind_code 7.ind_code 8.ind_code ///
2002.year 2003.year 2004.year 2005.year 2006.year

tsset ind year
xtreg  lr_wage age male college perm size i.year, fe

xtreg  lr_wage age male college perm size i.year, re
test  2002.year 2003.year 2004.year 2005.year 2006.year
```

```
xttest0

mixed lr_wage age male college perm size  ///
|| _all: R.ind_code || _all: R.year, nolog mle

qui reg  lr_wage  age male college perm size
di e(ll)
di -2*(84.05-98.64)

qui mixed lr_wage age male college perm size ///
|| _all: R.ind_code || _all: R.year, nolog mle
mat list e(b)

scalar rho1=exp(_b[lns1_1_1:_cons])+exp(_b[lns1_2_1:_cons])
scalar rho2=exp(_b[lns1_1_1:_cons])+exp(_b[lns1_2_1:_cons]) ///
+exp(_b[lnsig_e :_cons])
scalar rho=rho1/rho2
scalar list

qui reg  lr_wage  age male college perm size
estimates store OLS
qui  xtreg  lr_wage age male college perm size i.year, fe
estimates store two_FE
qui xtreg  lr_wage age male college perm size i.year, re
estimates store two_RE_FE
qui mixed lr_wage age male college perm size ///
|| _all: R.ind_code || _all: R.year, nolog mle
estimates store two_RE

estimates table OLS two*, eq(1) b(%9.3f) drop(2002.year ///
2003.year 2004.year 2005.year 2006.year lns1_1_1:_cons ///
lns2_1_1:_cons lnsig_e:_cons) star(0.01 0.05 0.1)

estimates table OLS two*, eq(1) b(%9.3f) ///
keep(age male college perm size _cons)  star(0.01 0.05 0.1)

hausman two_FE two_RE, eq(1:1)
```

CHAPTER 03

1차 차분 모형

3.1 1차 차분 추정

다음과 같이 시간특성과 그룹특성을 동시에 고려한 이원(two-way) 모형에서 패널개체가 두 시점($T_i = 2$)에 대해서만 관측치를 지니고 있다고 가정하자. 즉 2개 시점(two-period) 패널 모형이다.

$$y_{it} = \alpha + \beta x_{it} + \gamma z_i + u_i + \mu_t + e_{it} \qquad i = 1,2,3, \cdots, n \qquad t = 1,2 \tag{3.1}$$

이런 모형이 있을 때, 관찰되지 않은 오차항인 u_i와 μ_t를 고정효과로 간주하고 추정하는 방법으로는 2장에서 보았듯이 더미변수를 이용하거나 혹은 within 변환을 통해 모형에서 제외시키는 방법이 있다. 이번 장에서는 u_i 오차항을 1차 차분을 통해 모형에서 제외시키는 방법에 대해 살펴보기로 한다.

위 식 3.1을 각 시점별로 표현하면 다음과 같다.

$$\begin{aligned} y_{i2} &= \alpha + \beta x_{i2} + \gamma z_i + u_i + \mu_2 + e_{i2}, \qquad t = 2 \\ y_{i1} &= \alpha + \beta x_{i1} + \gamma z_i + u_i + \mu_1 + e_{i1}, \qquad t = 1 \end{aligned}$$

첫 번째 식에서 두 번째 식을 빼주면 다음과 같이 된다.

$$\Delta y_i = \beta \Delta x_i + (\mu_2 - \mu_1) + \Delta e_i \tag{3.2}$$

여기에서 $\Delta y_i = y_{i2} - y_{i1}$, $\Delta x_i = x_{i2} - x_{i1}$, $\Delta e_i = e_{i2} - e_{i1}$이다. 이 식을 보면 시간 개념이 존재하지 않는다. 따라서 횡단면 모형이 되고 OLS 추정이 가능하다. $(\mu_2 - \mu_1)$는 각 시점 시간 효과의 차이를 의미한다. 위 차분 모형에서 μ_2와 μ_1을 각각 추정할 수는 없고, 그 차이만 추정할 수 있다. 이 값이 0보다 크면 설명변수에 변화가 없는 경우(즉 $\Delta x_i = 0$), 평균적으로 y_{i2}가 y_{i1}보다 크다는 의미이다. 즉 시간이 흐름에 따라 종속변수의 값이 커지는 것으로 해석할 수 있다.

이번에는 2시점 패널 모형에서 다음과 같이 각 시점에서의 기울기 모수가 서로 다르다고 가정해보자.

$$y_{i2} = \alpha + \beta_2 x_{i2} + \gamma_2 z_i + u_i + \mu_2 + e_{i2}, \qquad t = 2 \tag{3.3}$$

$$y_{i1} = \alpha + \beta_1 x_{i1} + \gamma_1 z_i + u_i + \mu_1 + e_{i1}, \qquad t = 1 \tag{3.4}$$

첫 번째 식에서 두 번째 식을 빼주면 다음과 같이 된다.

$$\begin{aligned} \Delta y_i &= (\beta_2 x_{i2} - \beta_2 x_{i1}) + (\beta_2 x_{i1} - \beta_1 x_{i1}) + (\gamma_2 - \gamma_1) z_i + (\mu_2 - \mu_1) + \Delta e_i \\ &= \beta_2 \Delta x_i + \Delta \beta x_{i1} + \Delta \gamma z_i + (\mu_2 - \mu_1) + \Delta e_i \end{aligned} \tag{3.5}$$

위 식에서 $\Delta\beta = \beta_2 - \beta_1$, $\Delta\gamma = \gamma_2 - \gamma_1$이다. 위 식을 OLS로 추정하면 일치추정량을 얻는다. 위 식 3.5를 앞의 식 3.2와 비교해 보면 설명변수가 두 개(x_{i1}, z_i) 더 늘어난 것을 알 수 있다. 따라서 자유도의 손실이 발생한다. 시간에 따라 변하지 않는 설명변수 z_i는 식 3.2에서와 달리 모형에서 제외되지 않고 여전히 포함되어 있다. $t=1$과 $t=2$ 시점의 각 모형에서 기울기 모수가 서로 다른지 다음과 같은 귀무가설을 검정할 수 있다.

$$H_0 : \Delta\beta = 0$$

$$H_0 : \Delta\gamma = 0$$

위 귀무가설을 기각하게 되면 두 시점에 대한 기울기 모수를 서로 다른 값으로 설정해야 한다.

$T \geq 3$인 다시점(multi-period) 패널 모형에서도 1차 차분 추정량을 구할 수 있다. 먼저 $T=3$인 경우를 생각해보자. 이 경우 1차 차분 모형은 다음과 같다.

$$\Delta y_{it} = \beta \Delta x_{it} + (\mu_t - \mu_{t-1}) + \Delta e_{it} \qquad t = 2, 3 \tag{3.6}$$

위 식을 추정할 때 $(\mu_t - \mu_{t-1})$에 주의해야 한다. 먼저 $\alpha \equiv \mu_2 - \mu_1$ 및 $\delta \equiv (\mu_3 - \mu_2) - (\mu_2 - \mu_1)$로 정의하자. 이 경우 $t=2$ 시점에서는 α가 상수항이고, $t=3$ 시점에서는 $(\alpha + \delta) = \mu_3 - \mu_2$가 상수항이 된다. 따라서 추정 모형을 다음과 같이 쓸 수 있다.

$$\Delta y_{it} = \alpha + \delta D_t + \beta \Delta x_{it} + \Delta e_{it} \qquad t = 2, 3 \tag{3.7}$$

위 식에서 D_t는 $t=2$이면 0이고, $t=3$이면 1의 값을 갖는 더미변수이다. 따라서 $\alpha > 0$이면 (설명변수에 변화가 없는 상태에서) 종속변수 값이 $t=2$ 시점에서 $t=1$ 시점보다 크다고 해석한다. $\delta > 0$이면 종속변수의 $t=2$와 $t=1$ 시점 간 증가분보다 $t=3$과 $t=2$ 시점 간 증가분이 더 크다고 해석할 수 있다.

위 모형을 추정할 때 주의해야 할 점이 있다. 식 3.7의 오차항 Δe_{it}에 1계 자기상관이 존재할 수 있음을 증명할 수 있다(민인식 · 최필선, 2022: 9장 참조).[*] 따라서 효율적인 추정량을 얻기 위해서는 OLS 대신 PA(Population-Averaged) 추정 방법을 사용할 수 있다. PA 추정량은 최소자승 추정량(least squares estimator)을 구하지 않고 GEE(Generalized Estimating Equation) 추정 방법을 사용한다. GEE에 대한 자세한 설명은 본서 7장을 참고하라. GEE 추정에서는 그룹 내 상관관계(within-group correlation)를 다음과 같이 equal correlation 형태로 가정할 수 있다.

$$corr(\Delta e_{it}, \Delta e_{is}) = 0, \quad t = s \text{인 경우}$$
$$corr(\Delta e_{it}, \Delta e_{is}) = \rho, \quad \text{기타 경우}$$

식 3.7 오차항의 상관관계를 위와 같이 가정한 공분산 행렬을 포함하여 PA 추정량을 계산한다.

1차 차분 추정량의 장점은 관찰되지 않은 그룹특성과 시간특성을 모형에서 통제하고 있기 때문에 누락변수 편의(omitted variable bias)에서 자유로울 수 있고 모형 설정의 오류를 최소화할 수 있다. 단점은 차분을 통해 패널 그룹의 자유도가 $(T-1)$만큼 줄어들기 때문에 1장과 2장의 고정효과 모형에서 설명하였듯이 효율적인 추정량을 얻는 데 문제가 있을 수 있다.

3.2 DID 추정

어떤 정책 프로그램(예를 들어, 사교육)이 시행되어 특정 그룹에 적용되는 상황을 생각해보자. $t=1$시점에서는 아직 프로그램이 시행되지 않아 처리그룹(treatment group)과 대조그룹(control group) 모두 해당 프로그램의 적용을 받지 않았다. $t=2$ 시점에서 프로그램이 시행되어 처리그룹은 프로그램의 적용을 받았고, 대조그룹은 여전히 적용받지 않았다. 이런 상황에서 우리는 시행된 프로그램의 효과를 추정하고자 한다. 결과적으로 $T=2$인 패널 데이터를 이용하여 정책 프로그램의 효과를 추정하는 것이 목표이다.

첫 번째로 고려해볼 수 있는 모형은 $t=2$ 시점에서 관찰된 처리그룹과 대조그룹 표본만 이용하여 다음과 같이 횡단면 모형을 설정하는 방법이다(논의의 편의상 다른 설명변수를 모형에 포함하지 않았다).

[*] 오차항 e_{it}가 1계 자기상관이 존재하지 않으면 Δe_{it}에 1계 자기상관이 존재함을 증명할 수 있다.

$$y_i = \alpha + \delta D_i + e_i \tag{3.8}$$

위 식에서 D_i는 처리그룹에 속하면 1이고, 대조그룹에 속하면 0의 값을 갖는 더미변수이다. 따라서 δ는 처리그룹과 대조그룹에 있어서 종속변수의 평균적 차이라고 해석할 수 있다. 그러나 정책 프로그램과 상관없이 두 그룹 간 종속변수에 있어서 체계적 차이(systematic difference)가 존재한다면 위 모형에서 δ 추정치는 프로그램 때문에 발생하는 종속변수의 차이라고 해석하기 어렵다. 이런 문제를 해결하기 위해 그룹 특성을 통제하는 그룹 더미변수를 포함할 수도 있지만, 그룹 더미변수는 정확히 D_i 변수와 일치하기 때문에 모형에 포함할 수 없다.

두 번째 모형은 $t=1$과 $t=2$ 시점에 있어서 처리그룹만을 표본으로 하여 다음과 같은 모형을 설정하는 방법이다.

$$y_{it}^{treat} = \alpha + \gamma D_{it} + e_{it} \qquad t = 1, 2 \tag{3.9}$$

위 식에서 D_{it}는 각 시점에서 정책 프로그램(예를 들어, 사교육)을 받았으면 1이고, 받지 않았으면 0의 값을 갖는 더미변수이다. 따라서 γ는 정책 프로그램 적용을 받았을 때와 받지 않았을 때의 평균적 차이라고 해석할 수 있다. 그러나 γ 추정치는 $t=1$과 $t=2$시점에서의 시간에 따른 종속변수의 자연적인 변화까지 포함하게 되어 정책 프로그램의 순수한 효과라고 해석하기 어렵다. 이러한 시간효과를 통제하기 위해서 식 3.9에 시간 더미변수를 포함하는 방법도 생각해 볼 수 있다. 그러나 시간 더미변수는 정확히 D_{it}와 동일한 값을 갖는 변수이기 때문에 모형에 포함할 수 없다.

결국 어떤 정책 프로그램의 순수한 효과를 추정하기 위해서는 처리그룹과 대조그룹의 관측치를 모두 포함한 2시점 패널데이터로 모형을 구성해야 한다. 첫 번째 모형은 두 시점 데이터를 풀링(pooling)시켜 횡단면 데이터로 간주하는 방법이다. 이는 다음과 같이 표현할 수 있다.

$$y_i = \alpha + \delta D_i + \gamma T_i + \beta D_i T_i + e_i \tag{3.10}$$

위 식에서 D_i는 처리그룹에 속하면 1이고, 대조그룹에 속하면 0의 값을 갖는 더미변수이다. 또한 T_i는 $t=2$에 속하면 1이고, $t=1$에 속하면 0의 값을 갖는 더미변수이다. 세 번째 설명변수 $D_i T_i$는 두 더미변수의 곱으로 만들어진 상호작용(interaction) 변수이다. 상호작용 변수의 추정계수 $\hat{\beta}$은 다음과 같이 계산된다.*

* 이에 대한 증명은 민인식 · 최필선(2022) 9장을 참고하라.

$$\hat{\beta} = (\overline{y}_2^{treat} - \overline{y}_1^{treat}) - (\overline{y}_2^{control} - \overline{y}_1^{control}) \tag{3.11}$$

위 추정치는 처리그룹의 시점 간 평균 차이에서 대조그룹의 시점 간 평균 차이를 빼준 값으로 이는 정책 프로그램의 순수한 효과로 볼 수 있다.* 위 식의 $\hat{\beta}$을 DID(Difference-in-Differences) 추정량이라고 부른다.

정책 프로그램의 순수한 효과 추정은 이원 고정효과 모형을 통해서도 구할 수 있다. 아래 식에서 D_{it}는 각 시점에서 프로그램의 적용을 받았으면 1이고, 받지 않았으면 0의 값을 갖는 더미변수이다.

$$y_{it} = \alpha + \delta D_{it} + u_i + \mu_t + e_{it} \tag{3.12}$$

여기에서 $t=2$에서 $t=1$을 빼주는 1차 차분 변형을 실행하면 다음과 같은 횡단면 모형이 된다.

$$\triangle y_i = \delta \triangle D_i + (\mu_2 - \mu_1) + \triangle e_i \tag{3.13}$$

여기에서 $\triangle D_i$는 처리그룹에 속하면 1, 대조그룹에 속하면 0의 값을 갖는 더미변수가 된다. 또한 $(\mu_2 - \mu_1)$은 상수항으로 추정되며, 이 값이 0보다 크면 대조그룹에 있어서(즉, $\triangle D_i = 0$) 종속변수의 값이 시간에 따라 평균적으로 커졌다는 의미이다. 위 식의 OLS 추정치 $\hat{\delta}$는 다음과 같다.

$$\hat{\delta} = \overline{\triangle y}^{treat} - \overline{\triangle y}^{control} \tag{3.14}$$

위 식의 $\hat{\delta}$을 앞의 식 3.11과 비교하면 $\hat{\beta}$과 정확히 일치한다. 하지만 두 추정치의 표준오차는 서로 다르다. 왜냐하면, 식 3.10과 식 3.13 모형은 추정에 사용하는 표본의 크기가 서로 다르기 때문이다. 식 3.10의 표본크기는 $(n \times 2)$이고, 식 3.13의 1차 차분모형의 표본크기는 n이다. 식 3.10에서는 개체의 특성을 크게 대조군과 처리군 2개 그룹으로 구분하여 통제하고 있지만, 식 3.13에서는 각 개체의 특성을 개별적으로 u_i를 이용하여 통제하는 것으로 볼 수 있다.

3.3 DDD 추정

이번에는 정책 프로그램이 지역 $s=1$과 $s=2$에 적용되었다고 가정해보자. $s=1$ 지역에

*식 3.10의 나머지 추정계수 δ와 γ에 대한 해석은 민인식 · 최필선(2022) 9장을 참고하라.

처리그룹과 대조그룹이 존재하고, $s=2$ 지역에도 처리그룹과 대조그룹이 존재한다. $t=1$ 시점에는 모든 표본에 프로그램이 적용되지 않았고, $t=2$ 시점에는 각 지역의 처리그룹에만 프로그램이 적용되었다고 가정하자. 이 상황에서 해당 프로그램이 $s=1$과 $s=2$ 지역에 미친 효과의 차이를 추정하기 위한 모형을 세우고자 한다.

첫 번째 모형은 각 지역별로 DID 추정량을 구하여 그 차이를 계산하는 방법이다. 아래 식에서 D_i는 프로그램의 적용을 받으면 1이고, 받지 않으면 0의 값인 더미변수이다.

$$y_i^{s=1} = \alpha + \beta_1 D_i^{s=1} + \beta_2 T_i^{s=1} + \beta_3 (D_i^{s=1} \cdot T_i^{s=1}) + e_i \tag{3.15}$$

$$y_i^{s=2} = \delta + \gamma_1 D_i^{s=2} + \gamma_2 T_i^{s=2} + \gamma_3 (D_i^{s=2} \cdot T_i^{s=2}) + v_i \tag{3.16}$$

각 식에서 추정계수 $\hat{\beta}_3$과 $\hat{\gamma}_3$는 $s=1$과 $s=2$ 지역의 DID 추정치이다. 따라서 두 지역 간 정책 프로그램 효과의 차이는 $\hat{\beta}_3 - \hat{\gamma}_3$이라고 할 수 있다. 이 모형의 단점은 각 지역을 따로 추정해야 해서 자유도의 손실이 크다는 점이다.

두 번째 모형은 $s=1$과 $s=2$ 지역 데이터를 풀링(pooling) 시켜 더 많은 표본을 이용하여 지역 간 차이를 구하는 것이다. 즉 지역더미 변수까지 포함하여 다음과 같은 회귀모형을 설정한다.

$$\begin{aligned} y_i = {} & \beta_0 + \beta_1 D_i + \beta_2 S_i + \beta_3 T_i + \beta_4 (D_i S_i) \\ & + \beta_5 (D_i T_i) + \beta_6 (S_i T_i) + \beta_7 (D_i S_i T_i) + e_i \end{aligned} \tag{3.17}$$

위 식에서 S_i는 $s=1$에 해당하면 1, $s=2$에 속하면 0을 갖는 더미변수이다. $s=1$ 지역에 영향을 미치는 정책 프로그램의 순수한 효과는 β_7의 추정치이며 다음과 같이 계산된다.

$$\begin{aligned} \hat{\beta}_7 = {} & [(\bar{y}_{T=2}^{D=1,S=1} - \bar{y}_{T=1}^{D=1,S=1}) - (\bar{y}_{T=2}^{D=0,S=1} - \bar{y}_{T=1}^{D=0,S=1})] \\ & - [(\bar{y}_{T=2}^{D=1,S=2} - \bar{y}_{T=1}^{D=1,S=2}) - (\bar{y}_{T=2}^{D=0,S=2} - \bar{y}_{T=1}^{D=0,S=2})] \end{aligned} \tag{3.18}$$

식 3.18의 추정량을 DDD(difference-in-difference-in-differences) 추정량이라고 부른다. DDD 추정량은 종속변수에 영향을 미칠 수 있는 두 지역의 체계적 차이를 통제한 상황에서 $s=1$ 지역과 $s=2$ 지역의 D_i 변수(프로그램 적용 여부)가 종속변수에 미치는 효과의 차이라고 해석할 수 있다. 이 두 번째 모형의 장점은 $\hat{\beta}_7$이 통계적으로 유의한지 쉽게 가설검정할 수 있다는 점이다.

3.4 STATA 실습

1차 차분 추정: 2시점 패널

데이터 파일: A_data3_1.dta

데이터 파일은 한국고용정보원의 청년패널 데이터를 가공한 것이다. 데이터의 특징은 각 패널 개체에 대해 $t=2001$과 $t=2006$의 2개 연도 데이터만 있다는 점이다. 임금결정 모형은 다음과 같다.

$$\begin{aligned} wage_{it} &= \alpha + \beta_1 age_{it} + \beta_2 coll_{it} + \beta_3 perm_{it} \\ &\quad + \beta_4 size_{it} + \beta_5 male_i + u_i + \mu_t + e_{it}, \quad t = 2001, 2006 \end{aligned} \tag{3.19}$$

여기에서 $wage_{it}$는 t 시점에서 i 개체의 실질임금에 로그를 취한 값이다. age_{it}는 취업자의 나이, $coll_{it}$는 대졸 여부, $perm_{it}$는 정규직 여부, $size_{it}$는 취업 업체의 고용자 수, $male_i$는 남성 여부이다.

데이터가 개인 패널 데이터이므로 성별(gender) 변수, 즉 $male_i$는 시간불변(time-invariant) 설명변수이다. 그러나 대졸 여부 더미변수 $coll_{it}$는 (경우가 많지 않겠지만) 시간에 따라 변할 수 있는 변수이다. 다음과 같이 xtsum 명령어를 이용하면 시간불변 변수를 쉽게 찾아낼 수 있다.

```
. tsset pid year
       panel variable:  pid (strongly balanced)
        time variable:  year, 2001 to 2006, but with gaps
                delta:  1 unit

. xtsum male coll

Variable         |      Mean   Std. Dev.       Min        Max |    Observations
-----------------+--------------------------------------------+----------------
male     overall |  .5066335   .5001634          0          1 |     N =    1206
         between |             .5003705          0          1 |     n =     604
         within  |                    0   .5066335   .5066335 | T-bar = 1.99669
                 |                                            |
college  overall |   .595515   .4909961          0          1 |     N =    1204
         between |             .4654228          0          1 |     n =     604
         within  |             .1579166    .095515   1.095515 | T-bar = 1.99338
```

위 결과에서 within Std. Dev 값이 0이면 시간에 따라 변하지 않는 변수이다. $coll_{it}$의 경우 within Std. Dev=0.157로 0이 아니다. 2001년에서 2006년 사이에 교육 수준이 바뀐 개인들이 존재하는 것이다.

앞의 식 3.19를 이원 고정효과 모형으로 추정하기 위해 1차 차분을 실행하면 다음과 같다.

$$\begin{aligned}\Delta wage_i = \delta + \beta_1 \Delta age_i + \beta_2 \Delta coll_i \\ + \beta_3 \Delta perm_i + \beta_4 \Delta size_i + \Delta e_i\end{aligned} \tag{3.20}$$

식 3.20의 δ는 식 3.2의 $(\mu_2 - \mu_1)$와 같고 이 값이 0보다 크면 다른 변수에 변화가 없는 상황에서 2006년 실질임금이 2001년에 비해 평균적으로 높아졌다는 의미이다. 한편, Stata에서 2001년과 2006년의 시점을 시간갭(time gap)으로 인식하기 때문에 2001년을 1로, 2006년을 2로 코딩하는 새로운 time 변수를 먼저 만들어야 한다. 그런 후 tsset 명령어를 pid와 time 변수에 대해서 실행한다. 시간갭이 없는 패널데이터의 경우 Stata에서 "D." 연산자(operator)를 사용하여 1차 차분모형을 쉽게 추정할 수 있다. 추정결과는 다음과 같다.

그림 3.1 2시점 패널 1차 차분 추정 결과

```
. by pid, sort: gen time=_n

. tsset pid time
       panel variable:  pid (strongly balanced)
        time variable:  time, 1 to 2
                delta:  1 unit

. reg D.lr_wage D.age D.college D.perm D.size
note: _delete omitted because of collinearity

      Source |       SS       df       MS              Number of obs =     599
-------------+------------------------------           F(  3,   595) =    3.18
       Model |  1.59894135     3  .532980452           Prob > F      =  0.0235
    Residual |  99.5692848   595  .167343336           R-squared     =  0.0158
-------------+------------------------------           Adj R-squared =  0.0108
       Total |  101.168226   598  .169177636           Root MSE      =  .40908

------------------------------------------------------------------------------
   D.lr_wage |      Coef.   Std. Err.      t    P>|t|     [95% Conf. Interval]
-------------+----------------------------------------------------------------
         age |
         D1. |  (omitted)
             |
     college |
         D1. |   -.010503   .0539147    -0.19   0.846    -.1163892    .0953833
             |
        perm |
         D1. |   .0811117   .0360547     2.25   0.025     .0103016    .1519217
             |
        size |
         D1. |   .0001018   .0000484     2.10   0.036     6.82e-06    .0001968
```

```
             |
       _cons |   .3258074   .0175367    18.58   0.000     .2913659    .3602488
------------------------------------------------------------------------------
```

추정 결과를 보면, *perm* 변수와 *size* 변수는 양(+)으로 유의하다. 즉 정규직일수록 실질임금이 높아지고, 또한 기업 규모가 클수록 실질임금이 높아진다고 말할 수 있다. 종속변수인 임금이 로그값이기 때문에 *perm*의 추정계수 0.081의 의미는 비정규직에 비해 정규직 임금이 평균적으로 8.1% 높다는 것이다. 위 추정결과에서 상수항은 양(+)으로 유의하다. 따라서 다른 변수에 변화가 없어도 시간에 따라 실질임금이 증가하는 것을 의미한다.

위 추정결과에서 Δage_i 변수의 계수가 주어지지 않는 이유는 상수항과 완전한 선형관계이기 때문이다. 위 데이터에서 Δage_i는 모든 개인에 대해 값이 5(즉, 2001년과 2006년의 나이 차이)가 된다. 따라서 상수항과 완전한 선형관계를 갖는다. 만약 식 3.18에 시간효과 μ_t를 포함시키지 않는다면 차분모형에서도 상수항이 제외되므로 Δage_i의 추정계수를 얻을 수 있다.

이번에는 2001년과 2006년 임금 결정모형에서 아래와 같이 기울기 모수가 서로 다르다고 가정해보자. 아래 모형에서는 age 변수의 계수를 추정하기 위해 시간효과 μ_t를 제외하였다.

$$\begin{aligned} wage_{it} &= \alpha + \beta_1^{2001} age_{it} + \beta_2^{2001} coll_{it} + \beta_3^{2001} perm_{it} \\ &\quad + \beta_4^{2001} size_{it} + \beta_5^{2001} male_i + u_i + e_{it}, \quad t = 2001 \end{aligned} \tag{3.21}$$

$$\begin{aligned} wage_{it} &= \alpha + \beta_1^{2006} age_{it} + \beta_2^{2006} coll_{it} + \beta_3^{2006} perm_{it} \\ &\quad + \beta_4^{2006} size_{it} + \beta_5^{2006} male_i + u_i + e_{it}, \quad t = 2006 \end{aligned} \tag{3.22}$$

식 3.22에서 식 3.21을 빼주면 상수항 없는 1차 차분모형이 된다.

$$\begin{aligned} \Delta wage_i = {} & \beta_1^{2006} \Delta age_i + \Delta\beta_1 age_{i,2001} + \beta_2^{2006} \Delta coll_i + \Delta\beta_2 coll_{i,2001} \\ & + \beta_3^{2006} \Delta perm_i + \Delta\beta_3 perm_{i,2001} + \beta_4^{2006} \Delta size_i \\ & + \Delta\beta_4 size_{i,2001} + \Delta\beta_5 male_i + \Delta e_i \end{aligned} \tag{3.23}$$

위 식에서 $\Delta\beta = \beta^{2006} - \beta^{2001}$이다. 식 3.23을 추정하기 위해서는 몇 개 변수를 새로 만들 필요가 있다. 설명변수인 $age_{i,2001}$은 2001년에 해당하는 *age* 변수 값이므로 새로운 변수 age2001을 아래와 같이 만들었고 나머지 설명변수에 대해서도 같은 명령어를 반복하였다. 상수항 없는 모형 추정을 위해 nocons 옵션을 추가하였다. 추정 결과가 그림 3.2에 나와 있다.

그림 3.2 2시점 패널 1차 차분 추정 결과: 기울기 다른 경우

```
. tsset pid time
       panel variable:  pid (unbalanced)
        time variable:  time, 1 to 2
                delta:  1 unit

. gen age2001=L.age
(604 missing values generated)

. gen coll2001=L.college
(605 missing values generated)

. gen perm2001=L.perm
(604 missing values generated)

. gen tenure2001=L.tenure
(616 missing values generated)

. gen size2001=L.size
(604 missing values generated)

. reg D.lr_wage D.age age2001 D.college coll2001  D.perm perm2001 D.size size2001 male
, nocons

      Source |       SS       df       MS              Number of obs =     599
-------------+------------------------------           F(  9,   590) =   48.83
       Model |  72.2346905     9  8.02607673           Prob > F      =  0.0000
    Residual |   96.967974   590  .164352498           R-squared     =  0.4269
-------------+------------------------------           Adj R-squared =  0.4182
       Total |  169.202665   599  .282475233           Root MSE      =   .4054

------------------------------------------------------------------------------
   D.lr_wage |      Coef.   Std. Err.      t    P>|t|     [95% Conf. Interval]
-------------+----------------------------------------------------------------
         age |
         D1. |   .0648248    .031699     2.05   0.041     .0025683    .1270814
             |
     age2001 |   -.007827   .0066604    -1.18   0.240    -.0209079    .0052538
             |
     college |
         D1. |   .0483377   .0570715     0.85   0.397    -.0637504    .1604258
             |
    coll2001 |   .1125043   .0387023     2.91   0.004     .0364933    .1885153
             |
        perm |
```

```
          D1. |   .1457284    .053982     2.70   0.007     .0397081    .2517487
              |
     perm2001 |   .0987064   .0615801     1.60   0.109    -.0222365    .2196492
              |
         size |
          D1. |   .0000858   .0000556     1.54   0.123    -.0000234    .0001949
              |
     size2001 |   5.08e-06   .0000601     0.08   0.933    -.0001129     .000123
         male |   .0904389     .03799     2.38   0.018     .0158268     .165051
------------------------------------------------------------------------------
```

위 추정결과에서 마지막에 위치한 *male* 변수가 양(+)으로 유의한 것은 2001년에 비해 2006년에 평균적으로 남녀 임금 격차가 더 커졌다고 해석할 수 있다.

위 모형의 추정에서 두 시점 간 추정계수가 유의하게 다른지 검정하기 위해서는 다음과 같이 귀무가설을 설정한다.

$$H_0 : \Delta\beta_1 = \Delta\beta_2 = \Delta\beta_3 = \Delta\beta_4 = 0$$

Stata에서 test 명령어를 이용하면 쉽게 F 검정을 실행할 수 있다. 다음은 실행 결과이다.

```
. test age2001 perm2001 coll2001 size2001

 ( 1)  age2001 = 0
 ( 2)  perm2001 = 0
 ( 3)  coll2001 = 0
 ( 4)  size2001 = 0

       F(  4,   590) =    2.65
            Prob > F =    0.0324
```

1차 차분 추정: 다시점 패널

데이터 파일: A_data3_2.dta

이번에 사용할 데이터 파일은 기본적으로 앞의 데이터와 동일한 개인별 임금 결정 모형에 관한 것이지만, 이번에는 $T=2$가 아니고 $T=6$(2001년~2006년) 시점을 패널 개체가 갖고 있다. 차분하기 전 임금 결정모형은 다음과 같다.

$$\begin{aligned} wage_{it} &= \alpha + \beta_1 age_{it} + \beta_2 coll_{it} + \beta_3 perm_{it} + \beta_4 size_{it} \\ &+ \beta_5 male_i + u_i + \mu_t + e_{it}, \quad t = 2001, \cdots, 2006 \end{aligned} \tag{3.24}$$

1차 차분모형은 다음과 같이 $T=5$인 패널 데이터로 바뀌게 된다.

$$\begin{aligned}\Delta wage_{it} =\ & \delta_1 + \delta_2 D_t^{2003} + \delta_3 D_t^{2004} + \delta_4 D_t^{2005} + \delta_5 D_t^{2006} \\ & + \beta_1 \Delta age_{it} + \beta_2 \Delta coll_{it} + \beta_3 \Delta perm_{it} \\ & + \beta_4 \Delta size_{it} + \Delta e_{it}, \quad t = 2002, 2003, \cdots, 2006\end{aligned} \tag{3.25}$$

식 3.25에서는 시간에 따라 변하지 않는 그룹특성 u_i와 성별 변수인 $male_i$ 변수가 차분변형 때문에 모형에서 제외된다. $D_t^{2003} \sim D_t^{2006}$은 연도 더미변수로 각 연도에 해당하면 1이고, 다른 시점에 속하면 0의 값을 갖는다. 연도 더미변수의 계수 $\delta_1 \sim \delta_5$는 다음과 같이 정의된다.

$$\begin{aligned}\delta_1 &= \mu_{2002} - \mu_{2001} \\ \delta_2 &= (\mu_{2003} - \mu_{2002}) - (\mu_{2002} - \mu_{2001}) \\ \delta_3 &= (\mu_{2004} - \mu_{2003}) - (\mu_{2003} - \mu_{2002}) \\ \delta_4 &= (\mu_{2005} - \mu_{2004}) - (\mu_{2004} - \mu_{2004}) \\ \delta_5 &= (\mu_{2006} - \mu_{2005}) - (\mu_{2005} - \mu_{2004})\end{aligned}$$

앞서 설명하였듯이 Δage_{it}의 값은 모두 1이기 때문에 상수항과 완전한 다중공선성을 가지므로 β_1은 추정되지 않는다. 아래 추정에서는 *age* 변수 대신 δ_1을 추정했다. 아래 명령문을 보면, 먼저 연도 더미변수를 만들기 위해 tab 명령문에 gen 옵션을 추가하였다. 그리고 식 3.25 모형에 입각해 dum3(2003년 더미)~dum6(2006년 더미) 변수를 포함시켰다. 추정 결과는 다음과 같다.

그림 3.3 다시점 패널 1차 차분 추정 결과

```
. tsset pid year
       panel variable:  pid (strongly balanced)
        time variable:  year, 2001 to 2006
                delta:  1 unit

. tab year, gen(dum)
       year |      Freq.     Percent        Cum.
------------+-----------------------------------
       2001 |        362       16.67       16.67
       2002 |        362       16.67       33.33
       2003 |        362       16.67       50.00
       2004 |        362       16.67       66.67
       2005 |        362       16.67       83.33
```

```
        2006 |        362       16.67      100.00
------------+-----------------------------------
       Total |      2,172      100.00

. reg D.lr_wage D.college D.perm D.size dum3-dum6

      Source |       SS       df       MS              Number of obs =    1796
-------------+------------------------------           F(  7,  1788) =    6.10
       Model |  3.19599184     7  .456570263           Prob > F      =  0.0000
    Residual |  133.747075  1788  .074802615           R-squared     =  0.0233
-------------+------------------------------           Adj R-squared =  0.0195
       Total |  136.943067  1795  .076291402           Root MSE      =   .2735

------------------------------------------------------------------------------
   D.lr_wage |      Coef.   Std. Err.      t    P>|t|     [95% Conf. Interval]
-------------+----------------------------------------------------------------
     college |
         D1. |  -.0103368   .0374406    -0.28   0.783    -.0837688    .0630952
             |
        perm |
         D1. |    .099552   .0207093     4.81   0.000     .0589351     .140169
             |
        size |
         D1. |    .000036   .0000227     1.59   0.113    -8.52e-06    .0000806
             |
        dum3 |  -.0348785   .0205289    -1.70   0.089    -.0751417    .0053846
        dum4 |  -.0723788   .0205197    -3.53   0.000     -.112624   -.0321336
        dum5 |  -.0367165   .0205931    -1.78   0.075    -.0771056    .0036726
        dum6 |  -.0207068   .0205163    -1.01   0.313    -.0609453    .0195318
       _cons |    .106149   .0146417     7.25   0.000     .0774324    .1348656
------------------------------------------------------------------------------
```

위 추정 결과를 보면, _cons=0.106은 δ_1의 추정치로서 양(+)의 값을 갖는 것으로 나타났다. 그 의미는 (다른 변수에 변화가 없는 경우) 2002년 실질임금이 2001년에 비해 평균적으로 상승했다는 것이다. 더미변수 중, 예를 들어 dum3 = −0.0348은 음(−)의 값인데, 이에 대한 해석은 2002년과 2003년 사이 실질임금 상승분이 2001년과 2002년 사이 실질임금 상승분보다 더 작다는 의미이다. 나머지 dum4~dum6의 추정계수도 비슷하게 해석할 수 있다. 2002년에 비해 2003년에 실질임금이 어느 정도 상승했는지는 다음과 같이 계산할 수 있다.

$$\delta_1+\delta_2=(\mu_{2002}-\mu_{2001})+(\mu_{2003}-\mu_{2002})+(\mu_{2002}-\mu_{2001})$$
$$=(\mu_{2003}-\mu_{2002})=0.106+(-0.0348)=0.0712$$

위 그림 3.3의 추정 결과에서 한 가지 고려해야 부분은 식 3.24 오차항 Δe_{it}가 1계 자기상관을 가지고 있느냐이다. 그림 3.3은 OLS 추정이므로 오차항에 1계 자기상관이 없다는 가정이 충족되어야 한다. 3.1절에서 이미 언급하였듯이 원래 모형인 식 3.24의 오차항 e_{it}가 시점 간 서로 독립이라는 가정을 만족하면 차분 모형인 식 3.25의 오차항 $\triangle e_{it}$에는 1계 자기상관이 존재한다. 하지만 2계 이상의 자기상관은 존재하지 않는다. 즉 식 3.25의 $\triangle e_{it}$에 다음과 같은 자기상관이 존재하게 된다.

$$corr(\triangle e_{it}, \triangle e_{it-1}) = \rho,$$
$$corr(\triangle e_{it}, \triangle e_{it-s}) = 0, \quad s \geq 2 \text{인 경우}$$

1계 자기상관을 고려하기 위해 PA(Population-Averaged) 추정 방법을 적용할 수 있다. 이는 xtreg 명령어에 pa 옵션을 추가하면 된다. 이를 통해 오차항의 상관계수 구조(correlation structure)를 다양한 형태로 가정하여 효율적인 추정량을 구할 수 있다. 아래 그림 3.4에는 두 가지 형태를 예시적으로 보여주고 있다. 첫 번째 명령문에서는 corr(ind) 옵션을 추가로 사용하였다. 이 결과는 정확히 그림 3.3과 일치함을 확인할 수 있다. corr(ind)의 의미는 오차항 $\triangle e_{it}$에 1계 자기상관이 없다고 가정하는 것이다. 두 번째 명령문은 앞서 증명한 것처럼 1계 자기상관이 있고 2계 이상 자기상관은 없는 경우를 고려하기 위해 corr(stationary 1) 옵션을 사용하였다. 따라서 $\triangle e_{it}$가 시점 간 서로 독립이라는 가정이 위배된다면 두 번째 결과가 더 효율적인 추정량이 된다.

그림 3.4 다시점 패널 1차 차분 모형: PA 추정

```
. xtreg D.lr_wage D.college D.perm D.size dum3-dum6, pa corr(ind)

GEE population-averaged model                   Number of obs      =      1796
Group va5>riable:                       pid       Number of groups   =       362
Link:                              identity     Obs per group: min =         3
Family:                            Gaussian                    avg =       5.0
Correlation:                    independent                    max =         5
                                                Wald chi2(7)       =     42.92
Scale parameter:                   .0744694     Prob > chi2        =    0.0000

Pearson chi2(1796):                  133.75     Deviance           =    133.75
Dispersion (Pearson):              .0744694     Dispersion         =  .0744694

------------------------------------------------------------------------------
   D.lr_wage |      Coef.   Std. Err.      z    P>|z|     [95% Conf. Interval]
-------------+----------------------------------------------------------------
     college |
         D1. |  -.0103368   .0373572    -0.28   0.782    -.0835555    .0628819
             |
```

```
        perm |
         D1. |    .099552   .0206631     4.82   0.000      .059053     .140051
             |
        size |
         D1. |    .000036   .0000227     1.59   0.112    -8.40e-06    .0000805
             |
        dum3 |  -.0348785   .0204831    -1.70   0.089    -.0750247    .0052676
        dum4 |  -.0723788    .020474    -3.54   0.000    -.1125071   -.0322505
        dum5 |  -.0367165   .0205472    -1.79   0.074    -.0769883    .0035553
        dum6 |  -.0207068   .0204706    -1.01   0.312    -.0608284    .0194149
       _cons |    .106149    .014609     7.27   0.000     .0775158    .1347821
------------------------------------------------------------------------------

. xtreg D.lr_wage D.college D.perm D.size dum3-dum6, pa corr(stationary 1)

GEE population-averaged model                   Number of obs      =      1787
Group and time vars:               pid year     Number of groups   =       359
Link:                              identity     Obs per group: min =         3
Family:                            Gaussian                    avg =       5.0
Correlation:                  stationary(1)                    max =         5
                                                Wald chi2(7)       =     47.70
Scale parameter:                   .0734323     Prob > chi2        =    0.0000

------------------------------------------------------------------------------
   D.lr_wage |      Coef.   Std. Err.      z    P>|z|     [95% Conf. Interval]
-------------+----------------------------------------------------------------
     college |
         D1. |   .0009475   .0348565     0.03   0.978       -.06737    .0692649
             |
        perm |
         D1. |   .1034004   .0207715     4.98   0.000     .0626889    .1441119
             |
        size |
         D1. |   .0000411   .0000231     1.78   0.076    -4.27e-06    .0000864
             |
        dum3 |  -.0378538   .0233009    -1.62   0.104    -.0835227    .0078152
        dum4 |  -.0755538   .0203675    -3.71   0.000    -.1154734   -.0356342
        dum5 |  -.0411304   .0204799    -2.01   0.045    -.0812701   -.0009906
        dum6 |  -.0225655   .0204046    -1.11   0.269    -.0625579    .0174269
       _cons |   .1090811   .0145583     7.49   0.000     .0805473    .1376148
------------------------------------------------------------------------------
```

DID 추정

이번에는 중학생의 학업성취도에 사교육이 어떤 영향을 미치는지 분석해 보자. 우선 2005년에 사교육 경험이 없는 중학생 1학년 표본을 선택한 후 이 학생들이 3학년이 되는 2007년에 사교육 여부를 다시 조사하였다. 따라서 $t=2005$ 시점에는 대상 표본이 "사교육"이라는 프로그램에 적용되지 않았지만, $t=2007$ 시점에는 이 프로그램에 적용된 학생도 있고 여전히 적용되지 않는 학생들도 있다. 편의상 학업성취도에 영향을 미치는 다른 설명변수는 제외하고 추정 모형을 설정하였다.

데이터 파일: A_data3_3.dta

첫 번째로 생각해볼 수 있는 것은 $t=2007$ 시점 데이터만 사용하는 방법이다. 즉 2007년에 사교육을 받은 학생과 받지 않는 학생 표본만 이용하여 횡단면 모형을 설정할 수 있다. 이를 식으로 표현하면 다음과 같다.

$$score_i = \alpha + \beta private_i + e_i \tag{3.26}$$

여기에서 $score$는 중학교 3학년 학생을 대상으로 전국적으로 시행된 시험(영어 과목) 점수이고, $private$는 2007년 시점에서 사교육 경험이 있으면 1, 없으면 0인 더미변수이다. 추정결과는 다음과 같다.

그림 3.5 프로그램 효과 추정: 2007년만 대상

```
. reg score_eng_2007 pri_eng2007

      Source |       SS       df       MS              Number of obs =    1492
-------------+------------------------------           F(  1,  1490) =   97.10
       Model |  55484.0504     1  55484.0504           Prob > F      =  0.0000
    Residual |  851386.183  1490  571.400123           R-squared     =  0.0612
-------------+------------------------------           Adj R-squared =  0.0606
       Total |  906870.233  1491  608.229533           Root MSE      =  23.904

------------------------------------------------------------------------------
score_e~2007 |      Coef.   Std. Err.      t    P>|t|     [95% Conf. Interval]
-------------+----------------------------------------------------------------
 pri_eng2007 |   14.04567   1.425373     9.85   0.000     11.24972    16.84162
       _cons |   42.20699   .7155468    58.99   0.000      40.8034    43.61058
------------------------------------------------------------------------------
```

추정 결과를 보면 사교육을 받은 학생들이 사교육을 받지 않은 학생들에 비해 점수가 평균적으로 약 14.04점 높다. 그러나 3.2절에서 설명하였듯이 이 결과는 처리그룹(사교육 받은 그룹)과 대조그룹(사교육 받지 않은 그룹)의 체계적 차이를 고려하지 않은 것이다.

데이터 파일: A_data3_4.dta

두 번째 방법은 처리그룹에 해당하는 학생들만을 표본으로 2005년과 2007년의 성적을 비교하는 모형이다. 이를 식으로 표현하면 다음과 같다.

$$score_{it}^{treat} = \alpha + \beta\, private_{it} + e_{it} \tag{3.27}$$

여기에서 $private_{it}$는 각 시점에서 사교육을 받았으면 1, 받지 않았으면 0인 더미변수이다. 추정 결과는 다음과 같다.

그림 3.6 프로그램 효과 추정: 처리그룹만 대상

```
. reg  score_eng pri_eng

      Source |       SS       df       MS              Number of obs =     769
-------------+------------------------------           F(  1,   767) =    1.23
       Model |  672.655088     1  672.655088           Prob > F      =  0.2673
    Residual |  418659.745   767  545.840607           R-squared     =  0.0016
-------------+------------------------------           Adj R-squared =  0.0003
       Total |  419332.401   768   546.00573           Root MSE      =  23.363

------------------------------------------------------------------------------
   score_eng |      Coef.   Std. Err.      t    P>|t|     [95% Conf. Interval]
-------------+----------------------------------------------------------------
     pri_eng |    1.87098   1.685411     1.11   0.267    -1.437586    5.179547
       _cons |   54.38168   1.178519    46.14   0.000     52.06817    56.69519
------------------------------------------------------------------------------
```

위의 추정 결과를 보면 식 3.27의 β에 대한 추정치가 1.87로 나타났다. 이는 사교육을 받지 않았던 중학교 1학년 때 성적보다 사교육을 받았던 중학교 3학년 때 성적이 평균적으로 1.87점 높다는 의미이다. 그런데 통계적 유의성을 보면, 사교육 변수가 통계적으로 유의하지 않다. 위 모형은 시간 특성이 성적에 미치는 효과를 통제하지 못하기 때문에 사교육의 순수한 효과를 추정했다고 말하기 힘들다.

데이터 파일: A_data3_5.dta

이번에는 처리그룹과 대조그룹의 2005년과 2007년 데이터를 모두 이용하여 DID 추정량을 구하는 방법이다. 회귀모형은 다음과 같다.

$$score_i = \alpha + \beta_1 D_i^{treat} + \beta_2 D_i^{2007} + \beta_3 (D_i^{treat} \cdot D_i^{2007}) + e_i \tag{3.28}$$

여기에서 D_i^{treat}는 처리그룹에 속하면 1이고 대조그룹에 속하면 0인 더미변수이고, D_i^{2007}는 2005년에 해당하면 0이고 2007년에 해당하면 1인 더미변수이다. 추정을 위해서는 먼저 각 학생이 처리그룹에 속하는지 대조그룹에 속하는지를 알려주는 더미변수를 만들어야 한다. 데이터세트에서 pri_eng 변수는 2005년에는 모두 0이고, 2007년에는 처리그룹은 1, 대조그룹은 0의 값을 갖고 있다. 따라서 명령어 egen의 total 함수를 이용하면 정확히 D_i^{treat}변수를 만들 수 있다. 추정결과는 다음과 같다.

그림 3.7 프로그램 효과 추정: DID 모형 I

```
. by sid, sort : egen treat = total(pri_eng)

. reg  score_eng i.treat#i.year

      Source |       SS           df       MS      Number of obs   =     3,232
-------------+----------------------------------   F(3, 3228)      =     56.82
       Model |  83137.2437         3  27712.4146   Prob > F        =    0.0000
    Residual |  1574408.61     3,228  487.735008   R-squared       =    0.0502
-------------+----------------------------------   Adj R-squared   =    0.0493
       Total |  1657545.85     3,231  513.013262   Root MSE        =    22.085

------------------------------------------------------------------------------
   score_eng |      Coef.   Std. Err.      t    P>|t|     [95% Conf. Interval]
-------------+----------------------------------------------------------------
  treat#year |
     0 2007  |  -2.707698   .8911114    -3.04   0.002      -4.4549   -.960497
     1 2005  |   9.332955   1.272112     7.34   0.000     6.838727   11.82718
     1 2007  |   11.20394   1.293978     8.66   0.000     8.666834   13.74104
             |
       _cons |   45.04872   .6141758    73.35   0.000     43.84451   46.25294
------------------------------------------------------------------------------
```

추정결과에서 1.treat#2007.year 변수의 추정치가 사교육의 효과를 보여준다. 이는 시간효과는 물론 대조그룹과 처리그룹의 본질적 특성을 통제한 상태에서 측정한 사교육의 순수한 효과이다. 추정 결과에 따르면 사교육으로 인해 영어점수가 4.57점 상승하였다고 말할 수 있으며, 이는 통계적으로 유의하다. 이러한 추정 결과는 앞의 그림 3.5에 비해 사교육의 효과가 10점 정도 낮은 것이다.

DID 추정량을 위와 같은 횡단면 모형이 아니라 패널 모형에 의해서도 구할 수 있다. 다음과 같은 이원(two-way) 고정효과 모형을 설정하자.

$$score_{it} = \alpha + \beta D_{it} + u_i + \mu_t + e_{it} \quad t = 2005,\ 2007 \tag{3.29}$$

여기에서 D_{it} 변수는 각 시점에서 사교육을 받았으면 1이고, 받지 않았으면 0인 더미변수이다. 위 식의 1차 차분 모형은 다음과 같은 횡단면 모형이 된다.

$$\Delta score_i = \beta \Delta D_i + (\mu_{2007} - \mu_{2005}) + \Delta e_i \tag{3.30}$$

따라서 위 식의 상수항 추정치는 $(\mu_{2007} - \mu_{2005})$을 추정한 것이다. 위 식 3.30을 추정하는 과정이 아래에 나와 있다. 먼저 D. 연산자를 사용할 수 있도록 time 변수를 생성하였다. tsset 명령어를 year 대신 time 변수에 대해 실행함으로써 시간갭이 없는 패널 데이터로 인

식시켰다. 추정 결과는 다음과 같다.

그림 3.8 프로그램 효과 추정: DID 모형 II

```
. by sid, sort: gen time=_n

. tsset sid time
       panel variable:  sid (strongly balanced)
        time variable:  time, 1 to 2
                delta:  1 unit

. reg D.score_eng D.pri_eng

      Source |       SS       df       MS              Number of obs =    1484
-------------+------------------------------           F(  1,  1482) =   14.88
       Model |  5508.66039     1  5508.66039           Prob > F      =  0.0001
    Residual |  548809.321  1482  370.316681           R-squared     =  0.0099
-------------+------------------------------           Adj R-squared =  0.0093
       Total |  554317.981  1483  373.781511           Root MSE      =  19.244

------------------------------------------------------------------------------
 D.score_eng |      Coef.   Std. Err.      t    P>|t|     [95% Conf. Interval]
-------------+----------------------------------------------------------------
     pri_eng |
         D1. |   4.441488   1.151575     3.86   0.000     2.182598    6.700378
             |
       _cons |   -2.50315   .5773373    -4.34   0.000    -3.635636   -1.370665
------------------------------------------------------------------------------
```

추정결과에서 1.pri_eng 변수의 추정치 4.41이 개인 특성과 시간 특성을 통제한 상태에서 평가한 사교육의 순수한 효과이다. 이론적으로 식 3.28의 β_3 추정치와 식 3.30의 β 추정치는 서로 같아야 한다. 그러나 본 예제에서는 결측치 때문에 어느 정도 차이가 생긴 것을 알 수 있다.

Stata 17버전에서는 다음과 같이 didregress 명령어를 활용하면 그림 3.8과 같은 결과를 얻을 수 있다. didregress 명령어 다음에 종속변수인 score_eng 변수를 쓰고 그 다음 괄호에 시간 가변적인 처리변수 D_{it}에 해당하는 pri_eng 변수를 사용한다. group 옵션에서는 학생 id 그리고 time 옵션에서는 시점 변수를 사용한다. ATET에 주어진 4.441은 식 3.29의 $\hat{\beta}$ 추정치에 해당한다.

```
. didregress (score_eng) (pri_eng), group(sid) time(year)
Number of groups and treatment time
Time variable: year
Control:        pri_eng = 0
Treatment:      pri_eng = 1
-----------------------------------
             |   Control  Treatment
-------------+---------------------
Group        |
         sid |      1298        396
-------------+---------------------
Time         |
     Minimum |      2005       2007
     Maximum |      2007       2007
-----------------------------------

Difference-in-differences regression                    Number of obs = 3,178
Data type: Repeated cross-sectional
                                (Std. err. adjusted for 1,694 clusters in sid)
------------------------------------------------------------------------------
             |               Robust
   score_eng | Coefficient  std. err.      t    P>|t|     [95% conf. interval]
-------------+----------------------------------------------------------------
ATET         |
     pri_eng |
  (예 vs 0)  |   4.441488   1.766412     2.51   0.012     .9769065     7.90607
------------------------------------------------------------------------------
```

DDD 추정

이번에는 사교육 효과에 지역적 차이가 존재하는지 분석해 보자. 선험적으로는 서울지역이 학원의 질과 종류 면에서 타 시도에 비해 우수하므로 똑같은 사교육 경험이 있더라도 서울지역에서 그 효과가 더 높을 것으로 예상할 수 있다.

데이터 파일: A_data3_6.dta

먼저 첫 번째 모형으로 서울지역과 기타지역의 각 표본에 대해 DID 추정량을 각각 구하는 모형을 생각해보자.

$$score_i^{seoul} = \alpha + \beta_1 D_i^{treat} + \beta_2 D_i^{2007} + \beta_3 (D_i^{treat} \cdot D_i^{2007}) + e_i \qquad (3.31)$$

$$score_i^{other} = \delta + \gamma_1 D_i^{treat} + \gamma_2 D_i^{2007} + \gamma_3 (D_i^{treat} \cdot D_i^{2007}) + v_i \qquad (3.32)$$

여기에서 D_i^{treat}와 D_i^{2007} 변수에 대한 정의는 식 3.28에서와 동일하다. β_3 추정치가 서울지역에서의 사교육 효과이고, γ_3 추정치가 기타지역에서의 사교육 효과라고 말할 수 있다. 추정을 위해 그림 3.7에서와 마찬가지로 먼저 처리그룹에 해당하는지 여부를 알려주는 더미변수를 만들었다. 추정 결과는 다음과 같다.

그림 3.9 프로그램 효과의 지역적 차이 추정: 지역별 DID 모형

```
. by sid, sort : egen treat = total(pri_eng)

. reg  score_eng i.treat#i.year if seoul==1

      Source |       SS           df       MS      Number of obs   =       445
-------------+----------------------------------   F(3, 441)       =      9.58
       Model |  14922.6993         3  4974.23309   Prob > F        =    0.0000
    Residual |  229031.098       441  519.344894   R-squared       =    0.0612
-------------+----------------------------------   Adj R-squared   =    0.0548
       Total |  243953.798       444   549.44549   Root MSE        =    22.789

------------------------------------------------------------------------------
   score_eng |      Coef.   Std. Err.      t    P>|t|     [95% Conf. Interval]
-------------+----------------------------------------------------------------
  treat#year |
     0 2007  |  -5.855625   2.441089    -2.40   0.017    -10.65324   -1.058013
     1 2005  |   10.80444   3.689426     2.93   0.004     3.553394    18.05548
     1 2007  |   8.869595   3.720493     2.38   0.018     1.557495     16.1817
             |
       _cons |   49.25806   1.670981    29.48   0.000     45.97399    52.54214
------------------------------------------------------------------------------

. reg  score_eng i.treat#i.year if seoul==0

      Source |       SS           df       MS      Number of obs   =     2,787
-------------+----------------------------------   F(3, 2783)      =     48.82
       Model |  70482.8871         3  23494.2957   Prob > F        =    0.0000
    Residual |  1339359.83     2,783  481.264763   R-squared       =    0.0500
-------------+----------------------------------   Adj R-squared   =    0.0490
       Total |  1409842.72     2,786  506.045485   Root MSE        =    21.938

------------------------------------------------------------------------------
   score_eng |      Coef.   Std. Err.      t    P>|t|     [95% Conf. Interval]
-------------+----------------------------------------------------------------
  treat#year |
     0 2007  |  -2.173471   .9555842    -2.27   0.023    -4.047197   -.2997458
     1 2005  |   9.249841    1.35267     6.84   0.000     6.597502    11.90218
     1 2007  |   11.64334   1.377519     8.45   0.000     8.942277     14.3444
             |
       _cons |   44.34146   .6593534    67.25   0.000     43.04859    45.63433
------------------------------------------------------------------------------
```

추정결과에서 DID 추정치를 보면 서울지역의 경우 값이 8.869로 양(+)의 값이지만 통계적으로 유의하다. 기타지역의 경우에는 값이 11.643이고 5% 수준에서 유의하다. 두 지역의 사교육 효과에 차이가 있는지 다음과 같은 귀무가설을 검정할 수 있다.

$$H_0 : \beta_3 = \gamma_3$$

가설검정을 위해 t 검정을 적용할 수 있다. 서울지역과 기타지역 표본이 서로 독립이면 검정통계량은 다음과 같다.

$$\frac{\hat{\beta}_3 - \hat{\gamma}_3}{\sqrt{var(\hat{\beta}_3) + var(\hat{\gamma}_3)}} \sim t(df)$$

위 검정통계량의 자유도는 $n_{seoul} + n_{other} - 8 = 445 + 2787 - 8 = 3224$이다. 다음과 같이 검정통계량과 p값을 계산할 수 있다.

```
. qui reg  score_eng i.treat#i.year if seoul==1

. scalar beta=_b[1.treat#2007.year]

. scalar var_beta=_se[1.treat#2007.year]^2

. qui reg  score_eng i.treat#i.year if seoul==0

. scalar gamma=_b[1.treat#2007.year]

. scalar var_gamma=_se[1.treat#2007.year]^2

. scalar t1=(beta-gamma)/sqrt(var_beta+var_gamma)

. di 2*(1-ttail(3244, t1))
.48450962
```

위 그림의 마지막에 계산된 결과가 검정통계량에 대한 p값으로서 매우 큰 값임을 알 수 있다. 따라서 두 지역의 사교육 효과에 차이가 존재하지 않는다고 말할 수 있다.

한편, 서울지역과 기타지역 학생 표본을 동시에 추정에 사용하면 더 효율적인 추정량을 얻을 수 있다. 또한 서울지역과 기타지역과의 근본적으로 다른 사교육 환경문제도 통제할 수 있다. DDD 추정량을 구하기 위해 다음 회귀모형을 가정하자.

$$\begin{aligned} score_i = \alpha + \beta_1 D_i^{treat} + \beta_2 D_i^{2007} + \beta_3 D_i^{seoul} + \beta_4 (D_i^{treat} \cdot D_i^{2007}) \\ + \beta_5 (D_i^{treat} \cdot D_i^{seoul}) + \beta_6 (D_i^{seoul} \cdot D_i^{2007}) \\ + \beta_7 (D_i^{treat} \cdot D_i^{2007} \cdot D_i^{seoul}) + e_i \end{aligned} \quad (3.33)$$

여기에서 D_i^{seoul} 변수는 학생이 서울지역에 속하면 1이고, 기타지역에 속하면 0인 더미변수이다. 세 더미변수의 상호작용 변수를 모형에 포함하기 위해서 그림 3.10의 명령문처럼 "##"을 이용한다.

그림 3.10 프로그램 효과의 지역적 차이 추정: DDD 모형

```
. reg score_eng i.treat##i.seoul##i.year

      Source |       SS       df       MS              Number of obs =    3232
-------------+------------------------------           F(  7,  3224) =   26.18
       Model |  89154.9177     7  12736.4168           Prob > F      =  0.0000
    Residual |  1568390.93  3224  486.473614           R-squared     =  0.0538
-------------+------------------------------           Adj R-squared =  0.0517
       Total |  1657545.85  3231  513.013262           Root MSE      =  22.056

------------------------------------------------------------------------------
   score_eng |      Coef.   Std. Err.      t    P>|t|     [95% Conf. Interval]
-------------+----------------------------------------------------------------
     1.treat |   9.249841   1.359971     6.80   0.000     6.583346    11.91634
     1.seoul |   4.916601   1.747828     2.81   0.005     1.489635    8.343567
             |
 treat#seoul |
        1 1  |   1.554595   3.820973     0.41   0.684    -5.937188    9.046377
             |
        year |
        2007 |  -2.173471   .9607416    -2.26   0.024    -4.057197   -.2897453
             |
  treat#year |
      1 2007 |   4.566969   1.952367     2.34   0.019     .7389638    8.394975
             |
  seoul#year |
      1 2007 |  -3.682154   2.550446    -1.44   0.149    -8.682814    1.318506
             |
treat#seoul#year |
    1 1 2007 |  -.6461844   5.466156    -0.12   0.906    -11.36368    10.07131
             |
       _cons |   44.34146   .6629119    66.89   0.000     43.04169    45.64123
------------------------------------------------------------------------------
```

위 추정결과에서 **treat#seoul#year** 변수가 지역 간 사교육 효과 차이를 추정하기 위한 것으로서 통계적으로 유의하지 않은 것으로 나타났다. 따라서 서울지역과 기타지역 간 사교육 효과에 차이가 있다고 볼 수 없다. 위 그림 3.10에 제시되어 있는 DDD 추정치 (−0.646)는 앞의 그림 3.9에서 서울지역 사교육 효과 $\hat{\beta}_3$(8.869)과 기타지역 사교육 효과 $\hat{\gamma}_3$(11.643)의 차이와 정확히 일치함을 확인할 수 있다.

3.5 Stata do file

```
use A_data3_1, clear
tsset pid year
xtsum male coll

by pid, sort: gen time=_n
tsset pid time
reg D.lr_wage D.age D.college D.perm D.size

tsset pid time
gen age2001=L.age
gen coll2001=L.college
gen perm2001=L.perm
gen tenure2001=L.tenure
gen size2001=L.size

reg D.lr_wage D.age age2001 D.college coll2001 D.perm perm2001 ///
D.size size2001 male , nocons
test age2001 perm2001 coll2001 size2001

use A_data3_2, clear
tsset pid year
tab year, gen(dum)

reg D.lr_wage D.college D.perm D.size dum3-dum6

xtreg D.lr_wage D.college D.perm D.size dum3-dum6, pa corr(ind)
xtreg D.lr_wage D.college D.perm D.size dum3-dum6, pa corr(stationary 1)

use A_data3_3, clear
reg score_eng_2007 pri_eng2007

use A_data3_4, clear
reg  score_eng pri_eng

use A_data3_5, clear
by sid, sort : egen treat = total(pri_eng)
reg  score_eng i.treat#i.year

by sid, sort: gen time=_n
tsset sid time
reg D.score_eng D.pri_eng
didregress (score_eng) (pri_eng), group(sid) time(year) // Stata 17버전

use A_data3_6, clear
by sid, sort : egen treat = total(pri_eng)
reg  score_eng i.treat#i.year if seoul==1, coeflegend
reg  score_eng i.treat#i.year if seoul==0
```

```
qui reg  score_eng i.treat#i.year if seoul==1
scalar beta=_b[1.treat#2007.year]
scalar var_beta=_se[1.treat#2007.year]^2
qui reg  score_eng i.treat#i.year if seoul==0
scalar gamma=_b[1.treat#2007.year]
scalar var_gamma=_se[1.treat#2007.year]^2
scalar t1=(beta-gamma)/sqrt(var_beta+var_gamma)
di 2*(1-ttail(3244, t1))

reg score_eng i.treat##i.seoul##i.year
```

CHAPTER 04 | 패널 SUR 모형

4.1 횡단면 SUR 모형

Zellner(1962)가 제안한 SUR(Seemingly Unrelated Regression) 모형은 방정식체계(system of equations)를 추정하는 대표적인 방법이다. 횡단면 데이터를 이용하여 다음과 같은 선형 방정식체계를 추정해 보자.

$$y_{i1} = \alpha_1 + \beta_1 x_{i1} + e_{i1} \tag{4.1}$$

$$y_{i2} = \alpha_2 + \beta_2 x_{i2} + e_{i2} \tag{4.2}$$

오차항에 대한 가정은 다음과 같다.

$$e_{i1} \sim (0, \sigma_1^2),\ e_{i2} \sim (0, \sigma_2^2)$$

여기에서 중요한 것은 두 오차항 간의 관계이다. 우리는 두 오차항에 상관관계가 있다고 가정할 수도 있고, 또는 서로 독립이라고 가정할 수도 있다. 서로 독립이라고 가정하면 각 식을 따로따로 OLS로 추정하면 된다. 그러나 두 오차항 간 상관관계가 존재한다면, 즉 $cov(e_{i1}, e_{i2}) = \sigma_{12}$인 경우에는 SUR 모형을 사용함으로써 더 효율적인 추정량을 얻을 수 있다. SUR 모형의 예를 들면, 수요함수를 각 상품별로 추정하는 모형이나, 또는 시험성적이 있을 때 각 과목별로 회귀모형을 설정하는 것 등을 생각할 수 있다. SUR 모형을 적용할 때 유의할 점은 식 4.1과 4.2에서 두 표본은 동일한 개체($i = 1, 2, \cdots, n$)를 대상으로 한다는 것이다. 즉 동일한 표본을 이용하여 식 4.1과 식 4.2의 회귀모형을 설정한다.

어떤 개인이 다양한 상품을 소비할 때 특정 상품의 수요는 다른 상품의 수요와 상관관계가 있다고 볼 수 있다. 이러한 동시적 상관관계 가정에서 상품별 수요방정식을 추정하는 경우 SUR 모형을 적용할 수 있다. SUR 추정은 기본적으로 GLS(Generalized Least Squares) 접근법을 사용한다. 위 식 4.1과 4.2의 방정식 체계(즉, 수요 상품이 2개인 경우)에 대해 GLS 추정을 위해 오차항의 공분산 행렬을 다음과 같이 표기한다.

$$\begin{bmatrix} e_1 \\ e_2 \end{bmatrix} \sim (0, \Omega) \tag{4.3}$$

본 예제에서는 회귀모형이 2개이므로 공분산 행렬 Ω는 $(2n \times 2n)$의 행렬이 된다. 여기서 n은 각 회귀모형을 구성하는 표본의 크기를 의미한다. GLS 추정을 위해서는 Ω 추정치를 먼저 구해야 한다. 이를 위해서는 일반적으로 오차항 간 상관관계를 가정하지 않는 OLS 추정을 행한 다음, 거기에서 구한 잔차(residuals)를 사용하여 $\hat{\Omega}$을 구한다.

SUR 모형을 이용하면 회귀모형 간 상관관계를 가정함으로써 효율적인 추정량을 얻을 수 있다는 장점 외에도 교차방정식 제약(cross-equation restrictions)에 대해 가설 검정할 수 있다. 식 4.1과 4.2를 따로 추정할 때에는 기울기 모수에 대해 $\beta_1 = \beta_2$를 검정하는 일이 쉽지 않지만, SUR로 추정할 경우에는 이런 식의 교차방정식 제약에 대해 가설검정이 가능하다. 가설검정을 위해서는 다음과 같은 t 검정통계량을 계산해야 한다.

$$t = \frac{\hat{\beta}_1 - \hat{\beta}_2}{\sqrt{var(\hat{\beta}_1) + var(\hat{\beta}_2) - 2cov(\hat{\beta}_1, \hat{\beta}_2)}} \tag{4.4}$$

OLS로 추정하는 경우에는 위 검정통계량에서 $cov(\hat{\beta}_1, \hat{\beta}_2)$을 구할 수 없으나, SUR 모형에서는 식 4.1과 4.2를 동시에 추정하기 때문에 $cov(\hat{\beta}_1, \hat{\beta}_2)$가 계산된다.

식 4.1과 4.2에 각각 들어 있는 설명변수가 서로 같다고 가정해 보자. 즉 $x_{i1} = x_{i2}$이다. 이런 경우 SUR 추정결과는 각 식을 OLS로 추정한 것과 정확히 일치한다. 그러나 이 경우에도 SUR 모형은 앞서 설명한 것처럼 교차방정식 제약을 가설 검정할 수 있다는 장점이 여전히 존재한다.

4.2 패널 SUR 모형

다음과 같이 패널데이터로 구성된 회귀모형을 가정해 보자.

$$y_{it1} = \alpha_1 + \beta_1 x_{it1} + u_{i1} + e_{it1} \tag{4.5}$$

$$y_{it2} = \alpha_2 + \beta_2 x_{it2} + u_{i2} + e_{it2} \tag{4.6}$$

먼저 관찰되지 않은 그룹 특성 u_{i1}과 u_{i2}를 고정효과로 간주하기로 한다. 이 상황에서 두 모형의 오차항 e_{it1}과 e_{it2}에 동시적 상관관계(contemporaneous correlation)가 있다고 가정하면 SUR 모형으로 추정할 수 있다. 단, 횡단면 SUR과 달리 고정효과를 추정하거나 모형에서 제외하면서 추정해야 한다. 따라서 그룹 더미변수를 모형에 포함하거나 within 변환을 실행한 후 앞 절에서 보았던 횡단면 SUR 모형 추정을 적용할 수 있다.

먼저 그룹 더미변수를 포함한 모형은 다음과 같이 쓸 수 있다.

$$y_{it1} = \alpha_1 + \beta_1 x_{it1} + \sum_{i=1}^{n-1} \gamma_{i1} D_i + e_{it1} \tag{4.7}$$

$$y_{it2} = \alpha_2 + \beta_2 x_{it2} + \sum_{i=1}^{n-1} \gamma_{i2} D_i + e_{it2} \tag{4.8}$$

위 식에서 D_i는 i번째 그룹에 해당하면 1이고, 그 외 그룹에 해당하면 0인 더미변수이다. 식 4.5와 4.6에 $(n-1)$개의 그룹 더미변수를 추가하여 횡단면 SUR 모형으로 추정하면 그것이 바로 패널 고정효과 SUR 추정이 된다.

더미변수를 이용하는 것이 아니라 within 변환을 적용할 수도 있다. 즉 종속변수와 설명변수에 within 변환을 적용한 후 횡단면 SUR로 추정해도 결과는 패널 고정효과 SUR과 같아진다. within 변환 모형을 다음과 같이 쓸 수 있으며, 이를 일반적인 횡단면 SUR로 추정하면 된다.

$$(y_{it1} - \bar{y}_{i1}) = \beta_1 (x_{it1} - \bar{x}_{i1}) + (e_{it1} - \bar{e}_{i1}) \tag{4.9}$$

$$(y_{it2} - \bar{y}_{i2}) = \beta_2 (x_{it2} - \bar{x}_{i2}) + (e_{it2} - \bar{e}_{i2}) \tag{4.10}$$

한편, 식 4.5와 4.6에서 관찰되지 않은 그룹의 특성을 고정효과가 아니라 확률효과로 간주하는 경우에는 확률효과 SUR 모형을 추정해야 한다. 확률효과 모형에서는 각 방정식의 오차항이 $(u_i + e_{it})$가 되는데, 각 방정식 오차항이 서로 상관관계를 가질 수 있다고 가정한다. 이와 관련하여 Biorn(2004)의 확률효과 SUR 추정방법을 소개한다. Biorn의 방법은 균형 패널과 불균형 패널 모두에서 SUR 모형 추정이 가능하다. 우선 식 4.5와 4.6의 두 방정식을 합친(stacking) 오차항의 공분산 행렬을 다음과 같이 가정한다.

$$\begin{bmatrix} u_1 \\ u_2 \end{bmatrix} \sim (0, \Omega_u), \qquad \begin{bmatrix} e_1 \\ e_2 \end{bmatrix} \sim (0, \Omega_e)$$

여기에서 Biorn의 방법은 확률효과 모형의 전체 오차항$(u+e)$을 다음과 같이 표현한다.

$$\begin{bmatrix} u_1 + e_1 \\ u_2 + e_2 \end{bmatrix} \sim (0, f(\Omega_u + \Omega_e)) \tag{4.11}$$

여기에서 $f(\cdot)$는 일정한 함수를 의미한다. 즉, 합쳐진(stacked) 오차항의 공분산 행렬은 각 오차항 공분산 행렬의 합의 함수로 표시된다. 식 4.11에 제시된 공분산 행렬 구조를 이용하여 GLS 또는 ML 추정을 통해 식 4.5와 4.6에서 $\hat{\beta}_1^{RE\,SUR}$과 $\hat{\beta}_2^{RE\,SUR}$을 구할 수 있다. 특히 ML 추정에서는 각 오차항 u와 e가 정규분포를 따른다는 가정을 하고 로그 우도함수를 도출하여 추정한다. SUR 모형에서도 확률효과 모형 추정량이 일치추정량이 되기 위해서는 그룹특성 오차항 u_i가 설명변수와 상관관계가 없어야 한다 (외생성 가정 만족).

4.3 STATA 실습

횡단면 SUR 추정

데이터 파일: A_data4_1.dta

데이터 파일은 한국고용정보원의 2006년 청년패널 데이터를 가공한 것이다. 앞에서는 취업자의 임금이 종속변수였는데, 여기에서는 임금과 근로시간이라는 두 가지 변수를 SUR로 추정해보기로 한다. 횡단면 SUR 모형은 다음과 같다.

$$wage_i = \alpha_{11} + \beta_{11} age_i + \beta_{21} male_i + \beta_{31} college_i + \beta_{41} perm_i + e_{1i} \quad (4.12)$$

$$hours_i = \alpha_{12} + \beta_{12} age_i + \beta_{32} college_i + \beta_{42} perm_i + \beta_{52} size_i + e_{2i} \quad (4.13)$$

여기에서 $wage_i$는 취업자 i의 실질임금에 로그를 취한 값이고, $hours_i$는 주당 근로시간, age_i는 취업자의 나이, $male_i$는 남성 여부, $col \leq \geq _i$는 대졸 여부, $perm_i$는 정규직 여부, $size_i$는 취업 업체의 고용자 수이다.

Stata에서 횡단면 SUR 모형은 sureg 명령어로 추정할 수 있다. sureg 명령어 다음에 방정식체계 개수만큼 괄호를 두고 그 안에 각 회귀모형을 종속변수와 설명변수 순서대로 적어준다. 추정결과는 다음과 같다.

그림 4.1 횡단면 SUR 추정 결과

```
. sureg ( lr_wage  age male college perm ) (hours age  college perm size)

Seemingly unrelated regression
----------------------------------------------------------------------
Equation          Obs  Parms        RMSE    "R-sq"       chi2        P
----------------------------------------------------------------------
lr_wage           361      4    .3142451    0.3513     196.17   0.0000
hours             361      4    9.977237    0.0623      23.69   0.0001
----------------------------------------------------------------------

------------------------------------------------------------------------------
             |      Coef.   Std. Err.      z    P>|z|     [95% Conf. Interval]
-------------+----------------------------------------------------------------
lr_wage      |
         age |   .0312793    .006913     4.52   0.000     .0177301    .0448285
        male |   .2285169    .0379967    6.01   0.000     .1540446    .3029891
     college |   .1577021    .0373484    4.22   0.000     .0845005    .2309037
```

```
        perm |   .2953951   .0543713     5.43   0.000     .1888294    .4019609
       _cons |   3.716168   .1923886    19.32   0.000     3.339093    4.093243
-------------+----------------------------------------------------------------
hours        |
         age |   .4669433   .1949923     2.39   0.017     .0847655    .8491212
     college |  -2.819689   1.154711    -2.44   0.015     -5.08288   -.5564977
        perm |   5.218425   1.720885     3.03   0.002     1.845551    8.591298
        size |  -.0025708    .001488    -1.73   0.084    -.0054873    .0003457
       _cons |   30.33346   5.624676     5.39   0.000      19.3093    41.35762
------------------------------------------------------------------------------
```

위 결과에서 Obs=361은 추정에 사용된 표본의 크기가 361명이라는 의미이다. 임금 방정식과 근로시간 방정식의 표본크기가 동일한 것을 알 수 있다. 앞에서 설명했듯이 SUR 모형에서 두 회귀모형은 반드시 서로 동일한 표본을 사용하여 추정해야 한다. sureg 명령문에 다음과 같이 corr 옵션을 추가하면 각 회귀모형의 잔차 간 상관계수와 Breusch-Pagan(BP) 가설검정 결과를 제시해준다.

```
. sureg ( lr_wage  age male college perm ) (hours age  college perm size), corr

======================================= 중략 ===================================

Correlation matrix of residuals:

         lr_wage    hours
lr_wage   1.0000
  hours  -0.0140   1.0000

Breusch-Pagan test of independence: chi2(1) =     0.071, Pr = 0.7903
```

BP 검정의 귀무가설은 다음과 같다.

$$H_0 : corr(e_{1i}, e_{2i}) = 0$$

위 귀무가설이 맞다면 SUR 모형이 불필요하고, 각 방정식을 OLS로 각 회귀모형을 추정하면 된다. BP 검정통계량은 다음과 같이 Lagrange Multiplier(LM) 검정통계량을 계산한다. 오차항 상관관계 추정치 제곱인 $(-0.014)^2$와 추정에 사용된 표본 수 $T=361$를 곱해서 검정통계량을 계산한다. LM 공식에 따라 계산하면 정확히 0.071과 일치함을 확인한다.

$$LM = T \times \widehat{corr}\,(e_{1i}, e_{2i})^2 \sim \chi^2(1)$$

두 회귀모형에서 구한 잔차 상관계수가 −0.014로 거의 0에 가깝다. 이에 따라 BP 검정의 p값이 매우 높아 $corr(e_{1i}, e_{2i}) = 0$의 귀무가설을 기각할 수 없다. 굳이 SUR로 추정할 필요가 없다는 것을 의미한다.*

이번에는 식 4.12와 4.13을 각각 OLS로 추정하여 앞의 SUR 추정 결과와 비교해보자. 아래 그림 4.2에 추정 및 비교 결과가 나와 있다. 우선 맨 처음에 나와 있는 sureg 명령문에 dfk 옵션을 사용한 것은 표준오차를 계산할 때 자유도를 표본크기에서 각 모형의 설명변수 개수를 빼준 값으로 만들기 위한 것이다. 즉 OLS 추정과 동일한 방식으로 표준오차를 계산하기 위해 dfk 옵션을 추가한 것이다. SUR 추정에 사용된 표본크기 361을 미리 지정해 주기 위해 e(sample)을 새로운 변수 sample로 만들었다. 따라서 sample=1은 SUR 추정에 사용된 표본을 의미하며, 이 표본을 OLS 추정에서 계속 사용한다. 마지막으로 estimates table 명령문에서 equations 옵션을 적절히 사용해야 한다. (1 : 1 : .)는 SUR의 첫 번째 임금 방정식 추정결과와 OLS의 임금 방정식 추정결과를 서로 매칭시키라는 의미이다. 또한 (2: . : 1)는 SUR의 두 번째 근로시간 방정식 추정결과와 OLS의 근로시간 방정식 추정결과를 서로 매칭시키라는 의미이다. 추정계수와 표준오차를 동시에 표시하고 비교하기 위해서 b(%9.2f)와 se(%9.3f) 옵션을 추가하였다.

그림 4.2 횡단면 SUR 추정과 개별 OLS 추정 결과 비교

```
. qui sureg ( lr_wage  age male college perm ) (hours age  college perm size), dfk

. gen sample=e(sample)
. estimates store SUR

. qui reg lr_wage  age male college perm if sample==1
. estimates store OLS_wage

. qui reg hours age  college perm size if sample==1
. estimates store OLS_hours

. estimates table SUR OLS_wage OLS_hours, eq(1:1:. , 2:. :1 ) b(%9.2f) se(%9.3f)
--------------------------------------------------
    Variable |    SUR      OLS_wage    OLS_hours
-------------+------------------------------------
#1           |
         age |     0.03        0.03
             |    0.007       0.007
        male |     0.23        0.23
             |    0.038       0.038
     college |     0.16        0.16
             |    0.038       0.038
        perm |     0.30        0.30
             |    0.055       0.055
```

* 그러나 SUR 모형은 여전히 교차방정식 제약(cross-equation restriction)을 가설검정할 수 있다는 장점이 있다.

```
       _cons |     3.72        3.71
             |    0.194       0.194
-------------+--------------------------------------
#2           |
         age |     0.47                    0.47
             |    0.196                   0.196
     college |    -2.82                   -2.81
             |    1.163                   1.163
        perm |     5.22                    5.22
             |    1.733                   1.733
        size |    -0.00                   -0.00
             |    0.001                   0.001
       _cons |    30.33                   30.32
             |    5.664                   5.664
----------------------------------------------------
                                     legend: b/se
```

위 결과를 보면 SUR과 OLS 추정결과에 거의 차이가 없음을 알 수 있다. 이는 앞의 BP 검정에서도 확인했듯이 두 방정식의 오차항이 서로 독립이기 때문이다.

SUR을 추정하면 방정식 이름(equation name)은 종속변수 이름으로 주어진다. 이를 연구자가 원하는 대로 지정할 수도 있는데, 그 과정이 아래의 그림 4.3에 나와 있다. 명령문을 보면, 임금 방정식과 근로시간 방정식의 이름을 각각 wage와 hours_week으로 지정하고 콜론 다음에 종속변수, 설명변수를 나열하면 된다. 추정결과에서 각 방정식이 지정한 이름으로 주어져 있는 것을 확인할 수 있다.

그림 4.3 SUR 추정에서 방정식 이름 변경

```
. sureg (wage: lr_wage  age male college perm ) (hours_week: hours age  college perm
size)

Seemingly unrelated regression
----------------------------------------------------------------------
Equation          Obs  Parms        RMSE    "R-sq"       chi2        P
----------------------------------------------------------------------
wage              361      4    .3142451    0.3513     196.17   0.0000
hours_week        361      4    9.977237    0.0623      23.69   0.0001
----------------------------------------------------------------------

------------------------------------------------------------------------------
             |      Coef.   Std. Err.      z    P>|z|     [95% Conf. Interval]
-------------+----------------------------------------------------------------
wage         |
         age |   .0312793    .006913     4.52   0.000     .0177301    .0448285
        male |   .2285169   .0379967     6.01   0.000     .1540446    .3029891
     college |   .1577021   .0373484     4.22   0.000     .0845005    .2309037
        perm |   .2953951   .0543713     5.43   0.000     .1888294    .4019609
```

```
       _cons |   3.716168   .1923886    19.32   0.000     3.339093    4.093243
-------------+----------------------------------------------------------------
hours_week   |
         age |   .4669433   .1949923     2.39   0.017     .0847655    .8491212
     college |  -2.819689   1.154711    -2.44   0.015     -5.08288   -.5564977
        perm |   5.218425   1.720885     3.03   0.002     1.845551    8.591298
        size |  -.0025708    .001488    -1.73   0.084    -.0054873    .0003457
       _cons |   30.33346   5.624676     5.39   0.000      19.3093    41.35762
------------------------------------------------------------------------------
```

교차방정식 제약 검정

이번에는 SUR 모형의 장점 중 하나인 교차방정식에 대한 검정에 대해 살펴보자. 아래에는 예시적으로 각 설명변수들의 유의성을 검정한 결과이다. 첫 번째 결과는 *age* 변수가 유의한지 검정했다. *age* 변수는 임금과 근로시간 방정식에 모두 존재하기 때문에 *age* 변수가 두 식에서 모두 유의한지 결합검정을 한 결과이다. *male* 변수의 경우에는 임금 방정식에만 존재하기 때문에 거기에서의 유의성만 검정했다. *size* 변수는 임금 방정식이 아니라 반대로 근로시간 방정식에만 존재하며, 따라서 거기에서의 유의성만 검정한 것이다. 교차방정식 제약에 대한 가설을 검정하기 위해서는 test 명령문의 변수 이름 앞에 [ ]을 두고, 그 안에 방정식 이름을 지정해 주어야 한다. 아래 예는 임금 방정식의 *age* 변수 추정계수 β_{11}과 근로시간 방정식의 *age* 변수 추정계수 β_{12}가 서로 같은지 검정한 것이다. 검정 결과를 보면 p 값이 0.05보다 작기 때문에 5% 유의수준에서 귀무가설을 기각할 수 있다.

그림 4.4 SUR 추정에서 교차방정식 제약 검정

```
. qui sureg (wage: lr_wage  age male college perm ) (hours_week: hours age  college
perm size)

. test age
 ( 1)  [wage]age = 0
 ( 2)  [hours_week]age = 0

           chi2(  2) =   26.48
         Prob > chi2 =    0.0000

. test male
 ( 1)  [wage]male = 0

           chi2(  1) =   36.17
         Prob > chi2 =    0.0000

. test size
 ( 1)  [hours_week]size = 0
```

```
           chi2(  1) =    2.98
         Prob > chi2 =    0.0841

. test [wage]age=[hours_week]age
 ( 1)  [wage]age - [hours_week]age = 0

           chi2(  1) =    4.98
         Prob > chi2 =    0.0256
```

위 결과의 마지막에 나와 있는 가설검정이 어떻게 계산되었는지 살펴보자. 앞의 4.1절에서 설명하였듯이 교차방정식 가설검정을 위해서는 $cov(\hat{\beta}_{11}, \hat{\beta}_{12})$ 추정치를 필요로 한다. 이것이 주어지면 식 4.4에 따라 t 검정통계량 또는 카이제곱 검정통계량을 계산할 수 있다. 아래에 이를 실행하는 과정과 결과가 나와 있다. 먼저 sureg 명령문으로 추정하면 ereturn list에는 추정 계수와 그것의 공분산행렬이 각각 e(b)와 e(V)로 주어진다. 우선 추정계수 행렬을 coef_mat로 정의했다. 식 4.4에 따르면 두 추정계수의 차이를 분자에 사용해야 한다. coef_mat 행렬의 [1,1]과 [1,6] 위치에 해당하는 값이 각각 *age* 변수 추정계수이다. 추정계수 공분산 행렬은 var_mat로 정의했다. var_mat[1,1]은 $var(\hat{\beta}_{11})$이고, var[6,6]은 $var(\hat{\beta}_{12})$, 그리고 var_mat[6,1]은 $cov(\hat{\beta}_{11}, \hat{\beta}_{12})$이다. t 검정통계량 제곱을 t3으로 정의했다.* 아래 결과를 보면 이렇게 계산한 t3=4.98은 정확히 앞 그림 4.4의 카이제곱 검정통계량과 일치함을 확인할 수 있다.

그림 4.5 SUR 추정에서 교차방정식 제약 검정: t 검정통계량 계산

```
. qui sureg (wage: lr_wage  age male college perm ) (hours_week: hours age  college
perm size)

. mat def coef_mat=e(b)

. scalar t1=coef_mat[1,1]-coef_mat[1,6]

. mat def var_mat=e(V)

. scalar t2=sqrt(var_mat[1,1]+var_mat[6,6]-2*var_mat[6,1])

. scalar t3=(t1/t2)^2

. di t3
4.9812891
```

* 가설검정의 제약조건이 1개인 경우에는 t 검정통계량 제곱은 카이제곱 검정통계량과 같다. 즉 $t^2 = \chi^2$ 이다.

SUR 모형에서 두 방정식의 종속변수는 서로 다르지만, 설명변수는 정확히 일치하는 경우가 있을 수 있다. 또는 두 방정식 중 어떤 한 방정식의 설명변수가 다른 방정식 설명변수의 부분집합인 경우도 있을 수 있다. 다음과 같은 모형을 가정해 보자.

$$\begin{aligned} wage_i &= \alpha_{11} + \beta_{11} age_i + \beta_{21} male_i + \beta_{31} college_i \\ &\quad + \beta_{41} perm_i + \beta_{51} size_i + e_{1i} \end{aligned} \tag{4.14}$$

$$\begin{aligned} hours_i &= \alpha_{12} + \beta_{12} age_i + \beta_{32} college_i + \beta_{42} perm_i \\ &\quad + \beta_{52} size_i + e_{2i} \end{aligned} \tag{4.15}$$

이 방정식체계를 보면, 두 식의 설명변수 상 차이는 *male* 변수로서, 근로시간 방정식의 설명변수는 임금 방정식의 설명변수 중 *male* 변수만 빠져 있는 것을 알 수 있다. 이 방정식 체계에 대해 다음과 같이 SUR과 OLS 추정 결과를 서로 비교해 보자.

그림 4.6 SUR과 OLS 추정 결과 비교

```
. qui sureg (lr_wage  age male college perm size) (hours age  college perm size), dfk

. gen sample1=e(sample)
. estimates store SUR

. qui reg lr_wage  age male college perm if sample1==1
. estimates store OLS_wage

. qui reg hours age  college perm size if sample1==1
. estimates store OLS_hours

.  estimates table SUR OLS_wage OLS_hours, eq(1:1:. , 2:. :1 ) b(%9.2f) se(%9.3f)

--------------------------------------------------
    Variable |   SUR       OLS_wage    OLS_hours
-------------+------------------------------------
#1           |
         age |    0.03        0.03
             |   0.007       0.007
        male |    0.20        0.23
             |   0.037       0.038
     college |    0.14        0.16
             |   0.036       0.038
        perm |    0.30        0.30
             |   0.052       0.055
        size |    0.00
             |   0.000
       _cons |    3.69        3.71
             |   0.185       0.194
-------------+------------------------------------
#2           |
         age |    0.47                    0.47
```

```
             |      0.196              0.196
     college |      -2.81              -2.81
             |      1.163              1.163
        perm |       5.22               5.22
             |      1.733              1.733
        size |      -0.00              -0.00
             |      0.001              0.001
       _cons |      30.32              30.32
             |      5.664              5.664
--------------------------------------------
                              legend: b/se
```

본 예제에서 근로시간 방정식의 설명변수는 임금 방정식 설명변수의 부분집합이기 때문에 위 결과를 보면 근로시간 방정식의 경우 SUR과 OLS 추정결과가 정확히 서로 일치한다.* 그러나 임금 방정식은 SUR과 OLS 추정결과가 서로 다른 것을 알 수 있다. 만약 두 방정식의 설명변수가 완전히 같다면 SUR과 OLS 추정결과는 두 방정식에서 모두 일치하게 된다. 그런데 설사 SUR과 OLS 추정결과가 일치하더라도 SUR은 교차방정식 제약에 대해 가설검정을 할 수 있는 장점이 있음을 이미 언급하였다. 위 예에서 임금과 근로시간 방정식에서 *college* 변수의 추정계수가 서로 같은지 검정해보자. 아래 결과에서 알 수 있듯이 p 값이 0.05보다 작기 때문에 5% 유의수준에서 두 방정식의 *college* 변수 계수가 서로 같다는 귀무가설을 기각할 수 있다.

```
. qui sureg (wage: lr_wage  age male college perm size) (hours_week : hours age
college perm size), dfk

. test [wage]college=[hours_week]college

 ( 1)  [wage]college - [hours_week]college = 0

           chi2(  1) =    6.42
         Prob > chi2 =    0.0113
```

패널 SUR 추정: 고정효과 모형

데이터 파일: A_data4_2.dta

데이터 파일은 한국고용정보원의 청년패널 데이터를 가공한 것이다. 앞에서는 2006년 횡단면 데이터를 분석했는데, 이번에는 2001년~2006년의 패널 데이터를 이용하여 개인 임금과 주당 근로시간의 2개 방정식체계를 추정해보기로 한다. 회귀모형은 다음과 같다.

* sureg 명령문에서 dfk 옵션을 사용하였음에 주의해야 한다.

$$wage_{it} = \alpha_{11} + \beta_{11}age_{it} + \beta_{21}male_{it} + \beta_{31}college_{it} + \beta_{41}perm_{it} + u_{1i} + e_{1it} \quad (4.16)$$

$$hours_{it} = \alpha_{12} + \beta_{12}age_{it} + \beta_{32}college_{it} + \beta_{42}perm_{it} + \beta_{52}size_{it} + u_{i2} + e_{2it} \quad (4.17)$$

관찰되지 않은 그룹 특성을 고정효과로 간주하는 모형을 추정하기 위해서는 먼저 각 개인의 특성(u_i)을 더미변수로 만들어 sureg 명령어로 추정하는 방법이 있다. 추정결과는 다음과 같다.

그림 4.7 패널 고정효과 SUR 추정: 더미변수 이용

```
. sureg (lr_wage age male college perm i.pid ) (hours age college perm size i.pid)

Seemingly unrelated regression
----------------------------------------------------------------------
Equation          Obs  Parms        RMSE    "R-sq"       chi2        P
----------------------------------------------------------------------
lr_wage           410     78    .2110078    0.6934     927.08   0.0000
hours             410     79    8.632517    0.3560     226.33   0.0000
----------------------------------------------------------------------


------------------------------------------------------------------------------
             |      Coef.   Std. Err.      z    P>|z|     [95% Conf. Interval]
-------------+----------------------------------------------------------------
lr_wage      |
         age |   .0611457   .0068345     8.95   0.000     .0477503    .0745412
        male |  -.1973061   .1341513    -1.47   0.141    -.4602377    .0656256
     college |   .0272555   .0680064     0.40   0.689    -.1060346    .1605455
        perm |   .0325937   .0486325     0.67   0.503    -.0627243    .1279118
 ==================================== 중략 ===================================
       _cons |   3.436929   .2150222    15.98   0.000     3.015493    3.858365
-------------+----------------------------------------------------------------
hours        |
         age |  -.3511651   .2799924    -1.25   0.210    -.8999402    .1976099
     college |  -2.075532   2.783768    -0.75   0.456    -7.531618    3.380553
        perm |   .5006048   1.996175     0.25   0.802    -3.411826    4.413035
        size |  -.0012714   .0023059    -0.55   0.581    -.0057909    .0032481
  ==================================== 중략 ===================================
       _cons |   48.22522   8.820607     5.47   0.000     30.93715     65.5133
------------------------------------------------------------------------------
```

패널 SUR은 횡단면 SUR과 마찬가지로 두 방정식에 모두 존재하는 관측치만 가지고 추정을 하게 된다. 데이터의 표본크기가 456개인데도 위에서 보는 것처럼 실제로 추정에 사용된 관측치 수는 410개임을 알 수 있다. 추정결과에서는 개인 더미변수가 너무 많은 관계로 위 결과에서 제시하지 않았다. 앞의 횡단면 SUR 추정결과(그림 4.1)와 달리 대다수의 설명변수가 유의하지 않다는 것을 알 수 있다.

고정효과 SUR 모형을 더미변수가 아니라 within 변환을 적용해서 추정할 수도 있다. xtdata 명령어를 이용하면 종속변수와 설명변수들을 within 변환시킨 새로운 변수들을 만들어 준다.* 먼저 tsset을 실행한 후 xtdata 명령어 다음에 추정에 사용될 모든 변수를 나열하고 옵션으로 fe를 추가한다. 이렇게 하면 within-group 변환된 변수들만 남게 된다. 이들 새로운 변수들을 이용하여 sureg 명령문을 사용하면 고정효과 SUR 모형을 추정할 수 있다. 추정결과는 다음과 같다.

그림 4.8 패널 고정효과 SUR 추정: within 변환 이용

```
. tsset pid year
       panel variable:  pid (strongly balanced)
        time variable:  year, 2001 to 2006
                delta:  1 unit

. xtdata  lr_wage hours age male college perm size, fe

. sureg (lr_wage age male college perm) (hours age college perm size)

Seemingly unrelated regression
----------------------------------------------------------------------
Equation          Obs  Parms        RMSE    "R-sq"       chi2        P
----------------------------------------------------------------------
lr_wage           410      3    .2110078    0.1751      87.03   0.0000
hours             410      4    8.632517    0.0079       2.97   0.5635
----------------------------------------------------------------------


------------------------------------------------------------------------------
             |      Coef.   Std. Err.      z    P>|z|     [95% Conf. Interval]
-------------+----------------------------------------------------------------
lr_wage      |
         age |   .0611457   .0068345     8.95   0.000     .0477503    .0745412
        male |  (omitted)
     college |   .0272555   .0680064     0.40   0.689    -.1060346    .1605455
        perm |   .0325937   .0486325     0.67   0.503    -.0627243    .1279118
       _cons |   3.238249   .1890583    17.13   0.000     2.867702    3.608796
-------------+----------------------------------------------------------------
hours        |
         age |  -.3511651   .2799924    -1.25   0.210    -.8999402    .1976099
     college |  -2.075532   2.783768    -0.75   0.456    -7.531618    3.380553
        perm |   .5006048   1.996175     0.25   0.802    -3.411826    4.413035
        size |  -.0012714   .0023059    -0.55   0.581    -.0057909    .0032481
       _cons |   58.26821   7.735367     7.53   0.000     43.10717    73.42926
------------------------------------------------------------------------------
```

* xtdata에 대한 자세한 설명은 민인식 · 최필선(2022) 10장을 참고하라.

위 추정결과는 앞에서 더미변수를 사용한 그림 4.7의 추정결과와 정확히 일치함을 알 수 있다. 위에서 임금 방정식에 *male* 변수 추정계수가 없는데, 이는 *male* 변수가 패널 그룹 내에서는 일정한 값을 갖기 때문이다. 반면 더미변수를 이용하여 추정한 앞의 그림 4.7에서는 *male* 변수의 추정계수가 제시돼 있는데, 이는 그룹 더미변수 중 하나가 추정되지 않은 대신 *male* 변수 계수가 추정된 것이다.

패널 SUR 추정: 확률효과 모형

이번에는 관찰되지 않는 그룹의 특성을 확률효과로 간주하는 패널 확률효과 SUR 모형을 추정해보자. 데이터는 고정효과 SUR에서 사용했던 것과 동일하다. 확률효과 SUR 모형을 추정하기 위해서는 먼저 findit xtsur 명령문을 실행하여 xtsur 명령어를 인터넷에서 다운로드 받아 이를 설치해야 한다. 주의해야 할 부분은 데이터를 불러들이기 전에 반드시 clear all 명령문을 실행해야 한다. clear all을 실행하지 않고 xtsur을 실행하면 에러 메시지를 얻는 경우가 종종 있다. 앞서 설명하였듯이 2개 회귀모형에서 모두 결측치가 없는 표본만을 추정을 사용한다. 따라서 전체 표본 수는 456개이지만 추정에 사용된 표본 수는 410개임을 확인한다.

xtsur 명령어 사용법은 sureg와 유사하다. 방정식 개수대로 괄호를 두고 각 괄호 안에 종속변수와 설명변수들을 순서대로 나열한다. 앞서 설명하였듯이 Biron의 패널 SUR 추정은 불균형 데이터인 경우에도 사용할 수 있다. 추정결과는 다음과 같다.

그림 4.9 패널 확률효과 SUR 추정

```
. clear all
. use A_data4_2, clear


. tsset pid year
       panel variable:  pid (unbalanced)
        time variable:  year, 2001 to 2006, but with gaps
                delta:  1 unit

. xtsur (lr_wage age male college perm) (hours age college perm size)
(running multi-step estimates...)

Calculating multi-step estimates...
Iteration    1 : relative difference =  .66571618
Iteration    2 : relative difference =  9.522e-07

Seemingly unrelated regression (SUR) in panel data set
```

```
One-way random effect estimation:
------------------------------------------------------------------------------
Number of Group variable:    2                Number of obs      =        410
Panel variable: pid                           Number of eqn      =          2
Time variable : year                          Number of panels   =          2

Random effects u_i ~ Gaussian
corr(u_i, e_it)    = 0 (assumed)
Panel type         : strongly balanced

------------------------------------------------------------------------------
             | Coefficient  Std. err.      z    P>|z|     [95% conf. interval]
-------------+----------------------------------------------------------------
lr_wage      |
         age |   .0798587   .0070026    11.40   0.000     .0661339    .0935834
        male |   .1030915   .0569076     1.81   0.070    -.0084453    .2146284
     college |   .0204074   .0582417     0.35   0.726    -.0937441     .134559
        perm |   .1990965   .0786435     2.53   0.011      .044958     .353235
-------------+----------------------------------------------------------------
hours        |
         age |  -.1518457   .1628248    -0.93   0.351    -.4709764     .167285
     college |  -3.398284   1.748302    -1.94   0.052    -6.824893    .0283239
        perm |    4.50284     2.5267     1.78   0.075    -.4494006     9.45508
        size |  -.0060827   .0020925    -2.91   0.004     -.010184   -.0019814
-------------+----------------------------------------------------------------
     sigma_u |   see e(sigma_u)
     sigma_e |   see e(sigma_e)
------------------------------------------------------------------------------
Dependent variables:   lr_wage hours
Independent variables: age male college perm size
------------------------------------------------------------------------------
```

위 추정결과를 보면 고정효과 SUR에서는 유의하지 않았던 변수들이 유의하게 바뀌었음을 알 수 있다. 고정효과 모형은 추가적인 더미변수(위 예제에서는 약 76개)의 계수를 더 추정하기 때문에 자유도 손실이 생긴다. 확률효과 모형은 그러한 자유도 손실이 적기 때문에 더 효율적인 추정량을 구할 수 있다. 또한 시간에 따라 변하지 않는 *male* 변수의 추정계수 역시 확률효과 모형에서는 얻을 수 있다.

그림 4.10에서는 패널 확률효과 SUR 추정 결과를 이용하여 패널 그룹 이질성 u_{1i}와 u_{2i}의 표준편차와 상관계수 추정치를 계산한다. 유사하게 시간가변 오차항인 e_{1it}와 e_{2it}의 표준편차와 상관계수 추정치를 계산하는 과정을 보여준다. xtsur을 추정한 이후 e(sigma_e)와 e(sigma_u)에 공분산 행렬이 저장되어 있다. 분산 추정치는 각 행렬의 [1,1]과 [2,2] 위치에 저장된 값이 된다. 상관계수는 공식을 이용할 수도 있지만 그림 4.10에서는 Stata의 행렬함수인 corr( )을 활용한다. ( )에 공분산 행렬을 입력하면 자동으로 상관계수 행렬로 계산해준다. 먼저 시간가변 오차항 상관계수 $corr(e_{1it}, e_{2it}) = 0.098$이고 그룹 이질성 상관계수

$corr(u_{1i}, u_{2i}) = 0.99$이다. 2개 회귀모형에서 서로 같은 패널 그룹 id를 사용하기 때문에 그룹 이질성 상관계수가 거의 1에 가깝다는 것을 예상한다.

그림 4.10 방정식 이름 변경 및 교차방정식 가설검정

```
. mat def var_e=e(sigma_e)

. di "var(e_1it) = " var_e[1,1]
var(e_1it) = .07189084

. di "var(e_2it) = " var_e[2,2]
var(e_2it) = 102.21892

. mat def corr_e=corr(var_e)

. mat list corr_e

symmetric corr_e[2,2]
           c1         c2
r1          1
r2  .09853598          1

.
. mat def var_u=e(sigma_u)

. di "var(u_1i) = " var_u[1,1]
var(u_1i) = 181.14604

. di "var(u_2i) = " var_u[2,2]
var(u_2i) = 74889.097

. mat def corr_u=corr(var_u)

. mat list corr_u

symmetric corr_u[2,2]
           c1         c2
r1          1
r2  .99980486          1
```

xtsur 명령문에서도 sureg와 같이 방정식 이름을 지정할 수 있고 교차방정식 제약에 대한 가설검정이 가능하다. 아래에서는 예시적으로 임금 방정식의 이름을 wage로, 근로시간 방정식 이름을 hours_week로 지정하였다. 또한 임금 방정식 *age* 변수의 계수와 근로시간 방정식 *age* 변수의 계수가 동일한지 가설 검정한 결과, *p*값이 매우 작아 서로 다르다고 말할 수 있다.

그림 4.11 방정식 이름 변경 및 교차방정식 가설검정

```
. qui xtsur (wage: lr_wage age male college perm) (hours_week : hours age college perm
size)

. test [wage]age=[hours_week]age

 ( 1)  [wage]age - [hours_week]age = 0

           chi2(  1) =    8.99
         Prob > chi2 =    0.0027
```

4.4 Stata do file

```
use A_data4_1, clear
sureg ( lr_wage  age male college perm ) ///
(hours age  college perm size)

sureg ( lr_wage  age male college perm ) ///
(hours age  college perm size), corr
qui sureg ( lr_wage  age male college perm ) ///
(hours age  college perm size), dfk

gen sample=e(sample)
estimates store SUR

qui reg lr_wage  age male college perm if sample==1
estimates store OLS_wage

qui reg hours age  college perm size if sample==1
estimates store OLS_hours
estimates table SUR OLS_wage OLS_hours, ///
eq(1:1:. , 2:. :1 ) b(%9.2f) se(%9.3f)

sureg (wage: lr_wage  age male college perm ) ///
(hours_week: hours age  college perm size)

qui sureg (wage: lr_wage  age male college perm ) ///
(hours_week: hours age  college perm size)
test age
test male
test size
test [wage]age=[hours_week]age

qui sureg (lr_wage  age male college perm size) ///
(hours age  college perm size), dfk
gen sample1=e(sample)
estimates store SUR
```

```
qui reg lr_wage  age male college perm if sample1==1
estimates store OLS_wage

qui reg hours age  college perm size if sample1==1
estimates store OLS_hours

estimates table SUR OLS_wage OLS_hours, ///
eq(1:1:. , 2:. :1 ) b(%9.2f) se(%9.3f)

qui sureg (wage: lr_wage  age male college perm size) ///
(hours_week : hours age  college perm size), dfk
test [wage]college=[hours_week]college

use A_data4_2, clear
sureg (lr_wage age male college perm i.pid ) ///
(hours age college perm size i.pid)

tsset pid year
xtdata  lr_wage hours age male college perm size, fe

sureg (lr_wage age male college perm) ///
(hours age college perm size)

clear all
use A_data4_2, clear
tsset pid year


xtsur (lr_wage age male college perm) (hours age college perm size)
mat list e(sigma_e)
mat list e(sigma_u)

mat def var_e=e(sigma_e)
di "var(e_1it) = " var_e[1,1]
di "var(e_2it) = " var_e[2,2]
mat def corr_e=corr(var_e)
mat list corr_e

mat def var_u=e(sigma_u)
di "var(u_1i) = " var_u[1,1]
di "var(u_2i) = " var_u[2,2]
mat def corr_u=corr(var_u)
mat list corr_u

qui xtsur (wage: lr_wage age male college perm) ///
(hours_week : hours age college perm size)

test [wage]age=[hours_week]age
```

CHAPTER 05 패널 연립방정식 모형

5.1 횡단면 연립방정식 모형

횡단면 데이터에서 연립방정식 모형은 다음과 같이 쓸 수 있다.

$$y_{i1} = \alpha_1 + \gamma_1 y_{i2} + \beta_1 x_{i1} + e_{i1} \tag{5.1}$$

$$y_{i2} = \alpha_2 + \gamma_2 y_{i1} + \beta_2 x_{i2} + e_{i2} \tag{5.2}$$

여기에서 첫 번째 식의 종속변수인 y_{i1}과 두 번째 식의 종속변수인 y_{i2}는 서로 동시에 결정되는 내생적 변수이다. 반면, x_{i1}과 x_{i2}는 외생적 변수이다. 이와 같은 연립방정식 모형에서는 y_{i1}과 y_{i2} 변수의 동시성(simultaneity) 또는 내생성(endogeneity)으로 인해 각 식을 OLS로 추정했을 때 일치추정량을 구할 수 없는 문제가 발생한다. 가령 첫 번째 식의 y_{i2} 변수 계수인 γ_1에 대한 OLS 추정량은 일치추정량이 되지 못하는데, 그 이유는 y_{i2}와 오차항 e_{i1}이 상관관계를 갖고 있기 때문이다. 왜냐하면 두 번째 식을 이용하면 $cov(y_{i2,} e_{i1})$을 다음과 같이 쓸 수 있다.

$$cov(y_{i2,} e_{i1}) = cov(\alpha_2 + \gamma_2 y_{i1} + \beta_2 x_{i2} + e_{i2},\ \ e_{i1}) \neq 0$$

위 식에서 y_{i1}은 오차항 e_{i1}을 포함하고 있어서 공분산 값이 0이 될 수 없다. 같은 논리에 따라 두 번째 식의 y_{i1}은 오차항 e_{i2}와 상관관계를 갖게 되므로 OLS 추정량은 일치추정량이 되지 못한다.

식 5.1과 5.2에서 일치추정량을 얻기 위해서는 도구변수 추정방법을 사용할 수 있다. 첫 번째 식을 추정할 때는 두 번째 식의 외생적 변수인 x_{i2}를 도구변수로 사용하고, 두 번째 식을 추정할 때는 첫 번째 식의 외생적 변수인 x_{i1}을 도구변수로 사용하는 것이다. 적절한 도구변수가 되기 위해서는 일정 조건을 만족해야 한다. 첫 번째 식을 추정할 때 x_{i2}가 적절한 도구변수가 되기 위해서는 다음의 두 가지 조건을 만족해야 한다.

- 조건 1: 도구변수 x_{i2}는 오차항 e_{i1}과 상관관계가 존재하지 않는다.
- 조건 2: 도구변수 x_{i2}는 내생적 설명변수 y_{i2}와 상관관계가 있다.

위 두 조건을 종합해서 해석하면 다음과 같다. 즉 도구변수 x_{i2}는 내생적 설명변수 y_{i2}에는 영향을 미칠 수 있지만, 종속변수인 y_{i1}에는 직접적으로 영향을 미치지 않아야 한다는 것이다.

도구변수의 수는 내생적 설명변수의 수보다 최소한 같거나 많아야 한다. 특히 도구변수의 수가 내생적 설명변수의 수보다 많은 경우*에는 2단계 최소제곱(Two-Stage Least Squares; 2SLS) 또는 GMM(Generalized Method of Moments) 추정을 적용할 수 있다.** GMM 추정방법은 본서 6장에서 자세히 설명한다. 오차항이 이분산성을 가지는 경우에는 GMM 추정량이 2SLS 추정량보다 더 효율적인 추정량으로 알려져 있다.

2SLS와 GMM은 식 5.1과 5.2를 따로 추정하지만, 두 식을 동시에 추정하는 3단계 최소제곱(Three-stage Least Squares; 3SLS) 추정을 사용할 수도 있다. 연립방정식 모형을 동시에 추정해야 하는 이유는 종속변수 y_{i1}과 y_{i2}가 동시에 결정되기 때문에 두 오차항 e_{i1}과 e_{i2} 역시 상관관계를 가질 수 있다. 즉 $cov(e_{i1,} e_{i2}) \neq 0$인 경우 두 방정식을 동시에 추정하는 것이 각각 추정하는 것에 비해 더 효율적인 추정량을 얻는다. 3SLS는 다음과 같은 3단계 추정 절차를 거친다.

- 1단계: 2SLS의 첫 번째 단계와 유사하게 도구변수를 이용하여 내생적 설명변수에 대한 예측치를 구해 추정에 사용한다. 모수에 대한 일치추정량을 구할 수 있다.
- 2단계: 1단계 모형 추정에서 구한 잔차를 이용하여 각 방정식 오차항에 대한 공분산 행렬을 구한다.
- 3단계: 1단계에서 구한 내생적 설명변수에 대한 예측치, 그리고 2단계에서 구한 공분산 행렬을 이용하여 두 방정식을 쌓아(stacking) GLS(Generalized Least Squares) 추정을 실행한다.

3SLS 추정은 한편으로는 2SLS 아이디어를 이용하여 일치추정량을 구함과 동시에 다른 한편으로 GLS 아디이어를 이용하여 연립방정식 모형에서 효율적인 추정량을 구하는 장점을 지니고 있다. 반면에, 식 5.1과 5.2의 오차항에 대해 동분산성(homoskedasticity)을 가정하고 추정하는 단점이 있다.*** 만약 연립방정식 모형의 각 식이 적정식별(just-identified)된 경우라면 각 식을 2SLS로 추정한 것과 3SLS로 한꺼번에 추정한 결과는 서로 일치한다. 그러나 이 경우에도, 여전히 2SLS에 비해 3SLS 추정의 장점이 존재한다. 4장의 SUR 추정에

---

* 도구변수의 수가 내생적 설명변수의 수보다 많은 경우를 과대식별(over-identified) 되었다고 말한다.
** 횡단면 데이터에서 2SLS 추정에 대한 구체적인 내용은 민인식·최필선(2019b) 11장을 참고하라.
*** 이러한 단점은 2SLS에서도 똑같이 적용된다.

서 설명하였듯이 방정식 체계를 한꺼번에 추정하면 각 방정식에 있는 계수를 서로 비교하는 가설검정이 가능하다.

5.2 패널 연립방정식 모형

본 절에서는 횡단면 데이터가 아니라 패널데이터 연립방정식을 생각해보자. 고정효과 또는 확률효과를 가진 패널 연립방정식 모형을 다음과 같이 설정할 수 있다.

$$y_{it1} = \alpha_1 + \beta_1 y_{it2} + \gamma_1 x_{it1} + u_{i1} + e_{it1} \tag{5.3}$$

$$y_{it2} = \alpha_2 + \beta_2 y_{it1} + \gamma_2 x_{it2} + u_{i2} + e_{it2} \tag{5.4}$$

여기에서 y_{i1}과 y_{i2}는 서로 동시에 결정되는 내생적 변수이고, x_{i1}과 x_{i2}는 외생적 변수이다. 또한 관찰되지 않는 패널그룹의 특성(이질성)을 통제하기 위해 오차성분(error component) 모형을 가정하였다. 추정은 첫 번째 식의 내생적 설명변수인 y_{it2}에 대한 도구변수로 두 번째 식의 외생적 설명변수인 x_{it2}를 사용한다. 반대로 두 번째 식의 내생적 설명변수인 y_{it1}에 대한 도구변수로 첫 번째 식의 외생적 설명변수인 x_{it1}를 사용한다.

적절한 도구변수가 되기 위해서는 일정 조건을 만족해야 한다. 위 연립방정식 모형에서 u_{i1}과 u_{i2}를 고정효과로 간주하는 경우, (첫 번째 식을 추정할 때) x_{it2}가 적절한 도구변수가 되기 위해서는 다음의 두 가지 조건을 만족해야 한다.

- **조건 1**: 도구변수 x_{it2}는 오차항 e_{it1}과 상관관계가 존재하지 않아야 한다.
- **조건 2**: 도구변수 x_{it2}는 내생적 설명변수 y_{it2}와 상관관계가 있다.

도구변수 x_{it2}를 외생적 설명변수로 가정하였기 때문에 오차항 e_{it2}는 물론이고 e_{it1}과 상관관계가 존재하지 않는다. 따라서 위 첫 번째 조건을 만족한다. 또한 식 5.4를 살펴보면 x_{it2}는 종속변수 y_{it2}를 결정하는 설명변수이기 때문에 위의 두 번째 조건도 만족한다고 말할 수 있다.

패널 연립방정식에서 고정효과 모형의 추정은 기본적으로 2SLS 방법을 사용한다. 이를 위해서는 u_{i1}과 u_{i2}를 within 변환 또는 1차 차분을 통해 모형에서 제외시킬 수 있다. 먼저 within 변환을 생각해보자. 각 방정식에 within 변환을 실행하면 다음과 같다.

$$(y_{it1} - \bar{y}_{i1}) = \beta_1(y_{it2} - \bar{y}_{i2}) + \gamma_1(x_{it1} - \bar{x}_{i1}) + (e_{it1} - \bar{e}_{i1}) \tag{5.5}$$

$$(y_{it2} - \bar{y}_{i2}) = \beta_2(y_{it1} - \bar{y}_{i1}) + \gamma_2(x_{it2} - \bar{x}_{i2}) + (e_{it2} - \bar{e}_{i2}) \tag{5.6}$$

여기에서 식 5.5의 새로운 설명변수 $(y_{it2} - \bar{y}_{i2})$는 새로운 오차항 $(e_{it1} - \bar{e}_{i1})$과 여전히 상관관계가 존재하므로 내생적 설명변수가 된다. 따라서 식 5.6의 외생적 설명변수인 $(x_{it2} - \bar{x}_{i2})$를 도구변수로 사용한다.

다음으로 1차 차분 방법이다. 식 5.3과 식 5.4에 1차 차분을 적용하면 다음과 같이 쓸 수 있다.

$$\Delta y_{it1} = \beta_1 \Delta y_{it2} + \gamma_1 \Delta x_{it1} + \Delta e_{it1} \tag{5.7}$$

$$\Delta y_{it2} = \beta_2 \Delta y_{it1} + \gamma_2 \Delta x_{it2} + \Delta e_{it2} \tag{5.8}$$

식 5.7에서 내생적 설명변수 Δy_{it2}에 대한 도구변수로 식 5.8의 외생적 설명변수인 Δx_{it2}를 사용한다.

한편 u_{i1}과 u_{i2}를 확률효과로 간주할 때에는 도구변수의 조건이 약간 바뀌어야 한다. 왜냐하면 각 방정식의 오차항이 e_{it}이 아니라 $(u_i + e_{it})$이기 때문이다. 따라서 (첫 번째 식을 추정할 때) x_{it2}가 적절한 도구변수가 되기 위해서는 x_{it2}가 오차항 u_{i1}과 e_{it1} 각각에 대해 상관관계가 존재하지 않아야 한다. 확률효과 모형의 추정은 오차항 $(u_i + e_{it})$의 1계 자기상관을 고려한 GLS 추정과 설명변수의 내생성을 고려한 2SLS를 동시에 적용해야 한다. 확률효과 모형에서 일치추정량을 얻기 위해서는 (가령 식 5.3에서) $cov(x_{it1}, u_{i1}) = 0$와 $cov(y_{it2}, u_{i1}) = 0$ 가정이 여전히 성립해야 한다. 고정효과 모형과 확률효과 모형에서 각 방정식에 적절한 도구변수를 선택하고 2SLS 추정 아이디어를 이용하면 일치추정량을 얻을 수 있다.*

패널 연립방정식 모형에서도 각 방정식을 따로 추정하는 대신 두 방정식을 동시에 GLS로 추정하면 더 효율적인 추정량을 구할 수 있다. 이때에는 오차항 e_{it1}과 e_{it2}의 동시적 상관관계가 존재한다고 가정하고 공분산 행렬 추정치를 활용한다. 먼저 고정효과 모형에서는 각 방정식의 종속변수와 설명변수에 within 변환 또는 1차 차분 변환을 실행한 후, 횡단면 데이터처럼 3SLS 추정량을 구한다. 확률효과 모형에서 두 방정식을 동시에 추정하는 방법은 본서의 범위를 넘어서기 때문에 생략하기로 한다.**

---

* 구체적인 추정과정에 대해서는 민인식 · 최필선(2022) 13장을 참고하라.

** 자세한 내용은 Baltagi(2009) 7장을 참고하라.

5.3 STATA 실습

횡단면 연립방정식 추정

데이터 파일: A_data5_1.dta

데이터 파일은 한국고용정보원의 2006년 청년패널 데이터를 가공한 것이다. 임금과 주당 근로시간(노동공급) 변수를 각각 종속변수로 하는 연립방정식 모형을 설정해 보자. 횡단면 연립방정식 모형은 다음과 같다.

$$wage_i = \alpha_1 + \gamma_1 hours_i + \beta_{11} age_i + \beta_{21} male_i + \beta_{31} coll_i + e_{i1} \tag{5.9}$$

$$\begin{aligned} hours_i = \alpha_2 + \gamma_2 wage_i + \beta_{12} age_i + \beta_{32} coll_i + \beta_{42} perm_i \\ + \beta_{52} size_i + e_{i2} \end{aligned} \tag{5.10}$$

여기에서 $wage_i$는 취업자 i의 실질임금에 로그를 취한 값이고, $hours_i$는 주당 근로시간, age_i는 취업자의 나이, $male_i$는 남성 여부, $coll_i$는 대졸 여부, $perm_i$는 정규직 여부, $size_i$는 취업 업체의 고용자수이다. 첫 번째 식인 *wage* 방정식에서 γ_1은 노동공급이 임금에 미치는 영향을 의미한다. γ_1에 대한 OLS 추정량이 인과관계를 의미하기 위해서는 설명변수인 $hours$ 변수가 오차항 e_{i1}과 서로 독립이어야 한다. 그러나 직관적으로 임금($wage$) 변수와 노동공급($hours$) 변수는 서로 동시에 결정될 가능성이 크기 때문에 *wage* 방정식을 OLS로 추정할 경우 동시성 편의(simultaneity bias)가 존재한다. 일치추정량을 얻기 위해서는 2SLS 방법 등을 이용할 수 있다.

아래에는 비교의 목적으로 *wage* 방정식에 대해 OLS와 2SLS로 추정한 결과가 나와 있다. 2SLS 추정에서는 내생적 설명변수인 *hours*에 대한 도구변수로 *wage* 방정식에는 포함되어 있지 않지만 *hours* 방정식에 외생적 설명변수로 포함된 *perm*과 *size* 변수를 사용하였다. 2SLS 추정을 위해서는 ivregress 2sls 명령어가 필요하다.

그림 5.1 횡단면 연립방정식 모형 추정 I: OLS vs. 2SLS

```
. reg lr_wage hours  age male college

      Source |       SS       df       MS              Number of obs =     361
-------------+------------------------------           F(  4,   356) =   37.81
       Model |  16.3844258     4  4.09610645           Prob > F      =  0.0000
    Residual |  38.5678152   356  .10833656            R-squared     =  0.2982
-------------+------------------------------           Adj R-squared =  0.2903
       Total |   54.952241   360  .152645114           Root MSE      =  .32915
```

```
------------------------------------------------------------------------------
    lr_wage |      Coef.   Std. Err.      t    P>|t|     [95% Conf. Interval]
-------------+----------------------------------------------------------------
       hours |  -.0000666   .0017457    -0.04   0.970    -.0034998    .0033667
         age |   .0360082   .0071909     5.01   0.000     .0218663    .0501501
        male |   .2430308   .0405789     5.99   0.000     .1632264    .3228352
     college |   .1584291   .0392538     4.04   0.000     .0812305    .2356277
       _cons |   3.832312   .2130363    17.99   0.000     3.413345     4.25128
------------------------------------------------------------------------------

. ivregress 2sls lr_wage age male college (hours=perm size)

Instrumental variables (2SLS) regression          Number of obs  =       361
                                                  Wald chi2(4)   =    152.12
                                                  Prob > chi2    =    0.0000
                                                  R-squared      =    0.2919
                                                  Root MSE       =     .3283

------------------------------------------------------------------------------
    lr_wage |      Coef.   Std. Err.      z    P>|z|     [95% Conf. Interval]
-------------+----------------------------------------------------------------
       hours |   .0030317   .0091945     0.33   0.742    -.0149892    .0210525
         age |   .0356471   .0072491     4.92   0.000     .0214391    .0498552
        male |   .2279381   .0597695     3.81   0.000      .110792    .3450842
     college |   .1642016   .0426135     3.85   0.000     .0806808    .2477225
       _cons |   3.703235   .4319985     8.57   0.000     2.856533    4.549937
------------------------------------------------------------------------------
Instrumented:  hours
Instruments:   age male college perm size
```

위 결과를 보면, 근로시간 변수의 추정계수 $\hat{\gamma}_1$는 OLS 추정결과에서 음(−)의 값인데 반해, 2SLS에서는 양(+)의 값으로 차이가 있음을 확인할 수 있다. 그러나 두 추정계수 모두 유의하지 않은 것으로 나타났다.

이번에는 *hours* 방정식인 식 5.10에 대해 OLS와 2SLS로 추정해 보았다. 내생적 설명변수인 *wage* 변수에 대한 도구변수로서 *hours* 방정식에는 제외되어 있으나 *wage* 방정식에는 포함되어 있는 *male* 변수를 사용하였다.[*]

[*] *male* 변수가 더미변수여서 도구변수로 적절하냐는 문제가 제기될 수 있다. 여기에서는 도구변수의 적절성이나 모형의 정합성을 따지기보다는 추정방법을 실습하는데 초점을 맞추기로 한다.

그림 5.2 횡단면 연립방정식 모형 추정 II: OLS vs. 2SLS

```
. reg  hours  lr_wage age college perm size

      Source |       SS       df       MS              Number of obs =     361
-------------+------------------------------           F(  5,    355) =    4.93
       Model |  2489.75622     5  497.951244           Prob > F      =  0.0002
    Residual |  35832.4377   355  100.936444           R-squared     =  0.0650
-------------+------------------------------           Adj R-squared =  0.0518
       Total |  38322.1939   360  106.450539           Root MSE      =  10.047

------------------------------------------------------------------------------
       hours |      Coef.   Std. Err.      t    P>|t|     [95% Conf. Interval]
-------------+----------------------------------------------------------------
     lr_wage |   1.716526   1.701404     1.01   0.314    -1.629572    5.062624
         age |   .3879153   .2119482     1.83   0.068    -.0289166    .8047472
     college |  -2.961906   1.172109    -2.53   0.012    -5.267056   -.6567557
        perm |    4.66357   1.817872     2.57   0.011     1.088418    8.238722
        size |  -.0032219    .001588    -2.03   0.043    -.0063449   -.0000989
       _cons |   24.64997   7.977845     3.09   0.002     8.960193    40.33975
------------------------------------------------------------------------------

. ivregress 2sls hours  age college perm size (lr_wage=male)

Instrumental variables (2SLS) regression               Number of obs =     361
                                                       Wald chi2(5)  =   26.59
                                                       Prob > chi2   =  0.0001
                                                       R-squared     =       .
                                                       Root MSE      =  12.341

------------------------------------------------------------------------------
       hours |      Coef.   Std. Err.      z    P>|z|     [95% Conf. Interval]
-------------+----------------------------------------------------------------
     lr_wage |   25.15135   7.613564     3.30   0.001     10.22904    40.07366
         age |  -.7112218   .4309158    -1.65   0.099    -1.555801    .1333576
     college |  -4.996625   1.573867    -3.17   0.001    -8.081348   -1.911903
        perm |  -2.902877    3.25175    -0.89   0.372     -9.27619    3.470436
        size |   -.010457   .0029856    -3.50   0.000    -.0163086   -.0046054
       _cons |  -52.73668   26.08647    -2.02   0.043    -103.8652   -1.608138
------------------------------------------------------------------------------
Instrumented:  lr_wage
Instruments:   age college perm size male
```

위 추정결과를 보면, 임금 변수의 추정계수 $\hat{\gamma}_2$는 OLS 추정에서 1.716인데 비해 2SLS 추정치는 25.15로 차이가 매우 크고 유의성도 서로 다른 것을 알 수 있다.

Tip 5.1 ● R^2값이 결측치인 이유

그림 5.2의 2SLS 추정 결과에서 R-squared 값이 결측치로 표시되어 있다. 결측치로 표시된 이유는 R^2 값이 음(−)으로 계산되기 때문이다. R^2는 다음과 같이 정의된다.

$$R^2 = 1 - \frac{SSE}{SST}$$

여기에서 *SSE*는 잔차제곱합이고 *SST*는 총제곱합이다. 선형회귀모형에서 일반적으로 $0 \le R^2 \le 1$이다. R^2의 정의상 값이 음(−)이 나오는 이유는 $SSE > SST$이기 때문이다. 2SLS에서 이런 문제가 생기는 이유는 두 번째 단계 회귀모형 추정에서 첫 번째 단계에서 구한 *wage* 변수의 예측치를 설명변수로 사용하기 때문이다. 다음과 같이 일련의 명령문을 통해 본 예제에서 $SSE > SST$임을 보일 수 있다.

```
. qui ivregress 2sls hours  age college perm size (lr_wage=male)
. scalar SSE=e(rss)
. di SSE
54981.9

. su hours if e(sample)==1

    Variable |        Obs        Mean    Std. Dev.       Min        Max
-------------+---------------------------------------------------------
       hours |        361    46.51247    10.31749          8         98

. gen SST=(hours-r(mean))^2 if e(sample)==1
(1 missing value generated)

. total SST
Total estimation                    Number of obs    =     361

--------------------------------------------------------------
             |      Total   Std. Err.     [95% Conf. Interval]
-------------+------------------------------------------------
        SST1 |   38322.19   5852.357      26813.09    49831.3
--------------------------------------------------------------

. mat list e(b)
symmetric e(b)[1,1]
          SST
y1  38322.194
```

위 결과를 보면, 식 5.10에 대한 2SLS 결과에서 *SSE*=54,981이고 *SST*=38,322임을 알 수 있다. 이로 인해 R^2값이 음수임을 예상한다.

식 5.9와 5.10의 연립방정식 모형을 2SLS로 추정하는 것보다 더 효율적인 추정량을 얻는 방법은 3SLS로 추정하는 것이다. Stata에서는 이를 위해 reg3 명령어를 이용한다. 아래에서 보듯이 reg3 명령문은 연립방정식을 구성하는 식의 개수대로 괄호를 두고 각 괄호안에 회귀식을 종속변수와 설명변수 순으로 입력하면 된다. 본 예제에서 *hours* 변수의 경우에는 첫 번째 괄호 안에서는 (두 번째 위치에 있어) 설명변수로 인식되지만, 두 번째 괄호 안에서는 (첫 번째 위치에 있어) 독립변수로 인식된다. 이 경우 Stata에서 자동으로 *hours* 변수가 내생적 변수임을 인식하게 된다. 3SLS 추정결과는 다음과 같다.

그림 5.3 횡단면 연립방정식 모형 추정: 3SLS

```
. reg3 (lr_wage hours age male  college) (hours lr_wage age college perm size)

Three-stage least-squares regression
----------------------------------------------------------------------
Equation          Obs  Parms        RMSE    "R-sq"       chi2        P
----------------------------------------------------------------------
lr_wage           361      4    .3283006    0.2919     152.12   0.0000
hours             361      5    11.83812   -0.3201      65.15   0.0000
----------------------------------------------------------------------


------------------------------------------------------------------------------
             |      Coef.   Std. Err.      z    P>|z|     [95% Conf. Interval]
-------------+----------------------------------------------------------------
lr_wage      |
       hours |   .0030317   .0091945     0.33   0.742    -.0149892    .0210525
         age |   .0356471   .0072491     4.92   0.000     .0214391    .0498552
        male |   .2279381   .0597695     3.81   0.000      .110792    .3450842
     college |   .1642016   .0426135     3.85   0.000     .0806808    .2477225
       _cons |   3.703235   .4319985     8.57   0.000     2.856533    4.549937
-------------+----------------------------------------------------------------
hours        |
     lr_wage |   19.71371   7.580351     2.60   0.009     4.856493    34.57092
         age |  -.6710305   .4308838    -1.56   0.119    -1.515547    .1734863
     college |   -4.84331    1.57374    -3.08   0.002    -7.927783   -1.758837
        perm |   5.509718   3.060396     1.80   0.072     -.488548    11.50798
        size |  -.0021231     .00278    -0.76   0.445    -.0075718    .0033255
       _cons |  -35.86968   25.99324    -1.38   0.168    -86.81549    15.07613
------------------------------------------------------------------------------
Endogenous variables:  lr_wage hours
Exogenous variables:   age male college perm size
------------------------------------------------------------------------------
```

위의 추정결과를 보면, *wage* 방정식의 결과는 앞의 그림 5.1에 나와 있는 2SLS 추정결과와 정확히 일치한다. 그 이유는 *wage* 변수에 대한 도구변수가 *male* 변수 하나로서 적정식별(just-identified)이기 때문이다. 사실 식 5.9와 5.10의 내생적 설명변수들이 모두 적정식별되면 3SLS 추정결과는 정확히 2SLS와 같게 된다. 하지만, 본 예제에서 두 번째 식의 종속변수인 *hours* 변수는 과대식별되어서 *hours* 방정식의 경우에는 3SLS 추정치가 2SLS와 다르다. 한편, 3SLS 추정량은 두 방정식의 오차항에 있어서 동시적 상관관계를 고려하여 추정하기 때문에 2SLS에 비해 효율적인 추정량을 구할 수 있는 반면에, 식 5.9와 5.10의 두 오차항에 대해 동분산성을 가정하기 때문에 오차항이 이분산성일 경우에는 문제가 있을 수 있다.

reg3 명령문에서 방정식 이름을 바꾸거나 교차방정식(cross-equation) 제약에 대한 검정이 가능하다. 식의 이름을 바꾸기 위해서는 각 식의 변수를 입력하는 괄호 안에 원하는 식 이름을 지정해주면 된다. 아래 예에서는 *wage* 방정식에 대해 wage_eq라는 이름을 주었고, *hours* 방정식에 대해서는 hours_eq라는 이름을 지정하였다. 그 결과 지정한 식의 이름이 각 식의 추정계수 맨 위쪽에 표시되어 있음을 확인할 수 있다.

그림 5.4 횡단면 3SLS 추정에서 식 이름 변경 및 가설검정

```
. reg3 (wage_eq: lr_wage hours age male  college) ( hours_eq: hours lr_wage age college
perm size)

Three-stage least-squares regression
----------------------------------------------------------------------
Equation          Obs  Parms        RMSE    "R-sq"       chi2        P
----------------------------------------------------------------------
wage_eq           361      4    .3283006    0.2919     152.12   0.0000
hours_eq          361      5    11.83812   -0.3201      65.15   0.0000
----------------------------------------------------------------------

------------------------------------------------------------------------------
             |      Coef.   Std. Err.      z    P>|z|     [95% Conf. Interval]
-------------+----------------------------------------------------------------
wage_eq      |
       hours |   .0030317   .0091945     0.33   0.742    -.0149892    .0210525
         age |   .0356471   .0072491     4.92   0.000     .0214391    .0498552
        male |   .2279381   .0597695     3.81   0.000      .110792    .3450842
     college |   .1642016   .0426135     3.85   0.000     .0806808    .2477225
       _cons |   3.703235   .4319985     8.57   0.000     2.856533    4.549937
-------------+----------------------------------------------------------------
hours_eq     |
     lr_wage |   19.71371   7.580351     2.60   0.009     4.856493    34.57092
         age |  -.6710305   .4308838    -1.56   0.119    -1.515547    .1734863
     college |   -4.84331    1.57374    -3.08   0.002    -7.927783   -1.758837
        perm |   5.509718   3.060396     1.80   0.072     -.488548    11.50798
        size |  -.0021231     .00278    -0.76   0.445    -.0075718    .0033255
       _cons |  -35.86968   25.99324    -1.38   0.168    -86.81549    15.07613
------------------------------------------------------------------------------
Endogenous variables:  lr_wage hours
```

```
Exogenous variables:   age male college perm size
------------------------------------------------------------------------------
. test college
 ( 1)  [wage_eq]college = 0
 ( 2)  [hours_eq]college = 0

           chi2(  2) =   17.01
         Prob > chi2 =    0.0002

. test [wage_eq]college=[hours_eq]college
 ( 1)  [wage_eq]college - [hours_eq]college = 0

           chi2(  1) =    9.87
         Prob > chi2 =    0.0017
```

3SLS는 두 방정식을 동시에 추정하기 때문에 교차방정식 검정이 가능하다. 위 실행에서는 식 5.9와 5.10의 연립방정식에서 *college* 변수의 추정계수가 동시에 0인지를 검정했다. 이를 위해서는 간단히 test college라는 명령문을 입력하면 된다. 결과를 보면 p값이 매우 작아 귀무가설을 기각할 수 있다. 위 실행의 두 번째 검정은 *college* 변수의 추정계수가 동일한지를 본 것이다. 즉 다음을 검정한 것이다.

$$H_0 : \beta_{31} = \beta_{32}$$

이를 검정하기 위해서는 위에서 보듯이 test 명령문 다음에 각 식 이름을 [ ] 안에 입력하고 그 옆에 변수 이름을 지정해 준다. 검정결과에 따르면 p값이 매우 작아 귀무가설을 기각할 수 있다. 즉 각 식에서 종속변수에 *college* 변수가 미치는 한계효과가 서로 다르다고 말할 수 있다.

Tip 5.2 ● 글로벌 매크로(global macro) 지정 방법

연립방정식 명령문을 작성할 때 글로벌 매크로나 로컬 매크로를 활용할 수도 있다.* 글로벌 매크로는 하나의 do 파일에서 글로벌 매크로를 정의하면 다른 do 파일에서도 그 값을 사용할 수 있다. 여러 개의 do 파일을 동시에 사용하여 어떤 결과를 얻고자 할 때 유용하게 사용된다. 본 Tip에서는 단순히 글로벌 매크로를 지정하는 방법을 설명한다. 먼저 식 5.9와 5.10의 회귀모형을 다음과 같이 각각 글로벌 매크로로 저장한다.

```
. global wage "(wage_eq:lr_wage hours age male  college)"

. global hours "( hours_eq: hours lr_wage age college perm size)"

. qui reg3 $wage $hours
```

위 명령문을 통해 식 5.9 모형은 wage라는 이름으로 저장하였고, 식 5.10 모형은 hours라는 이름으로 저장하였다. 이렇게 하면 reg3 명령문에서는 $(글로벌 매크로를 인식하는 기호)를 이용하여 각 방정식을 지정하면 된다. 추정결과는 제시되어 있지 않지만, 이 결과는 정확히 앞의 그림 5.4와 일치한다.

패널 연립방정식 추정: 고정효과 모형

데이터 파일: A_data5_2.dta

데이터 파일은 한국고용정보원의 청년패널 데이터를 가공한 것이다. 단, 앞에서는 2006년 횡단면 데이터를 분석했는데 이번에는 2001년~2006년의 패널 데이터를 이용하여 각 개인의 임금과 주당 근로시간을 다음과 같은 연립방정식 모형으로 설정해보자.

$$\begin{aligned} wage_{it} &= \alpha_1 + \gamma_1 hours_{it} + \beta_{11} age_{it} + \beta_{21} male_{it} \\ &\quad + \beta_{31} coll_{it} + \beta_{41} perm_{it} + u_{i1} + e_{it1} \end{aligned} \tag{5.11}$$

$$\begin{aligned} hours_{it} &= \alpha_2 + \gamma_2 wage_{it} + \beta_{22} male_{it} + \beta_{32} coll_{it} \\ &\quad + \beta_{52} size_{it} + u_{i2} + e_{it2} \end{aligned} \tag{5.12}$$

먼저 관찰되지 않는 패널그룹 특성인 u_{i1}과 u_{i2}를 고정효과로 간주하고 추정하는 방법에 대해 알아보자. 식 5.11과 5.12를 고정효과 2SLS로 각각 추정할 수 있다. 명령어 xtivreg와 fe 옵션을 사용하면 within 변환을 적용한 2SLS 결과를 얻는다.* 아래에는 *wage* 방정식인 식 5.11에 대해 일반적인 패널 고정효과 모형으로 추정한 것과 도구변수를 사용하여 2SLS로 추정한 결과가 제시되어 있다. 2SLS 추정에서는 내생적 설명변수인 *hours*에 대한 도구변수로 *hours* 방정식의 외생적 설명변수인 *size* 변수를 사용하였다.

그림 5.5 패널 연립방정식 고정효과 모형 추정 I

```
. xtreg lr_wage hours age male  college perm, fe
note: male omitted because of collinearity

Fixed-effects (within) regression               Number of obs      =       410
Group variable: pid                             Number of groups   =        76

R-sq:  within  = 0.1937                         Obs per group: min =         5
       between = 0.2346                                        avg =       5.4
```

---

* 매크로에 대한 기본적인 설명은 민인식 · 최필선(2019a) 9장을 참고하라.

* xtivreg 명령문에 대한 자세한 설명은 민인식 · 최필선(2022) 13장을 참고하라.

```
     overall = 0.2188                                          max =          6

                                             F(4,330)          =      19.82
corr(u_i, Xb)  = -0.1247                     Prob > F          =     0.0000

------------------------------------------------------------------------------
     lr_wage |      Coef.   Std. Err.      t    P>|t|     [95% Conf. Interval]
-------------+----------------------------------------------------------------
       hours |   .0036672   .0013293     2.76   0.006     .0010522    .0062822
         age |   .0624643   .0075468     8.28   0.000     .0476183    .0773103
        male |  (omitted)
     college |   .0350724    .074997     0.47   0.640    -.1124601    .1826049
        perm |   .0310904   .0535961     0.58   0.562    -.0743427    .1365235
       _cons |   3.024248   .2223164    13.60   0.000     2.586912    3.461584
-------------+----------------------------------------------------------------
     sigma_u |  .26763325
     sigma_e |  .23253191
         rho |  .56983555   (fraction of variance due to u_i)
------------------------------------------------------------------------------
F test that all u_i=0:     F(75, 330) =     6.49             Prob > F = 0.0000

. xtivreg lr_wage age male  college perm (hours=size), fe

Fixed-effects (within) IV regression         Number of obs      =        410
Group variable: pid                          Number of groups   =         76

R-sq:  within  =      .                      Obs per group: min =          5
       between = 0.1519                                     avg =        5.4
       overall = 0.0971                                     max =          6

                                             Wald chi2(4)       =   30759.91
corr(u_i, Xb)  = -0.5269                     Prob > chi2        =     0.0000

------------------------------------------------------------------------------
     lr_wage |      Coef.   Std. Err.      z    P>|z|     [95% Conf. Interval]
-------------+----------------------------------------------------------------
       hours |   .0584894   .0796744     0.73   0.463    -.0976695    .2146483
         age |   .0821766   .0342026     2.40   0.016     .0151407    .1492125
        male |  (omitted)
     college |   .1519319   .2518094     0.60   0.546    -.3416054    .6454692
        perm |   .0086164   .1369039     0.06   0.950    -.2597103    .2769431
       _cons |  -.1749542    4.67811    -0.04   0.970    -9.343881    8.993972
-------------+----------------------------------------------------------------
     sigma_u |  .44729551
     sigma_e |  .57684905
         rho |  .37549309   (fraction of variance due to u_i)
------------------------------------------------------------------------------
F  test that all u_i=0:     F(75,330) =     1.06         Prob > F    = 0.3558
------------------------------------------------------------------------------
Instrumented:   hours
Instruments:    age male college perm size
------------------------------------------------------------------------------
```

위 결과를 보면 *male* 변수는 시간불변(time-invariant) 변수이므로 추정계수가 주어지지 않는다는 것을 알 수 있다. *hours* 변수의 추정계수를 보면, OLS와 2SLS 결과 사이에 거의 15배 정도 차이가 있다.

이번에는 *hours* 방정식인 식 5.12에 대한 2SLS 추정결과가 아래 나와 있다. 내생적 설명변수인 *wage* 변수의 도구변수로서 *wage* 방정식의 외생적 변수인 *age*와 *perm*을 모두 사용하였다.

그림 5.6 패널 연립방정식 고정효과 모형 추정 II

```
. xtivreg hours  male  college size (lr_wage=age perm), fe

Fixed-effects (within) IV regression         Number of obs      =        410
Group variable: pid                          Number of groups   =         76

R-sq:  within  =      .                      Obs per group: min =          5
       between = 0.0006                                     avg =        5.4
       overall = 0.0020                                     max =          6

                                             Wald chi2(3)       =    9425.56
corr(u_i, Xb)  = -0.3298                     Prob > chi2        =     0.0000

------------------------------------------------------------------------------
       hours |      Coef.   Std. Err.      z    P>|z|     [95% Conf. Interval]
-------------+----------------------------------------------------------------
     lr_wage |  -5.206897   5.032706    -1.03   0.301    -15.07082    4.657026
        male |  (omitted)
     college |  -2.019281   3.178811    -0.64   0.525    -8.249636    4.211074
        size |   -.002482   .0026744    -0.93   0.353    -.0077236    .0027597
       _cons |   75.13472   24.91496     3.02   0.003      26.3023    123.9671
-------------+----------------------------------------------------------------
     sigma_u |  6.8414519
     sigma_e |  9.8607469
         rho |  .32494815   (fraction of variance due to u_i)
------------------------------------------------------------------------------
F  test that all u_i=0:     F(75,331) =     1.98         Prob > F    = 0.0000
------------------------------------------------------------------------------
Instrumented:   lr_wage
Instruments:    male college size age perm
------------------------------------------------------------------------------
```

고정효과 모형에서 도구변수를 선택할 때 주의해야 할 점은 시간불변 변수는 도구변수로서 역할을 하지 못한다는 것이다. 예를 들어 *male*과 같은 변수는 within 변환을 적용하면 사라지기 때문에 도구변수로서 역할을 하지 못한다.

패널 연립방정식 모형을 바로 3SLS로 추정하는 명령어는 제공되지 않고 있다. 그러나 고정효과 그룹더미를 변수에 포함시켜 놓을 경우에는 reg3 명령어를 사용하여 3SLS 추정을 행할 수 있다. 아래에 실행 결과가 나와 있다. 명령문을 보면 각 개인 더미를 i.pid로 표시해 주었다.

그림 5.7 패널 연립방정식 고정효과 모형: 3SLS 추정

```
. reg3 (wage_eq: lr_wage hours age male college perm  i.pid) (hours_eq: hours lr_wage
male college size i.pid)
note: 173303.pid omitted because of collinearity
note: 173303.pid omitted because of collinearity

Three-stage least-squares regression
----------------------------------------------------------------------
Equation          Obs  Parms        RMSE    "R-sq"       chi2        P
----------------------------------------------------------------------
wage_eq           410     79     .5315601  -0.9460     155.18   0.0000
hours_eq          410     78     8.859962   0.3216     215.05   0.0000
----------------------------------------------------------------------


------------------------------------------------------------------------------
             |      Coef.   Std. Err.      z    P>|z|     [95% Conf. Interval]
-------------+----------------------------------------------------------------
wage_eq      |
       hours |   .0602528   .0713235     0.84   0.398    -.0795386    .2000442
         age |   .0815656   .0306412     2.66   0.008     .0215101    .1416212
        male |  -1.968026   1.606258    -1.23   0.220    -5.116233    1.180181
     college |   .1626757   .2240685     0.73   0.468    -.2764905    .6018418
        perm |   .0458998   .0714308     0.64   0.520    -.0941021    .1859017
             |
         pid |
       2804  |  -1.148676   .8849987    -1.30   0.194    -2.883242    .5858892
  ============================== 결과 중략 ======================================
             |
       _cons |   .4991416   3.503585     0.14   0.887     -6.36776    7.366043
-------------+----------------------------------------------------------------
hours_eq     |
     lr_wage |  -5.206897   4.521928    -1.15   0.250    -14.06971    3.655919
        male |   18.14716   6.600446     2.75   0.006     5.210526     31.0838
     college |  -2.019281   2.856188    -0.71   0.480    -7.617307    3.578744
        size |   -.002482   .0024029    -1.03   0.302    -.0071916    .0022277
             |
         pid |
       2804  |   9.969543   5.820537     1.71   0.087      -1.4385    21.37759
  ============================== 결과 중략 ======================================
             |
       _cons |   65.97577    23.5204     2.81   0.005     19.87664    112.0749
------------------------------------------------------------------------------
```

위 결과를 보면 *wage* 방정식과 *hours* 방정식에서 *male* 변수의 추정계수가 나와 있는데, 이처럼 시간불변 변수인 *male*이 추정되는 이유는 개인 더미변수 중 하나가 추정되지 않았기 때문이다. 위 결과를 2SLS로 추정한 그림 5.6의 결과와 비교해 보면 *hours* 방정식에 있어서는 추정계수가 정확히 서로 일치한다. 그 이유는 앞서 설명하였듯이 내생적 설명변수인 *hours* 변수가 적정식별(just-identified) 되었기 때문이다.

2SLS로 추정하는 것에 비해 3SLS로 추정하면 교차방정식 제약에 대한 가설검정이 가능하다. 가령 *college* 변수의 기울기 모수가 두 방정식에서 동일한 값인지 가설검정할 수 있다. 다음은 실행 결과이다.

그림 5.8

```
. qui reg3 (wage_eq: lr_wage hours age male college perm  i.pid) ( hours_eq: hours
lr_wage male college size i.pid)

. test [wage_eq]college =[hours_eq]college

 ( 1)  [wage_eq]college - [hours_eq]college = 0

           chi2(  1) =    0.53
         Prob > chi2 =    0.4679
```

패널 연립방정식 추정: 확률효과 모형

데이터 파일: A_data5_2.dta

식 5.11과 5.12의 관찰되지 않는 패널그룹 특성을 확률변수로 간주하는 연립방정식 확률효과 모형 추정에 대해 알아보자. xtivreg 명령문에 re 옵션을 사용하면 각 회귀모형을 확률효과 2SLS로 추정할 수 있다. 패널 고정효과 명령문(xtivreg, fe)과 거의 동일한 형식을 갖고 있음을 알 수 있다.

그림 5.9 패널 연립방정식 확률효과 모형: 2SLS 추정

```
. xtivreg lr_wage age male  college perm (hours=size), re

G2SLS random-effects IV regression              Number of obs      =       410
Group variable: pid                             Number of groups   =        76

R-sq:  within  = 0.1071                         Obs per group: min =         5
       between = 0.2407                                        avg =       5.4
       overall = 0.1904                                        max =         6
```

```
                                                   Wald chi2(5)       =     70.89
corr(u_i, X)       = 0 (assumed)                   Prob > chi2        =    0.0000

------------------------------------------------------------------------------
     lr_wage |      Coef.   Std. Err.      z    P>|z|     [95% Conf. Interval]
-------------+----------------------------------------------------------------
       hours |   .0177745    .030752     0.58   0.563    -.0424983    .0780473
         age |   .0613346   .0114925     5.34   0.000     .0388096    .0838595
        male |   .0373429    .163712     0.23   0.820    -.2835268    .3582126
     college |   .0840781    .088431     0.95   0.342    -.0892434    .2573997
        perm |   .0400802   .0589777     0.68   0.497    -.0755139    .1556744
       _cons |   2.338349   1.663922     1.41   0.160    -.9228773    5.599576
-------------+----------------------------------------------------------------
     sigma_u |  .86107384
     sigma_e |  .57772506
         rho |  .68958168   (fraction of variance due to u_i)
------------------------------------------------------------------------------
Instrumented:   hours
Instruments:    age male college perm size
------------------------------------------------------------------------------

. xtivreg hours  male  college size (lr_wage=age perm), re

G2SLS random-effects IV regression                 Number of obs      =       410
Group variable: pid                                Number of groups   =        76

R-sq:  within  = 0.0004                            Obs per group: min =         5
       between = 0.1091                                           avg =       5.4
       overall = 0.0376                                           max =         6

                                                   Wald chi2(4)       =     11.65
corr(u_i, X)       = 0 (assumed)                   Prob > chi2        =    0.0202

------------------------------------------------------------------------------
       hours |      Coef.   Std. Err.      z    P>|z|     [95% Conf. Interval]
-------------+----------------------------------------------------------------
     lr_wage |   -.920921   4.683056    -0.20   0.844    -10.09954      8.2577
        male |   4.164346   1.745231     2.39   0.017     .7437556    7.584936
     college |  -1.913758   1.553633    -1.23   0.218    -4.958823    1.131306
        size |  -.0022408   .0019842    -1.13   0.259    -.0061297    .0016482
       _cons |   51.43036   22.25191     2.31   0.021     7.817423    95.04329
-------------+----------------------------------------------------------------
     sigma_u |  4.4301299
     sigma_e |  9.8756761
         rho |  .16752205   (fraction of variance due to u_i)
------------------------------------------------------------------------------
Instrumented:   lr_wage
Instruments:    male college size age perm
------------------------------------------------------------------------------
```

항상 언급되듯이 확률효과 추정량은 모형에 포함된 설명변수들이 패널그룹 오차항 u_i와 상관관계가 존재하지 않아야 일치추정량이 된다는 점에 주의해야 한다. 현재 나와 있는 Stata 버전은 확률효과 연립방정식 모형을 3SLS로 추정할 수 있는 명령어를 제공하지 않고 있다. 2SLS는 오차항 e_{it1}과 e_{it2}가 서로 동시적 상관관계를 가지는 경우 효율적인 추정량을 얻을 수 없는 단점이 있다. 두 모형 간 추정계수의 공분산이 주어지지 않기 때문에 교차방정식 제약에 대한 가설검정도 어렵다는 단점이 있다.

5.4 Stata do file

```
use A_data5_1, clear
reg lr_wage hours  age male college

ivregress 2sls lr_wage age male college (hours=perm size)
reg  hours  lr_wage age college perm size
ivregress 2sls hours  age college perm size (lr_wage=male)

qui ivregress 2sls hours  age college perm size (lr_wage=male)
scalar SSE=e(rss)
di SSE
su hours if e(sample)==1
gen SST=(hours-r(mean))^2 if e(sample)==1
total SST

mat list e(b)

reg3 (lr_wage hours age male  college) ///
 (hours lr_wage age college perm size)

reg3 (wage_eq: lr_wage hours age male  college) ///
( hours_eq: hours lr_wage age college perm size)

test college
test [wage_eq]college=[hours_eq]college

global wage "(wage_eq:lr_wage hours age male  college)"
global hours "( hours_eq: hours lr_wage age college perm size)"
qui reg3 $wage $hours

use A_data5_2, clear
xtreg lr_wage hours age male  college perm, fe
xtivreg lr_wage age male  college perm (hours=size), fe
xtivreg hours  male  college size (lr_wage=age perm), fe

reg3 (wage_eq: lr_wage hours age male college perm  i.pid) ///
 ( hours_eq: hours lr_wage male college size i.pid)
```

```
qui reg3 (wage_eq: lr_wage hours age male college perm  i.pid) ///
( hours_eq: hours lr_wage male college size i.pid)
test [wage_eq]college =[hours_eq]college

use A_data5_2, clear
xtivreg lr_wage age male  college perm (hours=size), re
xtivreg hours male college size (lr_wage=age perm), re
```

CHAPTER 06 패널 GMM 추정

6.1 횡단면 GMM 추정

다음과 같은 횡단면 선형회귀모형을 가정해보자.

$$y_i = \alpha + \beta_1 x_{1i} + \beta_2 x_{2i} + e_i \tag{6.1}$$

설명변수가 내생적인 경우, 즉 $cov(x_{1i}, e_i) \neq 0$이면 OLS 추정량은 일치추정량이 될 수 없다. 따라서 이 경우에는 적절한 도구변수를 이용하여 2SLS로 추정하거나 또는 GMM(Generalized Method of Moments) 추정량을 구해야 한다. 본 장에서는 GMM 추정의 기본 아이디어와 활용에 관해 설명한다.

z_i가 도구변수가 되기 위해서는 오차항 e_i와 상관관계가 존재하지 않아야 한다. 즉 $E(ze) = 0$의 적률 조건(moment condition)이 성립해야 한다. 만약 도구변수의 수가 내생적 설명변수의 수보다 많은 과대식별(over-identified)된 경우에는 다음과 같은 목적함수를 최소화하는 GMM 추정량을 구할 수 있다.

$$Q(\alpha, \beta_1, \beta_2) = \left\{ \frac{1}{n} \sum_{i=1}^{n} z_i e_i \right\}' W \left\{ \frac{1}{n} \sum_{i=1}^{n} z_i e_i \right\} \tag{6.2}$$

위 식에서 W는 가중치 행렬(weight matrix)로 항상 대칭적(symmetric)이면서 양정부호(positive-definite) 행렬이다. 내생적 설명변수의 수와 도구변수의 수가 같은 경우, 즉 적정식별(just-identified)된 모형에서는 W로 어떤 행렬을 선택하느냐에 관계없이 항상 같은 결과를 얻는다. 과대식별된 경우에는 그렇지 않은데, 2SLS 추정은 식 6.2에서 다음과 같은 가중치 행렬을 사용한 경우와 같다.

$$W = \left(\frac{1}{n} \sum_{i=1}^{n} z_i z_i' \right)^{-1} \tag{6.3}$$

위의 가중치 행렬은 오차항이 동분산이라는 가정이 성립할 때만 선택가능하다. 2SLS 추정량에 비해 GMM 추정량의 장점은 가중치 행렬을 다양하게 선택할 수 있다는 것이다. 즉 동분산성이 아니라 이분산성이나 1계 자기상관 등이 존재하는 경우에도 이러한 가정의 위

배를 고려하여 효율적인 추정량을 계산할 수 있다.

식 6.2의 목적함수를 최소화하는 경우 β에 대한 일치추정량을 구할 수 있다. 이는 가중치 행렬 W로 무엇을 선택하느냐와 상관없이 성립한다. 하지만 효율적인 추정량을 얻기 위해서는 어떤 가중치 행렬을 선택하느냐가 중요한 문제이다. GMM 추정은 다음과 같은 2단계(two-step) 추정방법을 많이 사용한다. 첫 번째 단계에서는 가중치 행렬로 2SLS 추정에 해당하는 식 6.3을 선택한다. 이렇게 해서 구한 $\hat{\beta}_{2SLS}$를 이용하여 잔차($\hat{e}_{2SLS}$)를 계산한 다음, 이를 이용하여 다음과 같은 가중치 행렬을 만든다.

$$\widehat{W}_2 = \left(\frac{1}{n} \sum_{i=1}^{n} \hat{e}_{2SLS}^{\,2} z_i z_i' \right)^{-1}$$

이 가중치 행렬 $\widehat{W}_2$를 식 6.2의 목적함수에 넣어 다시 한번 최적화하면 2단계 GMM 추정량을 얻는다.

6.2 패널 GMM 추정

내생적 설명변수를 가진 패널모형에서도 GMM 추정을 행할 수 있다. 패널 데이터에서 GMM 추정은 주로 동적 패널모형(dynamic panel model)에서 많이 사용한다. 따라서 본 절에서는 동적 패널모형에서의 GMM 추정에 대해서 설명하기로 한다. 동적 패널모형은 다음과 같이 종속변수의 1기 시차(lag) 변수가 설명변수에 포함되어 있는 경우이다.

$$y_{it} = \alpha + \gamma y_{it-1} + \beta_1 x_{it} + u_i + e_{it} \tag{6.4}$$

이와 같은 동적 패널모형에서 y_{it-1}은 내생적 설명변수가 된다.* 일반적으로 설명변수에 내생성이 있는 경우, 패널 모형의 추정은 앞의 5장에서 설명한 패널 2SLS로 가능하다. 그러나 식 6.4와 같은 동적 패널모형에서는 1차 차분한 후 도구변수를 사용하여 추정하는 방법만을 선택할 수 있다.** 식 6.4의 1차 차분 변형은 다음과 같다.

$$\Delta y_{it} = \gamma \Delta y_{it-1} + \beta_1 \Delta x_{it} + \Delta e_{it} \tag{6.5}$$

관찰되지 않는 패널그룹의 특성에 해당하는 u_i는 차분변형을 통해 모형에서 제외된 것을 알 수 있다. 그런데 식 6.5의 설명변수인 Δy_{it-1}과 오차항 Δe_{it}에는 여전히 상관관계

* 민인식 · 최필선(2022) 14장을 참고하라.

** 1차 차분 모형만이 적절한 모형인지에 대한 논의는 민인식 · 최필선(2022) 14장을 참고하라.

가 존재한다.*

$$cov(\triangle y_{it-1}, \triangle e_{it}) = cov(y_{it-1} - y_{it-2}, e_{it} - e_{it-1}) \neq 0$$

이 때문에 식 6.5에서도 여전히 도구변수 추정방법이 필요하다. Arellano · Bond(1991)는 $\triangle y_{it-1}$에 대한 도구변수로 y_{it-1}의 과거값인 $(y_{it-2}, y_{it-3}, \cdots)$을 이용하여 GMM 추정량을 도출하였다. 이것이 적절한 도구변수가 되기 위한 조건은 첫째, 내생적 설명변수 $\triangle y_{it-1}$와 상관관계를 가져야 하고, 둘째, 오차항 $\triangle e_{it}$와는 상관관계를 가져서는 안 된다. 이와 같은 조건이 성립하는지 직관적으로 살펴보자. 우선 첫 번째 조건과 관련해서는 다음이 성립하는 것을 보일 수 있다.

$$cov(\triangle y_{it-1}, y_{it-2}) \neq 0 \tag{6.6}$$

$$cov(\triangle y_{it-1}, y_{it-3}) \neq 0 \tag{6.7}$$

여기에서 $\triangle y_{it-1}$는 y_{it-2}를 포함하고 있어서 식 6.6이 성립한다. 또한 $\triangle y_{it-1} = y_{it-1} - y_{it-2}$이고 y_{it-2}는 식 6.4에 따라 y_{it-3}의 선형함수이므로 식 6.7 역시 성립한다. 이런 식으로 풀어 가면 $y_{it-4}, y_{it-5}, \cdots$ 역시 $\triangle y_{it-1}$와 상관관계가 존재함을 보일 수 있다. 도구변수가 되기 위한 두 번째 조건은 도구변수인 $(y_{it-2}, y_{it-3}, \cdots)$이 $\triangle e_{it}$와 상관관계가 존재하지 않아야 한다는 것인데, 우선 다음이 성립한다.

$$cov(y_{it-2}, \triangle e_{it}) = 0$$

여기에서 $\triangle e_{it}$는 t기와 $t-1$기로만 구성되어 있어서 y_{t-2}와는 상관관계가 존재하지 않는다. 같은 이유에서 $y_{it-3}, y_{it-4}, \cdots$ 변수들도 $\triangle e_{it}$와 상관관계가 존재하지 않는다.

식 6.5의 추정에서 도구변수의 수가 내생적 설명변수의 수보다 많기 때문에 과대식별(over-identified)된 모형이 된다. 패널 GMM 추정량은 다음의 목적함수를 최소화하도록 구해진다.

$$Q(\gamma, \beta_1) = \left\{ \frac{1}{nT} \sum_{i=1}^{n} \sum_{t=1}^{T} Z_{it} \triangle e_{it} \right\}' W \left\{ \frac{1}{nT} \sum_{i=1}^{n} \sum_{t=1}^{T} Z_{it} \triangle e_{it} \right\} \tag{6.8}$$

위 식에서 Z_{it}는 도구변수 벡터이다. 식 6.8을 최소화하는 추정량을 "차분(difference)

* $cov(y_{it-1}, e_{it-1}) \neq 0$이기 때문이다.

GMM" 추정량이라고 부른다. 추정에 있어서는 가중치 행렬 W를 어떻게 결정하느냐는 문제가 여전히 남아 있다. 그런데 앞의 식 6.5의 오차항은 동분산성은 만족하지만, 1계 자기상관이 존재함을 쉽게 보일 수 있다. 즉,

$$cov(\Delta e_{it}, \Delta e_{it-1}) = cov(e_{it} - e_{it-1}, e_{it-1} - e_{it-2}) = -\sigma_e^2 \quad (6.9)$$

따라서 이러한 1계 자기상관을 고려한 가중치 행렬을 사용해야 한다.

Arellano · Bover(1995)와 Blundell · Bond(1998)는 추가적인 적률조건을 이용한 "시스템 GMM" 추정을 제안하였다. 차분방정식(6.5)에서 도구변수와 오차항 사이에 추가적인 적률조건을 부과하고 레벨(level) 방정식(6.4)에서 y_{it-1}에 대한 도구변수로 Δy_{it-1}을 선택하는 것이다. 레벨 방정식에서 설명변수인 y_{it-1}은 오차항 u_i와 상관관계가 있기 때문에 내생적 설명변수가 된다.* 이에 대한 도구변수로서 Δy_{it-1}가 적절한지 확인할 필요가 있는데, 우선 다음 조건이 만족하는 것은 쉽게 보일 수 있다.

$$cov(\Delta y_{it-1}, y_{it-1}) \neq 0$$

두 번째로는 다음과 같이 오차항과 도구변수 간에 상관관계가 존재하지 않아야 한다.

$$cov(\Delta y_{it-1}, u_i) = 0$$

여기에서 $\Delta y_{it-1} = y_{it-1} - y_{it-2}$이고, y_{it-1}과 y_{it-2}는 u_i를 포함하고 있다. 그러나 차분을 하면 u_i가 사라지기 때문에 Δy_{it-1}는 u_i와는 상관관계가 없어진다. 따라서 도구변수의 조건이 성립한다. 결국 시스템 GMM에서는 기존 차분 GMM과 비교하면 도구변수가 1개 더 추가된다.

시스템 GMM에서 추가적인 적률조건은 $E[\Delta y_{it-1}(u_i + e_{it})] = 0$이다. 여기서 $(u_i + e_{it})$는 레벨 방정식(6.4)의 오차항이다. 시스템 GMM 추정은 다음과 같이 레벨 방정식과 차분 방정식의 적률조건을 방정식체계로 만든 목적함수를 최소화하도록 구해진다.

$$Q(\alpha, \gamma, \beta_1) = \begin{Bmatrix} \frac{1}{nT}\sum_{i=1}^{n}\sum_{t=1}^{T} Z_{1it}\Delta e_{it} \\ \frac{1}{nT}\sum_{i=1}^{n}\sum_{t=1}^{T} Z_{2it} e_{it} \end{Bmatrix}' W \begin{Bmatrix} \frac{1}{nT}\sum_{i=1}^{n}\sum_{t=1}^{T} Z_{1it}\Delta e_{it} \\ \frac{1}{nT}\sum_{i=1}^{n}\sum_{t=1}^{T} Z_{2it} e_{it} \end{Bmatrix} \quad (6.10)$$

* $cov(y_{it-1}, u_i) \neq 0$인 이유는 민인식 · 최필선(2022) 14장을 참고하라.

여기에서 Z_{1it}는 차분방정식의 도구변수 벡터이고, Z_{2it}는 레벨 방정식 도구변수 벡터이다. 위 식의 가중치 행렬 W 역시 차분 방정식에서 1계 자기상관이 존재하는 문제를 고려하여 구성하게 된다. 이렇게 구한 결과를 시스템 GMM 추정량이라고 부른다.

동적 패널모형에서는 도구변수의 수가 내생적 설명변수의 수보다 많은 과대식별 추정이 된다. 이러한 과대식별이 적절한지 가설검정할 필요가 있다. 과대식별 검정에 대한 귀무가설은 다음과 같다.

H_0 : 선택된 모든 도구변수가 오차항과 상관관계가 없다.

위 귀무가설을 기각하게 된다면 과대식별된 모형이 적절치 않다고 판단한다. 과대식별 검정과 관련하여 Stata에서는 Sargan 검정과 Hansen 검정을 실행할 수 있다. Sargan 검정은 오차항이 i.i.d.(independent and identically distributed)일 때만 유효한 검정이다. 반면 Hansen 검정은 이분산성이 있는 경우에도 적용할 수 있다.

앞에서 설명했듯이 차분 GMM 추정에서 도구변수로 $(y_{it-2}, y_{it-3}, \cdots)$를 선택한다. 이 중에서 y_{it-2}가 도구변수로서 적절한 이유는 앞서 보았듯이 $cov(y_{it-2}, \Delta e_{it}) = 0$이 성립하기 때문이다. 식 6.9에서 본 것처럼, Δe_{it}는 1계 자기상관이 존재한다. 하지만 만약 2계 자기상관이 존재하면, 즉 $cov(\Delta e_{it}, \Delta e_{it-2}) \neq 0$이면, $cov(y_{it-2}, \Delta e_{it}) \neq 0$이기 때문에 도구변수 y_{it-2}의 선택은 적절하지 않게 된다. 따라서 오차항 Δe_{it}에 대해 2계 자기상관은 존재하지 않는다고 가정한다. 이와 관련하여 AR(1)과 AR(2) 검정을 할 필요가 있다. 레벨 방정식의 오차항 e_{it}가 서로 독립이면 AR(1) 검정에서는 귀무가설을 기각해야 하지만(즉 1계 자기상관이 존재함), AR(2)에서는 귀무가설을 기각하지 않아야 한다(즉 2계 자기상관은 존재하지 않음). 이런 결과 아래에서만 y_{it-2}를 도구변수로 선택하는 것이 적절하다.

6.3 STATA 실습

횡단면 GMM 추정

데이터 파일: A_data6_1.dta

데이터 파일은 한국고용정보원의 2006년 청년패널 데이터를 가공한 것이다. 횡단면 임금결정 모형을 다음과 같이 설정해 보자.

$$wage_i = \alpha_1 + \gamma_1 hours_i + \beta_{11} age_i + \beta_{21} male_i + \beta_{31} coll_i + e_{i1} \quad (6.11)$$

여기에서 $wage_i$는 취업자 i의 실질임금에 로그를 취한 값이고, $hours_i$는 주당 근로시간, age_i는 취업자의 나이, $male_i$는 남성 여부, $coll_i$는 대졸 여부이다.

위 식에서 설명변수인 $hours$ 변수가 내생적이라고 가정하자. 도구변수로 *perm*(정규직 여부) 변수 1개만을 선택해 보자. 이 경우에는 내생적 설명변수의 수와 도구변수의 수가 서로 같기 때문에 적정식별(just-identified) 모형이 된다. 이 모형을 2SLS와 GMM으로 추정해 보았다. 2SLS 추정을 위해서는 ivregress 2sls 명령어가 필요하고, GMM 추정은 ivregress gmm 명령어를 사용한다. 명령문에 종속변수와 설명변수를 기입하는 부분은 차이가 없다. 다음은 추정 결과이다.

그림 6.1 횡단면 2SLS 및 GMM 추정 I: 적정식별

```
. ivregress 2sls  lr_wage age male coll (hours=perm)

Instrumental variables (2SLS) regression               Number of obs =      361
                                                       Wald chi2(4)  =    38.95
                                                       Prob > chi2   =   0.0000
                                                       R-squared     =        .
                                                       Root MSE      =   .70398

------------------------------------------------------------------------------
     lr_wage |      Coef.   Std. Err.      z    P>|z|     [95% Conf. Interval]
-------------+----------------------------------------------------------------
       hours |   .0627656   .0258597     2.43   0.015     .0120814    .1134497
         age |   .0286865   .0156663     1.83   0.067    -.0020188    .0593918
        male |   -.063049   .1518912    -0.42   0.678    -.3607502    .2346522
     college |   .2754957    .096549     2.85   0.004     .0862631    .4647284
       _cons |    1.21462   1.159361     1.05   0.295    -1.057686    3.486927
------------------------------------------------------------------------------
Instrumented:  hours
Instruments:   age male college perm

. ivregress gmm  lr_wage age male coll (hours=perm)

Instrumental variables (GMM) regression                Number of obs =      361
                                                       Wald chi2(4)  =    51.64
                                                       Prob > chi2   =   0.0000
                                                       R-squared     =        .
GMM weight matrix: Robust                              Root MSE      =   .70398

------------------------------------------------------------------------------
             |               Robust
     lr_wage |      Coef.   Std. Err.      z    P>|z|     [95% Conf. Interval]
-------------+----------------------------------------------------------------
       hours |   .0627656   .0242039     2.59   0.010     .0153268    .1102044
         age |   .0286865   .0162051     1.77   0.077     -.003075    .0604479
        male |   -.063049   .1398421    -0.45   0.652    -.3371344    .2110364
```

```
    college |   .2754957   .1053079     2.62   0.009      .069096    .4818955
      _cons |    1.21462   1.072474     1.13   0.257    -.8873896     3.31663
------------------------------------------------------------------------------
Instrumented:  hours
Instruments:   age male college perm

. ivregress gmm  lr_wage age male coll (hours=perm), wmatrix(unadjusted)

Instrumental variables (GMM) regression               Number of obs =      361
                                                      Wald chi2(4)  =    38.95
                                                      Prob > chi2   =   0.0000
                                                      R-squared     =        .
GMM weight matrix: Unadjusted                         Root MSE      =   .70398

------------------------------------------------------------------------------
    lr_wage |      Coef.   Std. Err.      z    P>|z|     [95% Conf. Interval]
------------+-----------------------------------------------------------------
      hours |   .0627656   .0258597     2.43   0.015     .0120814    .1134497
        age |   .0286865   .0156663     1.83   0.067    -.0020188    .0593918
       male |   -.063049   .1518912    -0.42   0.678    -.3607502    .2346522
    college |   .2754957    .096549     2.85   0.004     .0862631    .4647284
      _cons |    1.21462   1.159361     1.05   0.295    -1.057686    3.486927
------------------------------------------------------------------------------
Instrumented:  hours
Instruments:   age male college perm
```

위 결과를 보면 계수 추정치에 있어서는 2SLS와 GMM 추정 결과가 정확히 일치한다. 그 이유는 적정식별 모형에서는 GMM 추정에서 가중치 행렬을 무엇으로 하느냐에 상관없이 2SLS 결과와 일치하기 때문이다. 그러나 표준오차는 서로 차이가 있다. 2SLS에서는 동분산성을 가정한 식 6.2의 가중치 행렬을 선택하지만, GMM은 6.1절 마지막 부분에서 설명한 2단계 추정 절차에 따른 가중치 행렬을 사용하기 때문이다. 물론 GMM 추정에서 가중치 행렬로 식 6.2를 사용하면 표준오차까지 같아진다. 이를 확인하기 위한 것이 위 결과의 세 번째 명령문이다. 원래 ivregress gmm 명령문에 따로 wmatrix 옵션을 지정하지 않으면 wmatrix(robust)가 적용된다. 그런데 위에서 마지막 명령문을 보면, ivregress gmm 명령문에 wmatrix(unadjusted) 옵션을 사용하였다. 이 옵션이 바로 가중치 행렬로 2SLS에서와 같은 식 6.2를 선택하라는 것이다. 따라서 추정결과를 보면, 추정계수뿐 아니라 표준오차까지 ivregress 2sls 명령문을 사용한 2SLS 결과와 정확히 일치한다.

이번에는 *hours* 변수에 대한 도구변수로서 *perm* 변수뿐만 아니라 추가적으로 *size*(기업의 규모) 변수를 선택해 보자. 이 경우에는 과대식별 모형이 된다. 다음은 추정 결과이다.

그림 6.2 횡단면 2SLS 및 GMM 추정 II: 과대식별

```
. ivregress 2sls  lr_wage age male coll (hours=perm size)

Instrumental variables (2SLS) regression              Number of obs =      361
                                                      Wald chi2(4)  =   152.12
                                                      Prob > chi2   =   0.0000
                                                      R-squared     =   0.2919
                                                      Root MSE      =    .3283

------------------------------------------------------------------------------
     lr_wage |      Coef.   Std. Err.      z    P>|z|     [95% Conf. Interval]
-------------+----------------------------------------------------------------
       hours |   .0030317   .0091945     0.33   0.742    -.0149892    .0210525
         age |   .0356471   .0072491     4.92   0.000     .0214391    .0498552
        male |   .2279381   .0597695     3.81   0.000      .110792    .3450842
     college |   .1642016   .0426135     3.85   0.000     .0806808    .2477225
       _cons |   3.703235   .4319985     8.57   0.000     2.856533    4.549937
------------------------------------------------------------------------------
Instrumented:  hours
Instruments:   age male college perm size

. ivregress gmm  lr_wage age male coll (hours=perm size)

Instrumental variables (GMM) regression               Number of obs =      361
                                                      Wald chi2(4)  =   183.01
                                                      Prob > chi2   =   0.0000
                                                      R-squared     =   0.2958
GMM weight matrix: Robust                             Root MSE      =   .32741

------------------------------------------------------------------------------
             |               Robust
     lr_wage |      Coef.   Std. Err.      z    P>|z|     [95% Conf. Interval]
-------------+----------------------------------------------------------------
       hours |   .0011018   .0102298     0.11   0.914    -.0189482    .0211518
         age |   .0392425   .0076471     5.13   0.000     .0242544    .0542305
        male |   .2084917   .0642452     3.25   0.001     .0825734      .33441
     college |   .1673744   .0462931     3.62   0.000     .0766416    .2581072
       _cons |   3.689285    .478019     7.72   0.000     2.752385    4.626185
------------------------------------------------------------------------------
Instrumented:  hours
Instruments:   age male college perm size
```

위 결과에서 보는 것처럼 과대식별 모형에서는 2SLS와 GMM의 결과가 계수와 표준오차 모두에서 다르다. 오차항이 i.i.d. 가정을 만족하지 않는다면 GMM 추정량이 더 효율적인 추정량이 된다고 말할 수 있다. 앞의 그림 6.1에서 설명한 것처럼 ivregress gmm에서 wmat(unadjusted) 옵션을 사용하면 ivregress 2sls 결과와 정확히 일치한다.

명령어 gmm 이용

이번에는 5장에서 살펴본 연립방정식 모형을 GMM으로 추정하는 방법을 알아보자. 다음과 같이 임금과 근로시간을 각각 종속변수로 설정한 연립방정식 모형을 가정하자.

$$wage_i = \alpha_1 + \gamma_1 hours_i + \beta_{11} age_i + \beta_{21} male_i + \beta_{31} coll_i + e_{i1} \tag{6.12}$$

$$hours_i = \alpha_2 + \gamma_2 wage_i + \beta_{12} age_i + \beta_{32} coll_i + \beta_{42} perm_i + \beta_{52} size_i + e_{i2} \tag{6.13}$$

Stata 11버전 이후에서는 gmm 이라는 명령어를 새로 제공한다. 이 명령어를 이용하면 사용자가 다양한 옵션을 이용하여 여러 가지 방법으로 GMM 추정이 가능하다. 먼저 위의 두 식을 각각 gmm 명령어로 이용하여 추정해보자. 첫 번째의 *wage* 방정식에서는 추가적인 도구변수로 *perm*과 *size* 변수를 사용하였다. gmm 명령어 다음에 모형을 지정한다.

다른 회귀분석 명령어와 달리 잔차항의 형식, 즉 종속변수에서 설명변수의 선형결합을 빼주는 형식을 괄호 안에서 지정한다. 괄호 안에서 맨 앞의 eq1은 방정식 이름을 지정한 것이다. {b0}은 상수항을 의미하며, {xb: hours age male college}는 설명변수의 선형결합을 의미한다. 그 다음 instruments 옵션에서는 임금 방정식(식 6.12)에 있는 외생적인 설명변수와 추가적인 도구변수를 모두 써주어야 한다. 맨 끝의 winitial 옵션에서 괄호안의 unadjusted의 의미는 식 6.2의 가중치 행렬을 '초기' 행렬로 사용하라는 것이고, 그 앞의 twostep 옵션은 가중치행렬을 업데이트하여 사용하라는 의미이다. 이런 절차들은 6.1절에서 설명한 일반적인 2단계 GMM 추정절차이다. 이렇게 추정한 결과가 아래에 나와 있는데, 이는 앞의 그림 6.2의 ivregress gmm 명령문 결과와 일치한다.

그림 6.3 gmm 명령어를 사용한 추정 결과: *wage* 방정식

```
. gmm (eq1: lr_wage-{b0}-{xb: hours age male college}),
 instruments(eq1   :   age   male   college   perm   size)     wmat(robust)   twostep
winitial(unadjusted)

note: 1 missing value returned for equation 1 at initial values
GMM estimation

Number of parameters =   5
Number of moments    =   6
Initial weight matrix: Unadjusted                Number of obs   =       361
GMM weight matrix:     Robust

------------------------------------------------------------------------------
             |               Robust
             |      Coef.   Std. Err.      z    P>|z|     [95% Conf. Interval]
-------------+----------------------------------------------------------------
```

```
b0           |
       _cons |   3.689285    .478019     7.72   0.000     2.752385    4.626185
-------------+----------------------------------------------------------------
xb           |
       hours |   .0011018   .0102298     0.11   0.914    -.0189482    .0211518
         age |   .0392425   .0076471     5.13   0.000     .0242544    .0542305
        male |   .2084917   .0642452     3.25   0.001     .0825734      .33441
     college |   .1673744   .0462931     3.62   0.000     .0766416    .2581072
------------------------------------------------------------------------------
Instruments for equation eq1: age male college perm size _cons
```

동일한 방식으로 이번에는 *hours* 방정식(식 6.13)을 gmm 명령어를 이용하여 추정했다. 여기에서는 도구변수로서 *male* 변수만 선택하였다. 따라서 적정식별 모형이 된다. 앞의 그림 6.3 결과와 달리 여기에서는 Number of parameters와 Number of moments가 모두 6으로 같다는 것을 확인할 수 있다.

그림 6.4 gmm 명령어를 사용한 추정 결과: *hours* 방정식

```
. gmm (eq2: hours-{c0}-{xc: lr_wage age coll perm size}), instruments(eq2: age coll
perm size male) wmat(robust) twostep winitial(unadjusted)
note: 1 missing value returned for equation 1 at initial values

note: model is exactly identified
GMM estimation

Number of parameters =   6
Number of moments    =   6
Initial weight matrix: Unadjusted                 Number of obs   =        361
GMM weight matrix:     Robust

------------------------------------------------------------------------------
             |               Robust
             |      Coef.   Std. Err.      z    P>|z|     [95% Conf. Interval]
-------------+----------------------------------------------------------------
c0           |
       _cons |  -52.73668   23.91613    -2.21   0.027    -99.61143   -5.861931
-------------+----------------------------------------------------------------
xc           |
     lr_wage |   25.15135   6.782073     3.71   0.000     11.85873    38.44397
         age |  -.7112218    .399869    -1.78   0.075    -1.494951     .072507
     college |  -4.996625   1.836791    -2.72   0.007     -8.59667   -1.396581
        perm |  -2.902877   2.886235    -1.01   0.315    -8.559794     2.75404
        size |   -.010457   .0027235    -3.84   0.000     -.015795    -.005119
------------------------------------------------------------------------------
Instruments for equation eq2: age college perm size male _cons
```

wage 방정식과 *hours* 방정식을 동시에 추정할 수도 있다. 이는 5장에서 설명한 3SLS 추정에 해당하는 것으로서, GMM 추정방법으로 연립방정식 체계를 동시에 추정하기 위해서는 앞서 소개한 gmm 명령어를 이용해야 한다. 아래 실행 결과가 나와 있는데, 명령문을 보면 우선 각 방정식 이름을 eq1과 eq2로 지정하고, 각각에 대해 잔차 형식을 지정해주었다. instruments 옵션에서는 각 방정식에 대해 외생적인 설명변수와 추가적인 도구변수를 써주었다. winitial 옵션에서는 unadjusted 이외에 independent를 추가시켰는데, 이는 두 방정식의 적률방정식(moments equations)이 서로 독립이라고 가정한 것이다. 아래 추정결과를 살펴보면, 임금 방정식의 결과는 그림 6.3의 결과와 정확히 일치하지만,* 노동시간 방정식은 그림 6.4와 다르다는 것을 알 수 있다.

그림 6.5 gmm 명령어를 사용한 연립방정식 추정 결과

```
. gmm (eq1: lr_wage-{b0}-{xb: hours age male college}) (eq2: hours-{c0}-{xc: lr_wage
age coll perm size}), instruments( eq1 : age male college perm size)
instruments(eq2: age coll perm size male) winitial(unadjusted, independent)
wmatrix(robust) twostep

note: 1 missing value returned for equation 1 at initial values
note: 1 missing value returned for equation 2 at initial values

GMM estimation

Number of parameters =  11
Number of moments    =  12
Initial weight matrix: Unadjusted                  Number of obs   =        361
GMM weight matrix:     Robust

------------------------------------------------------------------------------
             |               Robust
             |      Coef.   Std. Err.      z    P>|z|     [95% Conf. Interval]
-------------+----------------------------------------------------------------
b0           |
       _cons |   3.689285    .478019     7.72   0.000     2.752385    4.626185
-------------+----------------------------------------------------------------
xb           |
       hours |   .0011018   .0102298     0.11   0.914    -.0189482    .0211518
         age |   .0392425   .0076471     5.13   0.000     .0242544    .0542305
        male |   .2084917   .0642452     3.25   0.001     .0825734      .33441
     college |   .1673744   .0462931     3.62   0.000     .0766416    .2581072
-------------+----------------------------------------------------------------
c0           |
       _cons |  -55.31166    24.4184    -2.27   0.024    -103.1708   -7.452477
```

* 임금방정식 결과가 식 6.3과 6.5에서 같은 이유는 내생변수인 wage가 적정식별(just-identified)이기 때문이다.

```
-------------+----------------------------------------------------------------
xc           |
     lr_wage |   25.96586   6.973448     3.72   0.000     12.29815    39.63356
         age |  -.8168428   .4159577    -1.96   0.050    -1.632105   -.0015807
     college |  -6.566091   1.858267    -3.53   0.000    -10.20823   -2.923955
        perm |    -1.0925   2.931067    -0.37   0.709    -6.837286    4.652286
        size |  -.0058859   .0026647    -2.21   0.027    -.0111085   -.0006633
------------------------------------------------------------------------------
Instruments for equation eq1: age male college perm size _cons
Instruments for equation eq2: age college perm size male _cons
```

앞 장에서 설명했듯이 연립방정식 모형을 3SLS를 이용하여 한 번에 추정하는 장점은 효율적인 추정량을 얻을 수 있는 점 이외에도 교차방정식(cross-equation) 제약에 대한 가설검정이 가능하다는 점도 있다. 이 점에 있어서는 GMM에서도 마찬가지이다. 즉 GMM 추정방법을 이용하여 두 방정식을 동시에 추정할 때에는 동일한 장점들이 발견된다. 아래에서는 앞의 연립방정식 체계에서 *age* 변수의 계수가 두 방정식에서 통계적으로 동일한지에 대해 가설검정하였다. 먼저 각 방정식의 *age* 변수 추정계수가 어떤 이름으로 표현되는지 알기 위해서 ereturn list의 e(b)를 확인한다. 그런 후 해당 이름을 이용하여 test 명령문으로 가설검정을 실행했다. 검정 결과를 보면 p값이 0.05보다 작기 때문에 5% 유의수준에서 귀무가설을 기각할 수 있다. 즉 임금 방정식과 노동공급 방정식에서 연령이 종속변수에 미치는 효과가 서로 다르다고 말할 수 있다.

그림 6.6 GMM 추정에서 교차방정식 제약 검정

```
. qui gmm (eq1: lr_wage-{b0}-{xb: hours age male college}) (eq2: hours-{c0}-{xc:
lr_wage age coll perm size}), instruments( eq1 : age male college perm size)
instruments(eq2: age coll perm size male) winitial(unadjusted, independent)
wmatrix(robust) twostep

. mat list e(b)

e(b)[1,11]
            b0:         xb:         xb:         xb:         xb:         c0:         xc:
        xc:         xc:         xc:
         _cons       hours         age        male     college       _cons     lr_wage
        age     college        perm
y1   3.6892853   .00110184   .03924247   .20849169   .16737441  -55.311657   25.965855
-.81684285  -6.5660913  -1.0925002

            xc:
          size
y1  -.00588593
```

```
. test _b[xb:age]=_b[xc:age]

 ( 1)  [xb]age - [xc]age = 0

           chi2(  1) =    4.14
         Prob > chi2 =    0.0418
```

차분 GMM 추정

데이터 파일: A_data6_2.dta

데이터 파일은 한국고용정보원의 청년패널 데이터를 가공한 것이다. 단, 앞에서는 2006년 횡단면 데이터를 분석했는데 이번에는 2002년~2006년(5개년)의 패널 데이터를 이용하여 다음과 같은 동적 임금결정 모형을 세워보자.

$$\begin{aligned} wage_{it} &= \alpha + \gamma wage_{it-1} + \beta_1 age_{it} + \beta_2 male_{it} \\ &\quad + \beta_3 coll_{it} + \beta_4 size_{it} + \beta_5 perm_{it} + u_i + e_{it} \end{aligned} \tag{6.14}$$

오차항 e_{it}에 대해서는 평균이 0이고 동분산성을 만족하며, 모든 i, t에 대해 서로 독립이라고 가정하자. Arellano · Bond 추정량은 원래 패널 개체의 수는 많지만, 각 개체가 가진 시계열 관측치의 수는 많지 않은 경우에 주로 사용한다. 본 예제에서는 패널 개체의 수는 76인데 반해 시계열 관측치 수는 5이다.

우선 차분 GMM 추정을 위해 xtabond 명령어를 사용한다. xtabond 명령어 다음에 종속변수와 설명변수 이름을 입력한다. 단, 설명변수 중 종속변수의 1기 시차 변수인 $wage_{it-1}$은 lags( ) 옵션으로 표시한다. 만약 $wage_{it-1}$과 $wage_{it-2}$가 모두 설명변수인 경우에는 lags(2)라고 입력해 준다. 다음은 실행결과이다.

그림 6.7 패널 차분 GMM 추정

```
. tsset pid year
       panel variable:  pid (strongly balanced)
        time variable:  year, 2002 to 2006
                delta:  1 unit

. xtabond  lr_wage  age male college perm size, lags(1)
note: male dropped from div() because of collinearity

Arellano-Bond dynamic panel-data estimation  Number of obs      =       225
Group variable: pid                          Number of groups   =        75
```

```
Time variable: year
                                            Obs per group:    min =          3
                                                              avg =          3
                                                              max =          3

Number of instruments =      11             Wald chi2(5)          =      57.63
                                            Prob > chi2           =     0.0000
One-step results
------------------------------------------------------------------------------
     lr_wage |      Coef.   Std. Err.      z    P>|z|     [95% Conf. Interval]
-------------+----------------------------------------------------------------
     lr_wage |
         L1. |   .0062527   .0920575     0.07   0.946    -.1741767    .1866821
             |
         age |   .0605182   .0105159     5.75   0.000     .0399074     .081129
        male |  (omitted)
     college |   .0211127   .1035305     0.20   0.838    -.1818033    .2240287
        perm |   .1414593   .0766764     1.84   0.065    -.0088236    .2917422
        size |  -.0001774    .000068    -2.61   0.009    -.0003106   -.0000442
       _cons |   3.175687     .41984     7.56   0.000     2.352816    3.998558
------------------------------------------------------------------------------
Instruments for differenced equation
        GMM-type: L(2/.).lr_wage
        Standard: D.age D.college D.perm D.size
Instruments for level equation
        Standard: _cons
```

위 결과를 살펴보면, 추정 과정에서 1차 차분을 하기 때문에 시간에 따라 변하지 않는 *male* 변수의 계수는 주어지지 않는다. 시차 변수인 $wage_{it-1}$ 변수의 추정계수를 보면 5% 수준에서 유의하지 않은 것으로 나타났다.

6.2절에서 설명하였듯이 위의 차분 GMM 추정에서 도구변수로서 $(wage_{it-2}, wage_{it-3}, \cdots)$이 사용된다. 이들 과대식별 도구변수가 적절한지 먼저 Sargan 검정을 실행해보자. 이를 위해서는 xtabond 명령문을 실행한 후 estat sargan 명령문을 입력하면 된다. 다음은 Sargan 검정 결과이다.

그림 6.8 패널 차분 GMM 추정에서 Sargan 검정

```
. qui xtabond  lr_wage  age male college perm size , lags(1)

. estat sargan
Sargan test of overidentifying restrictions
        H0: overidentifying restrictions are valid
        cannot calculate Sargan test with dropped variables

        chi2(5)      =         .
```

```
        Prob > chi2  =          .

. xtabond  lr_wage  age college perm size , lags(1)

Arellano-Bond dynamic panel-data estimation  Number of obs         =       225
Group variable: pid                          Number of groups      =        75
Time variable: year
                                             Obs per group:    min =         3
                                                               avg =         3
                                                               max =         3

Number of instruments =      11              Wald chi2(5)          =     57.89
                                             Prob > chi2           =    0.0000
One-step results
------------------------------------------------------------------------------
     lr_wage |      Coef.   Std. Err.      z    P>|z|     [95% Conf. Interval]
-------------+----------------------------------------------------------------
     lr_wage |
         L1. |   .0062527   .0918471     0.07   0.946    -.1737643    .1862697
             |
         age |   .0605182   .0104919     5.77   0.000     .0399545    .0810819
     college |   .0211127   .1032938     0.20   0.838    -.1813395    .2235649
        perm |   .1414593   .0765011     1.85   0.064    -.0084801    .2913987
        size |  -.0001774   .0000678    -2.62   0.009    -.0003103   -.0000445
       _cons |   3.175687   .4188804     7.58   0.000     2.354696    3.996677
------------------------------------------------------------------------------
Instruments for differenced equation
        GMM-type: L(2/.).lr_wage
        Standard: D.age D.college D.perm D.size
Instruments for level equation
        Standard: _cons

. estat sargan
Sargan test of overidentifying restrictions
        H0: overidentifying restrictions are valid

        chi2(5)      =  7.49693
        Prob > chi2  =   0.1862
```

위 검정 결과를 보면, 첫 번째 Sargan 검정에서는 에러 메시지가 나온 것을 알 수 있다. 이는 설명변수에 *male* 변수가 포함되어 있기 때문이다. 차분으로 인해 시간불변의 *male* 변수가 사라지기 때문에 이를 제외해주어야 한다. 이에 따라 *male* 변수를 설명변수에서 제외하고, 다시 xtabond 명령문을 실행하여 결과를 얻었다. 위 결과에서 알 수 있듯이 *male* 변수를 제외하더라도 추정결과에는 영향을 미치지 않는다. estat sargan 실행 결과, *p*값이 커서 귀무가설을 기각할 수 없다. 따라서 과대식별이 적절하다고 판단할 수 있다.

두 번째 검정은 1차 차분한 모형 오차항인 Δe_{it}의 1계와 2계 자기상관을 확인하는 것이다. 6.2절에서 설명하였듯이 식 6.14의 오차항 e_{it}이 시점 간 서로 독립이면 Δe_{it}는 1계 자기상관을 갖는다. 그러나 2계 자기상관은 존재하지 않아야만 $wage_{it-2}$를 도구변수로 사용하는 것이 적절하다고 말할 수 있다. 자기상관 검정을 위해서는 간단히 estat abond 명령문을 실행하면 된다. 그런데 이를 위해서는 차분 GMM 추정에서 xtabond 명령문에 vce(robust) 옵션을 추가해야 한다. 이 옵션이 없는 경우에는 estat abond 명령문이 실행되지 않기 때문이다.* 아래는 추정 및 검정 결과이다.

그림 6.9 패널 차분 GMM 추정에서 자기상관 검정

```
. xtabond  lr_wage  age college perm size , lags(1) vce(robust)

Arellano-Bond dynamic panel-data estimation  Number of obs         =        225
Group variable: pid                          Number of groups      =         75
Time variable: year
                                             Obs per group:    min =          3
                                                               avg =          3
                                                               max =          3

Number of instruments =     11               Wald chi2(5)          =      31.90
                                             Prob > chi2           =     0.0000
One-step results
                                     (Std. Err. adjusted for clustering on pid)
------------------------------------------------------------------------------
             |               Robust
     lr_wage |      Coef.   Std. Err.      z    P>|z|     [95% Conf. Interval]
-------------+----------------------------------------------------------------
     lr_wage |
         L1. |   .0062527   .0991437     0.06   0.950    -.1880654    .2005708
             |
         age |   .0605182   .0136409     4.44   0.000     .0337826    .0872538
     college |   .0211127   .1227688     0.17   0.863    -.2195098    .2617352
        perm |   .1414593   .0794055     1.78   0.075    -.0141727    .2970912
        size |  -.0001774   .0000589    -3.01   0.003    -.0002928   -.0000619
       _cons |   3.175687   .5130524     6.19   0.000     2.170123    4.181251
------------------------------------------------------------------------------
Instruments for differenced equation
        GMM-type: L(2/.).lr_wage
        Standard: D.age D.college D.perm D.size
Instruments for level equation
        Standard: _cons

. estat abond
artests not computed for one-step system estimator with vce(gmm)

Arellano-Bond test for zero autocorrelation in first-differenced errors
  +-----------------------+
  |Order |  z     Prob > z|
```

* xtabond에서 vce(robust) 옵션을 추가하면 estat sargan 명령문이 실행되지 않음에 주의해야 한다. 자세한 내용은 민인식·최필선(2022) 14장을 참고하라.

```
  |------+----------------|
  |   1  |-2.1327  0.0330 |
  |   2  |  .1706  0.8645 |
  +-----------------------+
   H0: no autocorrelation
```

위 결과를 앞의 그림 6.7과 비교하면, 추정계수는 동일하고 단지 표준오차만 차이가 있다. 1계와 2계 자기상관 검정결과를 살펴보면, Order 1에서는 귀무가설(1계 자기상관이 없음)을 기각한다. 그러나 Order 2에서는 귀무가설을 기각하지 못한다. 따라서 도구변수로 $wage_{it-2}$를 사용하는 것이 적절하다고 말할 수 있다.

Tip 6.1 ● artests 옵션

데이터 파일: A_data6_3.dta

데이터 파일 A_data6_3.dta은 T=3인 패널 데이터이다. Arellano · Bond 추정이 T가 작은 경우에 사용하기는 하지만 T=3인 경우에는 추정이 되지 않는다. 그 이유는 시계열 관측치가 너무 짧으면 GMM 형태의 도구변수로 사용되는 과거값이 충분치 않기 때문이다. 다음은 실행결과이다.

```
. tsset pid year
       panel variable:  pid (strongly balanced)
        time variable:  year, 2004 to 2006
                delta:  1 unit

. xtabond  lr_wage  age male college perm size , lags(1)
note: male dropped from div() because of collinearity
artests() cannot exceed the number of time periods
r(498);
```

위 결과를 살펴보면, 먼저 T=3인 경우 xtabond 명령문이 실행되지 않고 에러 메시지를 얻게 된다. 그 이유는 명령문에서는 드러나 있지 않지만, 사실상 artests(2) 옵션이 사용되기 때문이다. 즉 Δe_{it}에 대한 자기상관을 검정할 때 2계 자기상관까지 검정하도록 옵션을 설정하고 있다. 그런데 T=3인 경우에는 Δe_{it}에 대한 2계 자기상관을 설정하는 자체가 불가능하다. 따라서 추정결과 역시 제시되지 않고 있다.

시스템 GMM 추정

앞에서 식 6.14의 동적 임금결정 모형을 차분 GMM으로 추정할 때 xtabond 명령어를 이용했다. 이를 시스템 GMM으로 추정하기 위해서는 xtdpdsys 또는 xtdpd 명령어를 사용할 수 있다. 아래에는 xtdpdsys 명령어를 사용한 추정결과가 제시되어 있다.

그림 6.10 시스템 GMM 추정

```
. use A_data6_2, clear

. tsset pid year
       panel variable:  pid (strongly balanced)
        time variable:  year, 2002 to 2006
                delta:  1 unit

. xtdpdsys  lr_wage age male college perm size, lags(1)
note: male dropped from div() because of collinearity

System dynamic panel-data estimation         Number of obs         =       302
Group variable: pid                          Number of groups      =        76
Time variable: year
                                             Obs per group:    min =         2
                                                               avg =  3.973684
                                                               max =         4

Number of instruments =      14              Wald chi2(6)          =     72.44
                                             Prob > chi2           =    0.0000
One-step results
------------------------------------------------------------------------------
     lr_wage |      Coef.   Std. Err.      z    P>|z|     [95% Conf. Interval]
-------------+----------------------------------------------------------------
     lr_wage |
         L1. |   .2393575   .0788463     3.04   0.002     .0848216    .3938934
             |
         age |   .0500782   .0114794     4.36   0.000      .027579    .0725774
        male |   .5754119   .3948781     1.46   0.145    -.1985349    1.349359
     college |   .1264858   .1081121     1.17   0.242     -.08541     .3383817
        perm |   .1733862   .0846815     2.05   0.041     .0074134     .339359
        size |  -.0001866   .0000761    -2.45   0.014    -.0003357   -.0000375
       _cons |   1.916673   .3806914     5.03   0.000     1.170532    2.662815
------------------------------------------------------------------------------
Instruments for differenced equation
        GMM-type: L(2/.).lr_wage
        Standard: D.age D.college D.perm D.size
Instruments for level equation
        GMM-type: LD.lr_wage
        Standard: _cons
```

위 결과를 보면, 우선 $wage_{it-1}$ 변수의 추정계수가 양(+)으로 유의하다. 시간불변 변수인 *male* 변수의 추정계수가 얻어지는 이유는 *male* 변수가 차분 방정식에서는 사라지지만 레벨 방정식에서는 사라지지 않고 여전히 남아 있기 때문이다. 시스템 GMM에서는 레벨 방정식과 차분 방정식의 적률 방정식(moments equations)을 동시에 사용하여 추정계수를 얻는다. Number of instruments=14로서 앞의 그림 6.7에 나와 있는 차분 GMM 추정의 도구변수 개수보다 3개 증가하였다. 이는 레벨 방정식에서 $wage_{it=2003}$의 도구변수로 $\Delta wage_{it=2003}(=wage_{it=2003}-wage_{it=2002})$를 사용하고, $wage_{it=2004}$의 도구변수로 $\Delta wage_{it=2004}$, 그리고 $wage_{it=2005}$의 도구변수로는 $\Delta wage_{it=2005}$, 이렇게 총 3개의 도구변수가 추가로 사용되기 때문이다.

xtdpdys 명령문을 실행한 후에도 Sagan 검정과 오차항의 1계 및 2계 자기상관 검정이 가능하다. 다음은 실행 결과이다.

그림 6.11 시스템 GMM 추정에서 Sagan 검정 및 자기상관 검정

```
. qui xtdpdsys  lr_wage age male college perm size, lags(1)

. estat sargan
Sargan test of overidentifying restrictions
        H0: overidentifying restrictions are valid

        chi2(7)       =  21.32276
        Prob > chi2   =    0.0033

. qui xtdpdsys  lr_wage age male college perm size, lags(1) vce(robust)

. estat abond
artests not computed for one-step system estimator with vce(gmm)

Arellano-Bond test for zero autocorrelation in first-differenced errors
  +-----------------------+
  |Order |  z     Prob > z|
  |------+----------------|
  |   1  | -3.004  0.0027 |
  |   2  | .98733  0.3235 |
  +-----------------------+
   H0: no autocorrelation
```

위 검정 결과를 보면, 먼저 과대식별의 적절성을 검정하는 Sargan 검정에서는 귀무가설이 기각되는 것으로 나타났다. 즉 과대식별이 적절하지 않다는 것이다. 그러나 Sargan 검정은 오차항의 동분산성 가정이 만족하는 경우에만 유효한 검정통계량이다. 이는 곧 Sargan 검정이 기각되는 이유가 이분산성 때문일 수도 있다는 것을 의미한다. 이 점에서 이분산성에서 유효한 Hansen 검정을 실행할 필요가 있다.* 위 검정 결과에서 두 번째 검정은 오차

* Hansen 검정에 대해서 민인식·최필선(2022) 14장을 참고하라.

항 Δe_{it}에 대한 1계 및 2계 자기상관 검정이다. xtabond에서와 같이 1계에서는 귀무가설을 기각하지만, 2계에서는 기각하지 못한다. 따라서 $\Delta wage_{it-2}$를 차분 방정식에서 도구변수로 사용하는 것이 적절하다고 할 수 있다.

명령어 xtdpd 이용

앞에서 소개했던 xtabond 및 xtdpdsys 명령어를 이용한 패널 GMM 추정을 xtdpd 명령어에 의해서도 수행할 수 있다. xtdpd 명령어는 도구변수를 연구자가 원하는 대로 지정할 수 있고, 도구변수 시차값(lag)을 유연하게 지정할 수 있는 장점이 있다.

우선 차분 GMM 추정을 xtdpd 명령어를 이용하여 실행해보기로 한다. 앞에서는 차분 GMM 추정을 xtabond 명령문으로 실행하여 그림 6.7의 결과를 얻었는데, 동일한 결과를 xtdpd 명령어를 이용하여 얻을 수 있다. 아래에 명령문과 추정결과가 나와 있는데, 우선 xtdpd 명령어 다음에 종속변수와 설명변수를 순서대로 입력한다. 주의해야 할 점은 xtabond와 달리 반드시 $wage_{it-1}$ 변수를 설명변수에 포함해야 한다. 차분 모형에서 사용할 도구변수들을 dgmmiv 옵션과 div 옵션에서 각각 지정해 주어야 한다. dgmmiv 옵션에서는 GMM 형태의 도구변수를 지정해 주어야 한다. 본 예제에서는 $(wage_{it-2}, wage_{it-3}, \cdots)$ 변수가 GMM 형태의 도구변수이므로 lr_wage 변수이름을 쓰고, 시차를 2기부터 끝까지라는 의미에서 lag(2 .)으로 입력해 주면 된다. 다음으로 div 옵션에서는 차분 방정식에 들어 있는 외생적 설명변수들을 써주면 되는데, 그렇게 하면 이들 변수의 1차 차분된 값이 도구변수로 사용된다. 마지막 옵션은 hascons 옵션이다. 이 옵션을 사용하면 레벨 방정식에서만 공선성 문제를 확인한다. 차분 방정식에 사용된 설명변수들이 상수항과 공선성이 존재하더라도 문제 삼지 않는다. 본 예제에서는 *age* 변수의 1차 차분이 상수항 공선성을 갖기 때문에 hascons 옵션을 사용하지 않으면 *age* 변수의 추정계수가 주어지지 않게 된다. 다음의 xtdpd 명령문 실행결과를 보면, 앞의 그림 6.7의 xtabond 명령문에 의한 추정 결과와 동일하다는 것을 확인할 수 있다.

그림 6.12 차분 GMM 추정: xtdpd 명령어 이용

```
. xtdpd  lr_wage L.lr_wage age male college perm size,dgmmiv(lr_wage, lag(2 .)) div(age
college perm size ) hascons

Dynamic panel-data estimation                    Number of obs        =       302
Group variable: pid                              Number of groups     =        76
Time variable: year
```

```
                                                Obs per group:    min =          2
                                                                  avg =   3.973684
                                                                  max =          4

Number of instruments =      11                 Wald chi2(5)          =      57.63
                                                Prob > chi2           =     0.0000
One-step results
------------------------------------------------------------------------------
     lr_wage |      Coef.   Std. Err.      z    P>|z|     [95% Conf. Interval]
-------------+----------------------------------------------------------------
     lr_wage |
         L1. |   .0062527   .0920575     0.07   0.946    -.1741767    .1866821
             |
         age |   .0605182   .0105159     5.75   0.000     .0399074     .081129
        male |  (omitted)
     college |   .0211127   .1035305     0.20   0.838    -.1818033    .2240287
        perm |   .1414593   .0766764     1.84   0.065    -.0088236    .2917422
        size |  -.0001774    .000068    -2.61   0.009    -.0003106   -.0000442
       _cons |   3.175687     .41984     7.56   0.000     2.352816    3.998558
------------------------------------------------------------------------------
Instruments for differenced equation
        GMM-type: L(2/.).lr_wage
        Standard: D.age D.college D.perm D.size
Instruments for level equation
        Standard: _cons
```

이번에는 시스템 GMM 추정을 xtdpd 명령어를 이용하여 실행해 보기로 한다. 앞에서는 시스템 GMM 추정을 xtdpdsys 명령문으로 실행하여 그림 6.10의 결과를 얻었는데, 동일한 결과를 xtdpd 명령어를 이용하여 얻을 수 있다. 아래에 명령문과 추정결과가 나와 있다. 우선 명령문을 보면 lgmmiv 옵션을 제외하고는 앞의 그림 6.12의 차분 GMM 추정 때와 동일하다. lgmmiv 옵션이 추가된 것은 시스템 GMM 추정의 경우 차분 방정식뿐만 아니라 레벨 방정식도 사용하기 때문에 레벨 방정식에 필요한 도구변수를 lgmmiv 옵션을 통해 지정해 주기 위한 것이다. 앞에서와 마찬가지로 레벨 방정식에서 내생적 설명변수 $wage_{it-1}$에 대한 도구변수로 그것의 차분변수인 $\Delta wage_{it-1}$을 사용한다. 이를 지정하려면 lgmmiv 옵션의 괄호안에 *wage* 변수명, 즉 lr_wage를 기입하면 설명변수로 사용된 1기 시차변수(L.lr_wage)의 차분변수를 도구변수로 사용한다. 아래 xtdpd 명령문 실행결과를 보면, 앞의 그림 6.10의 xtdpdsys 명령문에 의한 추정 결과와 동일하다는 것을 확인할 수 있다.

그림 6.13 시스템 GMM 추정: xtdpd 명령어 이용

```
. xtdpd  lr_wage L.lr_wage age male college perm size,dgmmiv(lr_wage, lag(2 .)) div(age
college perm size ) lgmmiv(lr_wage) hascons

Dynamic panel-data estimation                  Number of obs        =       302
Group variable: pid                            Number of groups     =        76
Time variable: year
                                               Obs per group:    min =         2
                                                                 avg =  3.973684
                                                                 max =         4

Number of instruments =      14                Wald chi2(6)         =     72.44
                                               Prob > chi2          =    0.0000
One-step results
------------------------------------------------------------------------------
     lr_wage |      Coef.   Std. Err.      z    P>|z|     [95% Conf. Interval]
-------------+----------------------------------------------------------------
     lr_wage |
         L1. |   .2393575   .0788463     3.04   0.002      .0848216    .3938934
             |
         age |   .0500782   .0114794     4.36   0.000       .027579    .0725774
        male |   .5754119   .3948781     1.46   0.145     -.1985349    1.349359
     college |   .1264858   .1081121     1.17   0.242       -.08541    .3383817
        perm |   .1733862   .0846815     2.05   0.041      .0074134     .339359
        size |  -.0001866   .0000761    -2.45   0.014     -.0003357   -.0000375
       _cons |   1.916673   .3806914     5.03   0.000      1.170532    2.662815
------------------------------------------------------------------------------
Instruments for differenced equation
        GMM-type: L(2/.).lr_wage
        Standard: D.age D.college D.perm D.size
Instruments for level equation
        GMM-type: LD.lr_wage
        Standard: _cons
```

6.4 Stata do file

```
use A_data6_1, clear
ivregress 2sls  lr_wage age male coll (hours=perm)
ivregress gmm  lr_wage age male coll (hours=perm)
ivregress gmm  lr_wage age male coll ///
(hours=perm), wmatrix(unadjusted)

ivregress 2sls  lr_wage age male coll (hours=perm size)
ivregress gmm  lr_wage age male coll (hours=perm size)

gmm (eq1: lr_wage-{b0}-{xb: hours age male college}), ///
instruments(eq1 : age male college perm size) ///
 wmat(robust) twostep  winitial(unadjusted)

gmm (eq2: hours-{c0}-{xc: lr_wage age coll perm size}), ///
```

```
instruments(eq2: age coll perm size male) wmat(robust) ///
twostep winitial(unadjusted)

gmm (eq1: lr_wage-{b0}-{xb: hours age male college}) ///
(eq2: hours-{c0}-{xc: lr_wage age coll perm size}), ///
instruments( eq1 : age male college perm size) ///
instruments(eq2: age coll perm size male) ///
winitial(unadjusted, independent) ///
wmatrix(robust) twostep

qui gmm (eq1: lr_wage-{b0}-{xb: hours age male college}) ///
(eq2: hours-{c0}-{xc: lr_wage age coll perm size}), ///
instruments( eq1 : age male college perm size) ///
instruments(eq2: age coll perm size male) ///
winitial(unadjusted, independent) wmatrix(robust)  twostep

mat list e(b)
test _b[xb:age]=_b[xc:age]

use A_data6_2, clear
tsset pid year
xtabond  lr_wage  age male college perm size, lags(1)

qui xtabond  lr_wage  age male college perm size , lags(1)
estat sargan

xtabond  lr_wage  age college perm size , lags(1)
estat sargan

xtabond  lr_wage  age college perm size , lags(1) vce(robust)
estat abond

use A_data6_3, clear
tsset pid year
xtabond  lr_wage  age male college perm size , lags(1)

use A_data6_2, clear
tsset pid year
xtdpdsys  lr_wage age male college perm size, lags(1)

qui xtdpdsys  lr_wage age male college perm size, lags(1)
estat sargan

qui xtdpdsys  lr_wage age male college perm size, ///
lags(1) vce(robust)
estat abond

xtdpd  lr_wage L.lr_wage age male college ///
perm size,dgmmiv(lr_wage, lag(2 .)) ///
```

```
div(age college perm size ) hascons

xtdpd  lr_wage L.lr_wage age male college ///
perm size,dgmmiv(lr_wage, lag(2 .)) ///
div(age college perm size ) lgmmiv(lr_wage) hascons
```

CHAPTER 07 패널 GEE

7.1 Population-Averaged 추정

다음은 패널 데이터를 풀링(pooling)한 선형회귀모형이다.

$$y_{it} = \alpha + \beta x_{it} + \epsilon_{it} \tag{7.1}$$

위 식을 합동(pooled) OLS로 추정하는 경우 상수항 α과 기울기 모수 β가 모든 패널그룹에서 서로 같다고 가정하게 된다. 또한 개별 패널그룹의 관찰되지 않는 특성(heterogeneity)이 없다고 가정하는 것이 된다. 그런데 패널 데이터에서는 오차항 ϵ_{it}가 자기상관(autocorrelation) 가정의 위배 가능성이 있기 때문에 효율적인 추정량을 구하기 위해서는 OLS가 아니라 GLS 추정을 사용할 수 있다. 특히 장기 시계열인 패널 데이터인 경우에는 그룹 내의 오차항 상관관계를 고려해야 한다. 패널 데이터를 풀링(pooling)한 후 그룹 내 오차항의 상관관계를 가정하는 경우 PA(Population-Averaged) 추정을 이용할 수 있다. "Population-Averaged"라는 이름이 붙은 이유는 다음과 같다. PA 추정에서 어떤 설명변수의 계수가 갖는 의미는 다른 조건이 일정할 때 해당 변수 1단위가 증가할 때 "전체 모집단(population)"의 평균적인 종속변수 증가분으로 해석된다. 이는 패널 고정효과 모형이나 확률효과 모형과는 다른 것이다. 왜냐하면 이들 모형에서 어떤 설명변수의 계수는 해당 변수가 1단위 증가할 때 전체 모집단이 아니라 "특정 패널그룹"에 있어서 종속변수의 평균적인 증가분으로 해석하기 때문이다. 식 7.1에 대한 PA 추정량이 일치추정량이 되기 위해서는 $cov(x_{it}, \epsilon_{it}) = 0$의 조건이 여전히 성립해야 한다.

패널그룹 i의 시점 t와 s의 오차항 상관관계를 다음과 같이 정의하자.

$$corr(\epsilon_{it}, \epsilon_{is}) = \rho_{ts}, \quad \text{모든 } i \text{ 에 대해}$$

이 경우 그룹 i에 대해서 $(T \times T)$의 상관계수 행렬이 주어진다. 자기상관에 대해 네 가지 종류의 가정을 생각해볼 수 있다. 첫째, 자기상관이 0인 경우(즉 $t \neq s$에 대해 $\rho_{ts} = 0$)이다. 이때 PA 추정량은 합동 OLS 추정량과 같게 된다. 둘째, 자기상관 계수가 모든 시점에서 서로 동일한(즉 $\rho_{ts} = \rho$) 경우이다. 이 가정은 정확히 확률효과 모형에서 오차항이 1계

자기상관을 갖는 경우에 해당한다. 셋째, $|t-s|$가 커질수록 자기상관 계수가 작아지는 경우이다. 가령 AR(1) 형태인 $\epsilon_{it}=\rho_1\epsilon_{it-1}+\xi_{it}$을 가정하면 오차항의 상관계수는 $\rho_{ts}=\rho_1^{|t-s|}$이 된다. 따라서 $corr(\epsilon_{it},\epsilon_{it-1})=\rho_1$이 되며 t와 s 시점이 서로 멀어질수록 상관계수는 작아지게 된다. 넷째, 상관계수 구조를 특별히 지정하지 않는 경우이다. 이 경우 t와 s 시점의 잔차 공분산 공식을 활용하여 $\widehat{cov}\,(\epsilon_t,\epsilon_s)=\frac{1}{n}\sum_{i=1}^{n}(\hat{u}_{it}-\bar{\hat{u}}_t)(\hat{u}_{is}-\bar{\hat{u}}_s)$로 공분산을 추정한다.

7.2 패널 GEE 추정

앞 절에서 설명한 PA 추정은 GEE(Generalized Estimating Equations) 방법을 통해서 행한다. GEE 추정은 선형회귀 모형뿐 아니라 비선형회귀 모형(로짓, 포아송 모형 등)에서도 많이 사용된다. 원래 GEE 추정은 일반선형모형(GLM: Generalized Linear Model)을 추정할 때 주로 사용한다. 패널 GEE의 경우에는 GLM 추정을 사용하고 그룹 내 오차항 상관계수 구조를 가정할 수 있다는 장점이 있다. 식 7.1의 선형회귀모형에서는 종속변수의 기댓값을 다음과 같이 쓸 수 있다.

$$E(y_{it})=\alpha+\beta x_{it}$$

오차항의 분포를 정규분포로 가정하면, y_{it}는 평균이 $(\alpha+\beta x_{it})$인 정규 확률변수가 된다. 선형회귀 모형이면 $E(y_{it})$와 $(\alpha+\beta x_{it})$를 연결해 주는 연결함수(link function)가 항등(identity) 함수가 된다. 즉 종속변수 그대로 기댓값을 취하면 설명변수의 선형함수로 나타나게 된다.

비선형회귀 모형인 로짓(logit) 모형인 경우에도 GEE 추정이 가능하다. 로짓 모형에서 y_{it}는 0 또는 1의 값으로 관찰된다. y_{it}의 기댓값은 다음과 같다.

$$E(y_{it})=0\times\Pr(y_{it}=1)+1\times\Pr(y_{it}=1)=\Pr(y_{it}=1)$$

여기에서 오차항 분포를 로지스틱 분포로 가정하면 다음이 성립한다.

$$E(y_{it})=\Pr(y_{it}=1)=\frac{\exp(\alpha+\beta x_{it})}{1+\exp(\alpha+\beta x_{it})}$$

따라서 승산(odds)에 로그를 취하면 설명변수의 선형결합으로 표현할 수 있다. 이 경우

연결함수는 로짓 함수가 된다.

$$\log\left(\frac{E(y_{it})}{1-E(y_{it})}\right)=\alpha+\beta x_{it}$$

패널모형에서는 그룹 내에서 시간에 따른 오차항의 상관계수 구조를 추가적으로 가정할 수 있다. 첫째, 서로 독립(즉 $t \neq s$에 대해 $\rho_{ts}=0$)으로 가정한다. 둘째, 서로 다른 두 시점 t, s에 대해 모든 상관계수가 ρ로 같다고 가정한다. 셋째, AR(즉 $\rho_{ts}=\rho^{|t-s|}$)로 가정하며, 이 경우 t와 s 시점이 멀어질수록 상관계수 값이 작아지게 된다. 셋째, 정상(stationary) 가정으로서 t는 $t-1$ 시점에 대해서만 상관계수가 ρ로 존재하고 나머지 시점에 대해서는 상관계수가 0이라고 가정한다. 다섯째, 상관계수 구조에 대해 특정한 가정을 하지 않고 직접 추정한다. 여섯째, 사용자가 직접 상관계수 행렬을 지정할 수도 있다.

7.3 STATA 실습

패널 GEE 추정

데이터 파일: A_data7_1.dta

데이터 파일은 Grunfeld(1958) 데이터를 가공한 것이다. 다음과 같은 패널 선형회귀 모형을 가정해 보자.

$$invest_{it}=\alpha+\beta_1 mvalue_{it}+\beta_2 kstock_{it}+e_{it} \tag{7.2}$$

여기에서 $invest_{it}$은 각 기업의 연도별 투자금액이고, $mvalue_{it}$는 각 기업의 시장가치, 그리고 $kstock_{it}$는 각 기업의 유형고정자산 가치이다. 이와 같은 패널 선형회귀 모형에서 오차항의 자기상관이 존재하지 않는다고 가정하는 합동 OLS와 PA 추정 결과를 비교해 보자. PA 추정을 위해서는 xtreg 명령문에 pa 옵션을 주면 된다. 여기에다 corr(ind) 옵션을 추가할 때 정확히 합동 OLS 추정과 동일한 결과를 얻게 된다. corr(ind) 옵션의 의미가 패널그룹 내에 자기상관이 존재하지 않는다고 가정하는 것이기 때문이다.

그림 7.1 합동 OLS vs. PA 추정: corr(ind) 옵션

```
. tsset com year
       panel variable:  company (strongly balanced)
        time variable:  year, 1935 to 1945
                delta:  1 year

. reg invest mvalue kstock

      Source |       SS       df       MS              Number of obs =     110
-------------+------------------------------           F(  2,   107) =  187.74
       Model |  1848679.73     2  924339.867           Prob > F      =  0.0000
    Residual |  526828.958   107  4923.63512           R-squared     =  0.7782
-------------+------------------------------           Adj R-squared =  0.7741
       Total |  2375508.69   109  21793.6577           Root MSE      =  70.169

------------------------------------------------------------------------------
      invest |      Coef.   Std. Err.      t    P>|t|     [95% Conf. Interval]
-------------+----------------------------------------------------------------
      mvalue |   .0976966   .0052964    18.45   0.000     .0871971    .1081961
      kstock |   .1422237   .0547997     2.60   0.011     .0335898    .2508577
       _cons |  -14.37731   11.46277    -1.25   0.212    -37.10092    8.346296
------------------------------------------------------------------------------

. xtreg invest mvalue kstock, pa corr(ind)

Iteration 1: tolerance = 6.469e-15

GEE population-averaged model                   Number of obs      =       110
Group variable:                    company      Number of groups   =        10
Link:                             identity      Obs per group: min =        11
Family:                           Gaussian                     avg =      11.0
Correlation:                   independent                     max =        11
                                                Wald chi2(2)       =    386.00
Scale parameter:                  4789.354      Prob > chi2        =    0.0000

Pearson chi2(110):               526828.96      Deviance           = 526828.96
Dispersion (Pearson):             4789.354      Dispersion         =  4789.354

------------------------------------------------------------------------------
      invest |      Coef.   Std. Err.      z    P>|z|     [95% Conf. Interval]
-------------+----------------------------------------------------------------
      mvalue |   .0976966   .0052237    18.70   0.000     .0874583    .1079348
      kstock |   .1422237   .0540472     2.63   0.009     .0362931    .2481544
       _cons |  -14.37731   11.30538    -1.27   0.203    -36.53545    7.780827
------------------------------------------------------------------------------
```

이번에는 오차항의 상관계수 구조에 대해 서로 다른 두 시점 t, s에 대해 모든 상관계수가 ρ로 일정하다고 가정하려면 corr(exchangeble) 옵션을 사용한다. 다음은 추정 결과이다.

그림 7.2 PA 추정: corr(exc) 옵션

```
. xtreg invest mvalue kstock, pa corr(exc) nolog

GEE population-averaged model                   Number of obs      =       110
Group variable:                    company      Number of groups   =        10
Link:                             identity      Obs per group: min =        11
Family:                           Gaussian                     avg =      11.0
Correlation:                  exchangeable                     max =        11
                                                Wald chi2(2)       =     93.80
Scale parameter:                  5113.829      Prob > chi2        =    0.0000

------------------------------------------------------------------------------
      invest |      Coef.   Std. Err.      z    P>|z|     [95% Conf. Interval]
-------------+----------------------------------------------------------------
      mvalue |   .0834682   .0093084     8.97   0.000     .0652242    .1017123
      kstock |   .1584361   .0502568     3.15   0.002     .0599345    .2569376
       _cons |  -2.251816   23.14797    -0.10   0.923      -47.621    43.11736
------------------------------------------------------------------------------

. ereturn list

   --------------------------- 중략 -----------------------

matrices:
                  e(b) :  1 x 3
                  e(V) :  3 x 3
                  e(R) :  11 x 11

. mat list e(R)

           c1          c2          c3          c4          c5          c6
 r1         1
 r2 .74022933           1
 r3 .74022933   .74022933           1
 r4 .74022933   .74022933   .74022933           1
 r5 .74022933   .74022933   .74022933   .74022933           1
 r6 .74022933   .74022933   .74022933   .74022933   .74022933           1
```

위 결과에서 추정계수와 유의성은 그림 7.1과 비교하여 크게 달라지지 않는다. Correlation : exchangeable에서 알 수 있듯이 오차항 상관계수 구조는 서로 독립이 아니다. xtreg 추정 후 ereturn list를 입력하면 저장된 결과물 중에서 11x11 행렬인 e(R)이 있음을 확인할 수 있다. 추정된 상관계수는 $\hat{\rho}$=0.74임을 확인할 수 있다*.

* 그림 7.2에서는 지면 제약 상 11×11 행렬의 일부분만 제시하였다.

Tip 7.1 ● xtgls와 xtreg, pa의 차이

패널 선형회귀 모형에서 데이터를 풀링(pooling)하여 추정하고 또한 오차항의 상관계수 구조를 고려한다는 점에서 명령문 xtgls와 xtreg, pa는 매우 유사하다. 하지만 xtgls는 FGLS(Feasible GLS) 추정방법을 사용하는데 비해 xtreg, pa는 GEE 추정을 사용하는 것이 근본적인 차이이다. 즉 추정계수와 표준오차를 얻는 방법이 서로 다르다고 말할 수 있다. 이로 인해 xtgls, corr(ar1) 명령문에서는 패널 그룹 내 상관계수 구조를 AR(1)만 가정할 수 있다. 그러나 xtreg, pa corr(exc)처럼 xtreg, pa 명령문은 다양한 상관계수 구조를 가정할 수 있는 장점이 있다. xtgls, corr(ar1)의 경우 FGLS 추정방식을 사용하기 때문에 Beck · Katz(1995)에 따르면 각 그룹 내 시계열 개수가 적어도 패널 그룹의 수보다 많아야 한다. 그러나 GEE 추정에서는 분포를 가정하기 때문에 이러한 제약이 없다. 또 다른 점은 시간갭(time gap)이 있는 xtgls, corr(ar1)은 사용할 수 없지만 xtreg, pa corr(exc)는 여전히 유효한 명령문이다.

반면, xtgls도 장점을 지니고 있는데, xtreg, pa에서는 오차항의 상관계수 구조만을 가정하여 추정할 수 있지만, xtgls에서는 오차항의 자기상관뿐 아니라, 이분산성 그리고 동시적 상관관계(contemporaneous correlation)까지 고려할 수 있는 장점이 있다.

한편, xtgee 명령문을 사용해도 앞 그림 7.2의 xtreg, pa와 동일한 결과를 얻을 수 있다. xtgee 명령어 다음에 변수 이름을 기입하고, link 옵션과 family 옵션을 선택한다. link 옵션에서는 선형회귀 모형인 경우에 연결함수로서 identity 함수를 선택한다. family 옵션에서는 정규분포를 의미하는 gaussian을 선택한다. 이는 식 7.2 오차항 분포를 정규분포로 가정하기 때문이다. 다음은 xtgee 명령문 실행결과이다.

그림 7.3 xtgee 명령어를 이용한 PA 추정: corr(exc) 옵션

```
. xtgee invest mvalue kstock, link(identity) family(gaussian) corr(exc) nolog

GEE population-averaged model                   Number of obs      =       110
Group variable:                    company      Number of groups   =        10
Link:                             identity      Obs per group: min =        11
Family:                           Gaussian                     avg =      11.0
Correlation:                 exchangeable                      max =        11
                                                Wald chi2(2)       =     93.80
Scale parameter:                  5113.829      Prob > chi2        =    0.0000

------------------------------------------------------------------------------
```

```
      invest |      Coef.   Std. Err.      z    P>|z|     [95% Conf. Interval]
-------------+----------------------------------------------------------------
      mvalue |   .0834682    .0093084     8.97   0.000     .0652242    .1017123
      kstock |   .1584361    .0502568     3.15   0.002     .0599345    .2569376
       _cons |  -2.251816    23.14797    -0.10   0.923      -47.621    43.11736
------------------------------------------------------------------------------

. estat wcorr

         c1         c2         c3         c4         c5         c6

r1       1
r2       0.7402293 1
r3       0.7402293 0.7402293 1
r4       0.7402293 0.7402293 0.7402293 1
r5       0.7402293 0.7402293 0.7402293 0.7402293 1
r6       0.7402293 0.7402293 0.7402293 0.7402293 0.7402293 1
```

위 결과는 앞 그림 7.2의 xtreg, pa 결과와 동일하다. xtgee 추정 후 estat wcorr 명령문을 실행하면 상관계수 구조행렬을 보여준다.* 이 결과 역시 앞의 그림 7.2와 같다.

위에서는 오차항의 상관계수 구조에 대해 서로 다른 두 시점 t, s에 대해 모든 상관계수가 ρ로 일정하다고 가정한 반면, 이번에는 AR(1)으로 가정해보자. AR(1)으로 가정하는 경우 현재 시점과 멀어질수록 상관계수 값이 작아지게 된다. 명령문은 앞의 그림 7.3과 동일하되, 단지 corr 옵션으로 exchangeable 대신 ar1을 선택하면 된다. 다음은 실행결과이다.

그림 7.4 xtgee 명령어를 이용한 PA 추정: corr(ar1) 옵션

```
. xtgee invest mvalue kstock, link(identity) family(gaussian) corr(ar1) nolog

GEE population-averaged model                   Number of obs      =       110
Group and time vars:            company year    Number of groups   =        10
Link:                                identity   Obs per group: min =        11
Family:                              Gaussian                  avg =      11.0
Correlation:                            AR(1)                  max =        11
                                                Wald chi2(2)       =    239.49
Scale parameter:                      8931.86   Prob > chi2        =    0.0000

------------------------------------------------------------------------------
      invest |      Coef.   Std. Err.      z    P>|z|     [95% Conf. Interval]
-------------+----------------------------------------------------------------
      mvalue |   .0673473    .0046209    14.57   0.000     .0582906    .0764041
      kstock |  -.2170055     .063312    -3.43   0.001    -.3410948   -.0929161
       _cons |   67.53282    30.09226     2.24   0.025     8.553067    126.5126
------------------------------------------------------------------------------

. estat wcorr
```

* 이 행렬을 working correlation이라고 부른다.

```
Estimated within-company correlation matrix R:

          c1        c2        c3        c4        c5        c6

r1        1
r2        0.9758628 1
r3        0.9523081 0.9758628 1
r4        0.9293221 0.9523081 0.9758628 1
r5        0.9068908 0.9293221 0.9523081 0.9758628 1
r6        0.885001  0.9068908 0.9293221 0.9523081 0.9758628 1
```

위 결과 마지막에 상관계수 행렬 추정치를 보면 $corr(e_{it}, e_{it-1}) = 0.975$, $corr(e_{it}, e_{it-2}) = 0.952$, $corr(e_{it}, e_{it-3}) = 0.929$으로 t 시점에서 멀어질수록 상관계수가 작아지는 것을 확인할 수 있다.

패널 로짓 모형 GEE 추정

데이터 파일: A_data7_2.dta

이번 예제 데이터에서 종속변수는 이항변수인 union(노조 가입 여부)이다.* GEE 추정방법을 이용하여 PA 추정량을 구해보자. 아래에 명령문과 실행결과가 나와 있다. 명령문은 패널 로짓 모형을 추정할 때 사용하는 xtlogit 명령어에 pa 옵션을 두면 된다. 상관계수 옵션으로는 corr(exc)를 선택했다. 한편, xtgee 명령어를 사용해도 같은 결과를 얻을 수 있다. xtgee 명령문에서는 link와 family 옵션을 지정해주어야 한다. link 옵션에서는 로짓 모형이기 때문에 연결함수로서 logit 함수를 선택하고, family 옵션에서는 이항분포를 의미하는 binomial을 선택한다. 위 모형에서는 종속변수(확률변수)가 성공(=1), 실패(=0)의 두 가지 결과만 가질 수 있다. 따라서 성공확률이 $\Pr(y_{it} = 1)$이고 실패확률은 $1 - \Pr(y_{it} = 1)$인 이항분포(binomial distribution)가 된다.** 다음은 실행결과이다.

그림 7.5 이항 종속변수 모형 PA 추정

```
. tsset id year
       panel variable:  idcode (unbalanced)
        time variable:  year, 70 to 88, but with gaps
                delta:  1 unit

. xtlogit union age grade not_smsa south southXt, nolog pa corr(exc)

GEE population-averaged model                  Number of obs      =     26200
```

* 패널 데이터에서 이항 종속변수 모형은 민인식・최필선(2022) 15장을 참고하라.
** 보다 정확히 말하면 베르누이 확률변수를 1회 시행한 이항분포가 된다.

```
Group variable:                  idcode     Number of groups    =      4434
Link:                             logit     Obs per group: min =          1
Family:                        binomial                    avg =        5.9
Correlation:               exchangeable                    max =         12
                                            Wald chi2(5)        =    233.60
Scale parameter:                      1     Prob > chi2         =    0.0000

------------------------------------------------------------------------------
       union |      Coef.   Std. Err.      z    P>|z|     [95% Conf. Interval]
-------------+----------------------------------------------------------------
         age |   .0053241   .0024988     2.13   0.033     .0004265    .0102216
       grade |   .0595076   .0108311     5.49   0.000     .0382791    .0807361
   not_smsa |  -.1224955   .0483137    -2.54   0.011    -.2171887   -.0278024
       south |  -.7270863   .0675522   -10.76   0.000    -.8594861   -.5946865
     southXt |   .0151984   .0045586     3.33   0.001     .0062638     .024133
       _cons |   -2.01111     .15439   -13.03   0.000    -2.313709   -1.708512
------------------------------------------------------------------------------

. qui xtgee union age grade not_smsa south southXt, nolog  corr(exc) link(logit)
family(binomial)

. estat wcorr

Estimated within-idcode correlation matrix R:
           c1         c2         c3         c4         c5         c6

r1         1
r2         0.4628938 1
r3         0.4628938 0.4628938 1
r4         0.4628938 0.4628938 0.4628938 1
r5         0.4628938 0.4628938 0.4628938 0.4628938 1
r6         0.4628938 0.4628938 0.4628938 0.4628938 0.4628938 1
```

위 결과에서 상관계수 구조행렬을 살펴보면, t 시점과 모든 과거 시점 간 상관계수 추정치가 0.462로 동일한 것을 알 수 있다. 위 결과 맨 처음에 나온 tsset 결과에서도 알 수 있듯이 위 예제 데이터는 불균형 패널이면서 시간갭을 가진 패널이다. 그러나 PA 추정량을 구하는 데는 문제가 없다는 것을 알 수 있다.

Tip 7.2 ● 승산비(odds ratio) 도출

그림 7.5에서는 모수 추정치 $\hat{\beta}$을 제시하고 있다. 그러나 로짓 모형에서는 추정계수 자체보다는 승산비(odds ratio)를 계산하는 것이 더 유용한 경우가 있다. xtlogit, pa에서는 or 옵션 또는 eform 옵션을 추가하면 승산비를 도출할 수 있다. 이론적으로 승산비는 추정계수에 지수(exponential) 함수를 취해준 값과 같다.

```
. xtlogit union age grade not_smsa south southXt, nolog pa corr(exc) or

GEE population-averaged model                   Number of obs      =     26200
Group variable:                     idcode      Number of groups   =      4434
Link:                                logit      Obs per group: min =         1
Family:                           binomial                     avg =       5.9
Correlation:                  exchangeable                     max =        12
                                                Wald chi2(5)       =    233.60
Scale parameter:                         1      Prob > chi2        =    0.0000

------------------------------------------------------------------------------
       union | Odds Ratio   Std. Err.      z    P>|z|     [95% Conf. Interval]
-------------+----------------------------------------------------------------
         age |   1.005338   .0025121     2.13   0.033     1.000427    1.010274
       grade |   1.061314   .0114952     5.49   0.000     1.039021    1.084085
    not_smsa |   .8847099   .0427436    -2.54   0.011     .8047781    .9725806
       south |   .4833152    .032649   -10.76   0.000     .4233796    .5517355
     southXt |   1.015314   .0046284     3.33   0.001     1.006283    1.024427
       _cons |     .13384   .0206635   -13.03   0.000     .0988937    .1811352
------------------------------------------------------------------------------
```

한편, xtgee 명령어에서는 or 옵션은 사용할 수 없고 반드시 eform 옵션에 의해서만 승산비를 얻는다.

```
. xtgee union age grade not_smsa south southXt, nolog corr(exc) link(logit)
family(binomial) eform
```

7.4 Stata do file

```
use A_data7_1, clear
tsset com year
reg invest mvalue kstock
xtreg invest mvalue kstock, pa corr(ind)

xtreg invest mvalue kstock, pa corr(exc) nolog
ereturn list

xtgee invest mvalue kstock, link(identity) family(gaussian) ///
corr(exc) nolog
estat wcorr

xtgee invest mvalue kstock, link(identity) family(gaussian) ///
corr(ar1) nolog
estat wcorr

use A_data7_2, clear
tsset id year
```

```
xtlogit union age grade not_smsa south southXt, nolog pa corr(exc)

qui xtgee union age grade not_smsa south southXt, nolog  ///
corr(exc) link(logit) family(binomial)
estat wcorr

xtlogit union age grade not_smsa south southXt, nolog pa ///
corr(exc) or

xtgee union age grade not_smsa south southXt, nolog ///
corr(exc) link(logit) family(binomial) eform
```

CHAPTER 08 | 패널 토빗 모형

8.1 횡단면 토빗 모형

토빗 모형(Tobit model)은 종속변수의 일부분이 관찰되지 않고 중도절단(censoring)된 경우에 주로 사용한다. 가령 취업한 사람은 임금이 얼마인지 관찰되지만, 미취업인 사람들은 임금이 0으로 표시된다. 그러나 실제로 미취업인 사람들의 임금이 모두 0으로 같은 것은 아닐 것이다. 미취업자의 유보임금(reservation wage)은 서로 다르지만, 노동시장에서는 미취업자의 임금은 관찰되지 않기 때문에 0으로 표시된다. 즉 미취업자의 임금이 모두 0으로 표시되었다고 해서 이들의 유보임금이 실제로 같다고 볼 수 없을 것이다. 이 예제에서 유보임금이 0보다 작은 값들이 모두 0으로 표시되기 때문에 좌측 중도절단(left-censoring)이라고 부른다.* 우측 중도절단(right-censoring)의 예는 다음과 같다. 어떤 과목 시험점수가 0점~100점까지 있을 때, 100점 맞은 학생들이 여러 명 있는 경우 이 학생들의 그 과목에 대한 능력(aptitude)이 모두 같다고 말할 수는 없을 것이다. 따라서 100점 이상의 능력은 모두 100점으로 우측중도절단 되었다고 말할 수 있다.

토빗 모형의 일반적인 형태는 다음과 같다.

$$y_i^* = \alpha + \beta x_i + e_i \tag{8.1}$$

위 식에서 잠재적(latent) 종속변수 y_i^*는 0보다 큰 값만 실제로 관찰되고 0보다 작거나 같은 값은 모두 0으로 관찰된다고 하자. 즉,

$$y_i = y_i^*, \quad y_i^* > 0 \text{인 경우}$$
$$y_i = 0, \quad y_i^* \le 0 \text{인 경우}$$

토빗 모형 추정은 최우추정(maximum likelihood) 방법을 사용하기 위해 식 8.1의 오차항을 $e_i \sim N(0, \sigma^2)$으로 가정한다. 식 8.1에서 $y_i^* > 0$인 표본만 가지고 OLS 추정하는 것과 토빗 모형 추정의 차이점은 (임금 모형을 예로 들면) 전자는 취업자만 모집단으로 간주

* 실제로 "임금이 0보다 작은 값"으로 해석하기 보다는 자신의 유보임금보다 시장임금이 낮은 경우로 이해한다. (시장임금-유보임금) < 0으로 이해한다.

하는 것이고, 후자는 취업자와 미취업자 전체 집합을 모집단으로 간주하는 것이다. 따라서 추정계수 해석에서 차이가 있다.

0에서 좌측 중도절단된 경우 종속변수 평균은 다음과 같다.

$$\begin{aligned} E(y) &= \Pr(y^* \le 0) \times 0 + \Pr(y^* > 0) \times E(y^* | y^* > 0) \\ &= \Pr(y^* > 0) \times E(y^* | y^* > 0) \end{aligned} \tag{8.2}$$

여기에서 알 수 있듯이 $E(y)$가 $E(y^*|y^* > 0)$으로 끝나는 것이 아니라 거기에 $\Pr(y_i^* > 0)$을 곱해야 한다. 따라서 설명변수 x가 종속변수 y에 미치는 한계효과(marginal effect) $\partial E(y)/\partial x$는 $\partial \Pr(y^* > 0)/\partial x$, 즉 확률에 미치는 한계효과와 $\partial E(y^*|y^* > 0)/\partial x$, 즉 절단평균(truncated mean)에 미치는 한계효과에 의존한다.*

8.2 패널 토빗 모형

패널 데이터에서 토빗 모형은 다음과 같은 오차성분(error component) 모형을 사용한다.

$$y_{it}^* = \alpha + \beta x_{it} + u_i + e_{it},\ i = 1, 2, \cdots, n,\ t = 1, 2, \cdots, T_i \tag{8.3}$$

좌측 중도절단의 경우에는 y_{it}^*가 0보다 클 때만 $y_{it} = y_{it}^*$이고, 0보다 작거나 0인 경우에는 $y_{it} = 0$으로 관찰된다. 개체 이질성(group heterogeneity)인 u_i는 확률효과(random effects) 또는 고정효과(fixed effects)로 처리할 수 있다.

Stata에서 패널 토빗 모형 추정은 확률효과인 경우에만 명령어를 제공하고 있다. 확률효과의 경우에는 $u_i \sim N(0, \sigma_u^2)$와 $e_{it} \sim N(0, \sigma_e^2)$로 가정하고 최우추정량을 계산한다. 확률효과를 가정하면 패널 개체(i)에 대한 우도함수(l_i)를 먼저 도출해야 한다. 이를 위해서는 주어진 u_i에 대해서 T_i개의 시계열 관측치에 대해서 결합확률분포를 도출해야 한다. 이와 같이 계산된 패널 개체 우도함수(l_i)가 n개 있어서 이를 모두 더하면 최종 로그우도함수가 된다. 즉,

$$L = \sum_{i=1}^{n} \log(l_i) \tag{8.4}$$

이 로그우도함수를 최대화하는 모수 추정치를 찾게 된다. 그런데 이 과정에서 패널 개체 우도함수(l_i)를 수치적(numerical)으로 계산해야 하며, Stata에서는 adaptive Gauss-Hermite

* 자세한 한계효과 계산은 Cameron · Trivedi(2005)를 참고하라.

quadrature approximation을 사용한다. 그러나 이 방식은 각 개체의 시계열 길이가 길어질수록 부정확해지는 단점이 있다. 식 8.3(확률효과 추정)에서 설명변수 x_{it}의 한계효과를 계산할 때는 확률효과 u_i가 0이라고 가정하고 계산하는 점에 주의해야 한다.

패널 토빗 고정효과 모형은 선형회귀 모형에서와 같이 풀링(pooling)하여 그룹더미를 주는 방법이나 within 변환 방법이 모두 불가능하다.* Honore(1992)는 시계열 기간이 고정되어 있고 패널 그룹이 많은 경우 고정효과 토빗모형 추정방법을 제시하고 있다. 그러나 가우스(GAUSS) 프로그램 코드만 제시되어 있고 Stata 명령어는 아직 제공되지 않고 있다.

8.3 STATA 실습

횡단면 토빗 모형 추정

데이터 파일: A_data8_1.dta

예제 데이터는 한국노동연구원의 2004년 노동패널 데이터의 일부를 가공한 것이다. 종속변수는 각 가구의 부채금액(로그값)이며 부채가 없는 가구는 0으로 표시되어 있다. 관찰된 가구 부채를 결정하는 잠재변수 y_i^*가 존재하며, 그 값이 0보다 작은 가구는 모두 0으로 표시된 것으로 가정한다. 즉 가계부채가 0으로 표시된 가구들이 y_i^*에 대해서는 (관찰되지는 않지만) 서로 다른 값을 가질 수 있다고 가정한다. 이와 같은 횡단면 토빗 모형을 추정하기 위해서는 tobit이라는 명령어를 쓰고 종속변수와 설명변수를 나열하면 된다. 한 가지 유의할 점은 반드시 ll 옵션 또는 ul 옵션을 사용해야 한다는 것이다. ll 옵션은 좌측 중도절단(left-censoring) 경우에 사용하고 ul 옵션은 우측 중도절단(right-censoring) 경우에 사용한다. ll과 ul을 동시에 사용하는 경우는 양측 중도절단이 존재하는 모형이다.

그림 8.1 횡단면 토빗 모형 추정

```
. tobit  l_debt_fi sex age age_1 edu_high edu_coll family area_1 wage l_income
l_asset_pr l_asset_fi, ll(0)

Tobit regression                                Number of obs   =       4760
                                                LR chi2(11)     =     952.08
                                                Prob > chi2     =     0.0000
Log likelihood = -8083.4872                     Pseudo R2       =     0.0556

------------------------------------------------------------------------------
   l_debt_fi |      Coef.   Std. Err.      t    P>|t|     [95% Conf. Interval]
```

* 토빗 모형은 비선형 확률모형이기 때문에 within 변환을 하더라도 고정효과 u_i가 사라지지 않는다.

```
-------------+----------------------------------------------------------------
         sex |   .428243   .3945202     1.09   0.278    -.3451995    1.201686
         age |  .3246547   .0756382     4.29   0.000     .1763688    .4729406
       age_1 |  -4.30085   .7424708    -5.79   0.000    -5.756437   -2.845263
    edu_high |   .395478   .3456905     1.14   0.253    -.2822356    1.073192
    edu_coll |  1.633274   .3943179     4.14   0.000     .8602283     2.40632
      family |  .9048147   .1175756     7.70   0.000      .674312    1.135317
      area_1 | -.4791615   .2534891    -1.89   0.059    -.9761178    .0177947
        wage |  2.429458   .5580886     4.35   0.000     1.335345     3.52357
    l_income |  .1359488    .117224     1.16   0.246    -.0938645    .3657621
  l_asset_pr |  .3110481   .0313197     9.93   0.000      .249647    .3724492
  l_asset_fi | -.7678715   .0398932   -19.25   0.000    -.8460806   -.6896624
       _cons |  -11.3308   1.837332    -6.17   0.000    -14.93282   -7.728774
-------------+----------------------------------------------------------------
      /sigma |  7.339746   .1393524                      7.066551    7.612942
------------------------------------------------------------------------------
  Obs. summary:       2860  left-censored observations at l_debt_fi<=0
                      1900     uncensored observations
                         0 right-censored observations


. fitstat

                           |          tobit
---------------------------+-------------
Log-likelihood             |
                     Model |     -8083.487
            Intercept-only |     -8559.526
---------------------------+-------------
Chi-square                 |
          Deviance(df=4747) |    16166.974
                LR(df=11) |       952.077
                   p-value |         0.000
---------------------------+-------------
R2                         |
                  McFadden |         0.056
        McFadden(adjusted) |         0.054
               Cox-Snell/ML |         0.181
   Cragg-Uhler/Nagelkerke |         0.186
---------------------------+-------------
IC                         |
                       AIC |     16192.974
          AIC divided by N |         3.402
               BIC(df=13) |     16277.059
---------------------------+-------------
Variance of                |
                         e |        53.872
```

우선 tobit 명령문의 실행결과에서 맨 마지막의 Obs. summary를 보면 전체 표본 4,760가구 중 가구부채가 0인 가구가 2,860가구이고 부채수준이 0보다 큰 가구는 1,900 가구임을 알 수 있다. 중도절단 비율이 60%(=2860/4760)로 매우 높은 수준이다. 이 비율이 0%에 근접할수록 토빗 모형 추정결과는 OLS 추정결과에 가까워진다. 따라서 중도절단 비율이 아주 낮은 경우에는 굳이 토빗 모형으로 추정할 필요가 없다. 관측치 요약 바로 윗부분에 나와 있는 /sigma=7.33은 토빗 모형 오차항(e_i) 표준편차 추정치이다. tobit 명령문 사용 후 fitstat 명령어를 실행하면 추정모형에 대해 모형 적합도(goodness of fit)를 보여주는 다양한 통계량이 나온다.* 우선 Log-Lik Intercept Only: -8559.526은 설명변수를 모두 제외하고 상수항만 포함하여 토빗 모형을 추정하였을 때의 로그우도함수 값이다. 또한 Log-Lik Full Model: −8083.487은 설명변수를 모두 포함한 모형에서 얻어진 로그우도함수 값이다. 따라서 2개의 로그우도함수 값을 이용하면 LR(likelihood ratio) 검정통계량을 구할 수 있다.

$$LR = -2(L_R - L_U) \sim \chi^2(df)$$

위 공식에서 L_R은 제약된 모형의 로그우도함수 값이고 L_U는 제약이 없는 모형(full model)의 로그우도함수 값이다. 그리고 자유도 df는 설명변수의 개수와 같다. 본 예제에서는 (상수항 제외하고) 모두 11개의 설명변수가 모형에 포함되어 있다. 위 공식에 따라 LR 검정통계량을 계산하면 −2×(−8559.526+8083.487)인데, 이는 정확히 위 결과에 나와 있는 LR(11): 952.07과 일치한다.

tobit 명령어 사용 후 사후분석(post-estimation) 명령어에 대해 알아보자. predict 명령어를 이용하면 종속변수(가계부채) 예측치를 계산할 수 있다.

그림 8.2 토빗 모형 사후분석 명령어: predict 및 compare

```
. qui tobit  l_debt_fi sex age age_1 edu_high edu_coll family area_1 wage l_income
l_asset_pr l_asset_fi, ll(0)

. predict y1, e(0,.)
(1296 missing values generated)

. predict y2, ystar(0,.)
(1296 missing values generated)

. compare y1 y2 if y1~=.

                                        ---------- difference ----------
                            count       minimum      average     maximum
------------------------------------------------------------------------
y1>y2                        4760      .9486418     2.869825    3.285766
                       ----------
```

* fitstat를 사용하기 위해서는 먼저 findit spost13_ado를 실행시켜 관련 패키지를 설치한다. 그런 후 다시 findit fitstat를 실행시켜서 해당 명령어를 다운로드 받아야 한다.

```
jointly defined          4760     .9486418    2.869825    3.285766
                   ----------
total                    4760
```

위에서 첫 번째 predict 명령문은 $E(y^*|y^* > 0)$을 계산하기 위한 것이다. 명령문 옵션에 e(0, .)이 있는데, 괄호안의 0은 좌측 중도절단 기준점(left censoring point)을 의미한다. 반면, 두 번째 predict 명령문은 $E(y^*)$를 계산하기 위한 것이다. 계산된 $E(y^*|y^* > 0)$와 $E(y^*)$를 비교해보면(위 실행결과에서 compare 명령문 참조), 모든 개체에 대해 전자가 후자보다 값이 더 클 것이다. 왜냐하면 $E(y^*|y^* > 0)$는 어떤 가구가 0보다 큰 부채를 가진 그룹에 속해있다는 가정에서 계산한 예상 부채규모인 반면, $E(y^*)$는 그런 조건 없이 얻은 예상 부채규모이기 때문이다. 앞에서 설명했던 식 8.2를 보면 $E(y^*)$를 계산하기 위해서는 $E(y^*|y^* > 0)$와 $\Pr(y^* > 0)$을 곱해주어야 한다. 그런데 $\Pr(y^* > 0)$은 0과 1 사이의 값이기 때문에 모든 경우에 $E(y^*)$이 $E(y^*|y^* > 0)$보다 작을 것이다.

이번에는 토빗 모형에서 설명변수의 한계효과에 대해서 살펴본다. 토빗 모형은 비선형 모형이기 때문에 특정 변수의 계수 자체가 해당 변수의 한계효과를 의미하지 않는다. 따라서 식 8.2에서 잠깐 언급하였듯이 한계효과를 일정 공식에 따라 다시 계산해야 한다. Stata에서는 복잡한 한계효과를 margins를 이용하여 쉽게 얻을 수 있다.

그림 8.3에서는 margins 명령어를 이용하여 *sex* 변수의 한계효과를 계산하는 예제를 제시한다. margins 명령어를 이용하여 *sex* 변수의 한계효과를 계산하기 위해서는 아래 그림 8.3 명령문에서 보는 것처럼 토빗 모형을 추정할 때 반드시 *sex* 변수에 대해 범주형 변수임을 입력시켜 주어야 한다. 즉 변수이름을 기입할 때 sex 대신 i.sex처럼 i. 연산자(operator)를 이용해서 표현해 주어야 한다. margins 명령어 다음에 한계효과를 계산하고자 하는 목적변수인 sex를 입력한다. 기타 설명변수는 평균에서 고정하기 위해서 atmeans를 추가하였고 predict 옵션을 추가하였다. noatlegend 옵션은 여타 설명변수의 고정된 평균값이 얼마인지 보여주지 말라는 의미이다. 아래 실행결과를 보면, *sex*=0(여자가구주)일 때 가계부채 예측치와 *sex*=1(남자가구주)일 때 가계부채 예측치가 얼마인지 계산된다. 마지막 명령문에 의한 계산에서 확인할 수 있듯이 이 두 예측치의 차이가 정확히 한계효과가 된다.*

* 종속변수가 로그 값이므로 한계효과의 크기는 변화율로 해석해야 한다.

그림 8.3 토빗 모형 한계효과 계산: margins 명령어

```
. qui tobit  l_debt_fi i.sex age age_1 edu_high edu_coll family area_1 wage l_income
l_asset_pr l_asset_fi if year==2004, ll(0)

. margins sex, atmeans predict(ys(0,.))  noatlegend

Adjusted predictions                              Number of obs   =       4760
Model VCE    : OIM

Expression   : E(l_debt_fi*|l_debt_fi>0), predict(ys(0,.))

------------------------------------------------------------------------------
             |            Delta-method
             |     Margin   Std. Err.      z    P>|z|     [95% Conf. Interval]
-------------+----------------------------------------------------------------
         sex |
          0  |   2.190932   .1459261    15.01   0.000     1.904922    2.476942
          1  |   2.372631   .0651391    36.42   0.000     2.244961    2.500301
------------------------------------------------------------------------------

. di as txt "ME for sex =   " as result 2.3726-2.1909
ME for sex =   .1817
```

위와 같이 margins 명령문을 실행한 후 다음과 같이 marginsplot 명령어를 실행하면 sex 변수의 각 값에 대해서 예측되는 종속변수 값과 95% 신뢰구간을 그림으로 보여준다. 주의해야 할 점은 marginsplot 명령어는 반드시 margins 명령문을 먼저 실행한 후에만 사용할 수 있다. 다음은 실행결과이다.

그림 8.4 marginsplot 명령어 실행결과

```
. marginsplot

  Variables that uniquely identify margins: sex
```

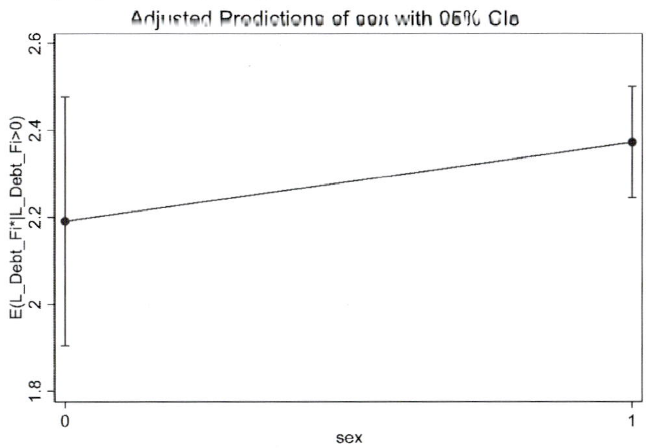

위 예제에서는 설명변수가 범주형 변수인 경우 한계효과를 계산하고 있다. 이번에는 연속형 변수 중 age 변수의 한계효과를 계산해보기로 하자. 그런데 본 예제의 추정 모형에서는 age 변수뿐만 아니라 age를 제곱한 변수도 age_1이라는 이름으로 들어가 있다. 따라서 age의 한계효과를 계산할 때는 age 제곱이 모형에 포함된 것을 고려하여 한계효과를 계산해야 한다. 이에 따라 아래 그림 8.5을 보면, tobit 명령문에서 age 제곱변수를 (이미 만들어져 있는 age_1이라는 변수이름 대신) c.age#c.age로 표시했다. 이렇게 함으로써 age 제곱변수를 모형에 포함할 뿐 아니라 한계효과 계산 시 제곱변수를 고려하도록 만들었다.*

age 변수의 한계효과를 계산하기 위해서 margins 명령어 다음에 특별히 변수를 지정하지 않고 at 옵션에서 age를 지정해야 한다. 그 다음에 있는 (30(5)60)은 30세부터 5세 간격으로 60세까지 종속변수의 예측치를 계산하라는 의미이다. 따라서 결과에서 _at 1은 30세, _at 2는 35세를 의미하며, 이런 식으로 하여 마지막에 있는 _at 7이 60세를 의미한다. 예를 들어 45세 가구주와 40세 가구주의 예상 부채금액 차이(일종의 한계효과)는 0.511로 계산된 것을 알 수 있다. 아래의 맨 마지막에 있는 명령문은 각 가구주 나이에서 예상되는 부채금액을 그림으로 그리기 위해서 maginsplot 명령어를 사용한 것이다. 이 명령문에 있는 noci 옵션은 예측치의 신뢰구간을 표시하지 말라는 의미이다.

그림 8.5 토빗 모형 한계효과 계산: 연속형 변수

```
. tobit  l_debt_fi i.sex age c.age#c.age edu_high edu_coll family area_1 wage l_income
l_asset_pr l_asset_fi if year==2004, ll(0)
Tobit regression                                  Number of obs   =       4760
                                                  LR chi2(11)     =     952.08
                                                  Prob > chi2     =     0.0000
Log likelihood = -8083.4872                       Pseudo R2       =     0.0556

------------------------------------------------------------------------------
   l_debt_fi |      Coef.   Std. Err.      t    P>|t|     [95% Conf. Interval]
-------------+----------------------------------------------------------------
       1.sex |    .428243   .3945202     1.09   0.278    -.3451995    1.201686
         age |   .3246548   .0756382     4.29   0.000     .1763689    .4729407
             |
 c.age#c.age |  -.0043009   .0007425    -5.79   0.000    -.0057564   -.0028453
             |
    edu_high |    .395478   .3456905     1.14   0.253    -.2822356    1.073192
    edu_coll |   1.633274   .3943179     4.14   0.000     .8602283     2.40632
      family |   .9048147   .1175756     7.70   0.000      .674312    1.135317
      area_1 |  -.4791615   .2534891    -1.89   0.059    -.9761178    .0177947
        wage |   2.429458   .5580886     4.35   0.000     1.335345     3.52357
```

* 그림 8.1의 age_1 변수의 계수와 그림 8.6의 c.age#c.age 변수의 계수가 서로 다른 이유는 age_1변수를 만들 때 age 변수를 제곱한 후에 1000으로 나누었기 때문이다.

```
    l_income |   .1359488    .117224     1.16   0.246    -.0938645    .3657621
   l_asset_pr |   .3110481   .0313197     9.93   0.000      .249647    .3724492
   l_asset_fi |  -.7678715   .0398932   -19.25   0.000    -.8460806   -.6896624
        _cons |   -11.3308   1.837332    -6.17   0.000    -14.93282   -7.728775
-------------+----------------------------------------------------------------
       /sigma |   7.339746   .1393524                      7.066551    7.612942
------------------------------------------------------------------------------
  Obs. summary:        2860  left-censored observations at l_debt_fi<=0
                       1900     uncensored observations
                          0 right-censored observations

. margins , at(age=(30(5)60)) atmeans predict(ys(0,.)) noatlegend

Adjusted predictions                              Number of obs     =      4760
Model VCE    : OIM

Expression   : E(l_debt_fi*|l_debt_fi>0), predict(ys(0,.))

------------------------------------------------------------------------------
             |            Delta-method
             |     Margin   Std. Err.      z    P>|z|     [95% Conf. Interval]
-------------+----------------------------------------------------------------
         _at |
          1  |   .5701038    .223747     2.55   0.011     .1315678     1.00864
          2  |   .8585855   .2315475     3.71   0.000     .4047607     1.31241
          3  |   1.249642   .2051246     6.09   0.000     .8476047    1.651678
          4  |   1.760424   .1337804    13.16   0.000     1.498219    2.022628
          5  |   2.404333   .0595417    40.38   0.000     2.287633    2.521033
          6  |   3.189261   .2235675    14.27   0.000     2.751077    3.627445
          7  |   4.116492   .4860099     8.47   0.000      3.16393    5.069054
------------------------------------------------------------------------------

. di as txt "ME from age=40 to age=45 =  " as result 1.760-1.249
ME from age=40 to age=45 =  .511

. marginsplot , noci
  Variables that uniquely identify margins: age
```

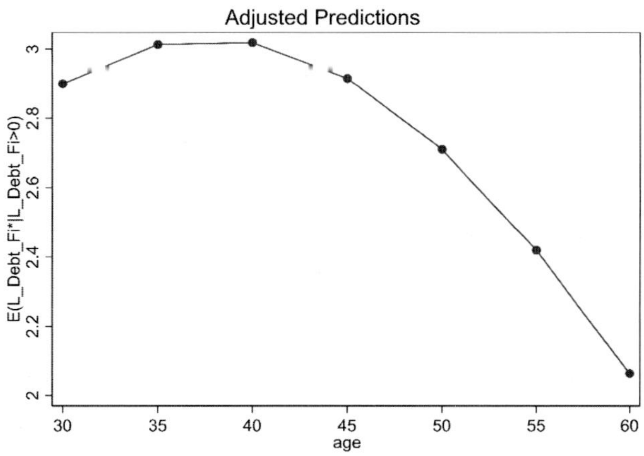

패널 토빗 모형 추정

데이터 파일: A_data8_2.dta

이번에 분석할 예제 데이터는 5개년 노동패널 데이터이다. 앞의 횡단면 토빗 모형과 마찬가지로 여기에서도 종속변수는 가계부채 금액이다. 전체 표본 가구는 2,961가구이고, 관측치는 14,801개이다. 이 중에서 9,191 관측치는 가계부채가 0으로 관찰되었다. 중도절단 비율(censoring rate)은 약 62%로 앞에서 다루었던 2004년 횡단면 데이터에서의 비율과 유사하다.

앞 절에서 언급했듯이 Stata에서는 패널 토빗 모형 추정은 확률효과인 경우에만 명령어를 제공하고 있다. 아래에는 패널 토빗 모형을 확률효과로 추정한 것이다. 우선 명령문을 보면 xttobit 명령어를 사용하고 옵션에서 ll(0)를 추가하여 좌측 중도절단(left-censoring)을 표시해준다. 패널 데이터임을 알려주기 위해서 i( ) 옵션에서 패널그룹 변수를 입력했다. 8.2절에서 설명하였듯이 xttobit은 확률효과 모형을 추정한다. 추정결과를 보면, Random effects u_i ~ Gaussian이 있는데, u_i에 대해 정규분포를 가정하고 추정한 것임을 알 수 있다.

그림 8.6 확률효과 토빗 모형 추정 결과

```
. xttobit  l_debt_fi_0 sex_0 age_0 age_1_0 edu_high_0 edu_coll_0 family_0 area_1_0
wage_0 l_income_0 l_asset_pr_0  l_asset_fi_0 dum2 dum3 dum5 dum6 , ll(0) i(hhid) tobit
nolog

Random-effects tobit regression                 Number of obs      =     14801
Group variable: hhid                            Number of groups   =      2961

Random effects u_i ~ Gaussian                   Obs per group: min =         4
                                                               avg =       5.0
                                                               max =         5

                                                Wald chi2(15)      =   1190.63
Log likelihood  = -23150.371                    Prob > chi2        =    0.0000

------------------------------------------------------------------------------
 l_debt_fi_0 |      Coef.   Std. Err.      z    P>|z|     [95% Conf. Interval]
-------------+----------------------------------------------------------------
       sex_0 |   1.006418   .3329692     3.02   0.003     .3538109    1.659026
       age_0 |   .4908055   .0693047     7.08   0.000     .3549707    .6266403
     age_1_0 |  -5.798937   .6530354    -8.88   0.000    -7.078863   -4.519011
  edu_high_0 |   .3262076   .2719272     1.20   0.230    -.2067598    .8591751
  edu_coll_0 |   1.596079    .333591     4.78   0.000     .9422524    2.249905
    family_0 |   .7996322   .0841586     9.50   0.000     .6346843      .96458
    area_1_0 |  -1.089807   .2193894    -4.97   0.000    -1.519802   -.6598119
      wage_0 |   1.791471   .3441864     5.20   0.000     1.116878    2.466064
  l_income_0 |   -.056287    .060045    -0.94   0.349    -.1739731     .061399
```

```
 l_asset_pr_0 |   .2330007   .0184982    12.60   0.000     .1967448    .2692566
 l_asset_fi_0 |  -.4536225   .0223962   -20.25   0.000    -.4975183   -.4097266
         dum2 |  -.1996277   .1845448    -1.08   0.279    -.5613288    .1620735
         dum3 |  -.4227029   .2356139    -1.79   0.073    -.8844975    .0390918
         dum5 |   .1628376   .2014315     0.81   0.419    -.2319609    .5576361
         dum6 |    .205567   .2068034     0.99   0.320    -.1997601    .6108942
        _cons |  -14.46519   1.792007    -8.07   0.000    -17.97746   -10.95292
-------------+----------------------------------------------------------------
    /sigma_u |   5.237159   .1194156    43.86   0.000     5.003109    5.471209
    /sigma_e |    5.49699   .0643342    85.44   0.000     5.370897    5.623083
-------------+----------------------------------------------------------------
         rho |   .4758081   .0120632                      .4522211    .4994803
------------------------------------------------------------------------------
Likelihood-ratio test of sigma_u=0: chibar2(01)= 2268.00 Prob>=chibar2 = 0.000

  Observation summary:      9191  left-censored observations
                            5610     uncensored observations
                               0 right-censored observations
```

xttobit 명령문에서 tobit 옵션을 사용하면 LR 검정결과를 보여준다. LR 검정은 합동(pooled) 토빗 모형과 확률효과 토빗 모형을 추정하여 로그우도함수 값의 차이를 계산한다. Likelihood-ratio test of sigma_u=0은 다음과 같은 귀무가설을 검정한다.

$$H_0 : \sigma_u = 0$$

위 귀무가설을 기각하지 못하면 확률효과가 존재하지 않는 것이므로 합동 토빗 모형으로 추정하면 된다. 반대로 귀무가설을 기각하면 확률효과 토빗 모형을 추정해야 한다는 의미이다. 위 결과에서는 p값이 매우 작아 귀무가설이 기각되며, 따라서 확률효과 모형이 바람직하다. 위에서 계수 추정치 맨 밑에 나와 있는 rho=0.475는 오차항의 전체 분산에서 패널 개체의 이질성을 나타내는 u_i의 분산이 차지하는 비중을 의미한다. 이는 다음과 같이 계산된다.

$$\rho = \frac{\sigma_u^2}{\sigma_u^2 + \sigma_e^2} = \frac{5.23^2}{5.23^2 + 5.49^2} = 0.475$$

이번에는 패널 토빗 모형에서 종속변수의 예측치, 그리고 한계효과를 계산해보자. 이를 계산할 때는 확률효과의 값을 $0(u_i = 0)$으로 놓는다. 횡단면 토빗과 마찬가지로 패널 토빗에서도 margins 명령어를 이용하여 한계효과를 계산할 수 있다.

그림 8.7 패널 토빗 모형 한계효과 계산

```
. qui  xttobit  l_debt_fi_0 i.sex_0 age_0 age_1_0 edu_high_0 edu_coll_0 family_0
area_1_0 wage_0 l_income_0 l_asset_pr_0  l_asset_fi_0 dum2 dum3 dum5 dum6 , ll(0)
i(hhid) tobit nolog

. margins sex, atmeans noatlegend predict(ys(0,.))

Adjusted predictions                          Number of obs   =      14801
Model VCE    : OIM

Expression   : E(l_debt_fi_0*|l_debt_fi_0>0), predict(ys(0,.))

------------------------------------------------------------------------------
             |            Delta-method
             |     Margin   Std. Err.      z    P>|z|     [95% Conf. Interval]
-------------+----------------------------------------------------------------
       sex_0 |
          0  |   1.866616   .1119405    16.68   0.000     1.647217    2.086016
          1  |   2.255077   .0548729    41.10   0.000     2.147528    2.362626
------------------------------------------------------------------------------
```

sex 변수가 범주형 변수임을 입력시키기 위해 i.sex 변수를 xttobit 명령문에 포함시킨 다음, margins 명령어를 실행하였다. 남녀 가구주의 가계부채 예측 값의 차이는 2.255－1.866=0.389이다.

Tip 8.1 ● quadchk 명령어

8.2절에서 설명하였듯이 패널 개체의 우도함수 l_i를 계산할 때 quadrature approximation을 사용한다. 이는 여러 개의 integration points로 나눈 후 l_i를 계산하는 방식이다. 따라서 xttobit의 결과는 integration points를 몇 개로 지정하느냐가 추정결과에 영향을 미치게 된다. xttobit 명령에서 int 옵션을 따로 지정하지 않으면 기본적으로 int(12)가 주어진다. integration points를 많이 지정할수록 결과를 얻는데 더 많은 시간이 걸린다. 직관적으로 integration points에 따라서 추정결과가 크게 달라지지 않아야 안정적인 추정이라고 말할 수 있다. 추정결과의 안정성을 살펴보기 위해 xttobit 명령문을 실행한 후 quadchk 명령어를 실행해 보자. 아래 결과에서 확인할 수 있듯이 int(8)과 int(16) 옵션을 추가하여 xttobit을 각각 추정한 후 int(12)의 결과와 비교해보았다. 본 예제에서는 int 옵션에 상관없이 추정결과가 매우 안정적임을 확인할 수 있다.

```
. qui xttobit  l_debt_fi_0 sex_0 age_0 age_1_0 edu_high_0 edu_coll_0 family_0 area_1_0
wage_0 l_income_0 l_asset_pr_0  l_asset_fi_0 dum2 dum3 dum5 dum6 , ll(0) i(hhid) tobit
```

```
nolog

. quadchk, nooutput

Refitting model intpoints() =  8
Refitting model intpoints() = 16

                          Quadrature check

                 Fitted         Comparison      Comparison
               quadrature       quadrature      quadrature
               12 points        8 points        16 points
-----------------------------------------------------------
Log            -23150.371      -23150.395      -23150.371
likelihood                     -.02416264      -.00051018    Difference
                                1.044e-06       2.204e-08    Relative difference
-----------------------------------------------------------
l_debt_fi_0:    1.0064184       1.0067068       1.0064264
   sex_0                        .00028841       7.983e-06    Difference
                                .00028657       7.933e-06    Relative difference
-----------------------------------------------------------
l_debt_fi_0:    .49080553       .49096397       .49081121
   age_0                        .00015844       5.680e-06    Difference
                                .00032282       .00001157    Relative difference
-----------------------------------------------------------
l_debt_fi_0:    -5.798937      -5.8007061      -5.7989968
  age_1_0                      -.00176907      -.00005981    Difference
                                .00030507       .00001031    Relative difference

 --------------------------------중략 ----------------------

-----------------------------------------------------------
sigma_e:        5.4969902       5.4972666        5.496997
   _cons                         .0002764       6.798e-06    Difference
                                .00005028       1.237e-06    Relative difference
-----------------------------------------------------------
```

8.4 Stata do file

```
use A_data8_1, clear
tobit  l_debt_fi sex age age_1 edu_high edu_coll family ///
area_1 wage l_income   l_asset_pr l_asset_fi, ll(0)

fitstat

qui tobit  l_debt_fi sex age age_1 edu_high edu_coll family ///
area_1 wage l_income   l_asset_pr l_asset_fi, ll(0)
predict y1, e(0,.)
predict y2, ystar(0,.)
```

```
compare y1 y2 if y1~=.

qui tobit  l_debt_fi i.sex age age_1 edu_high edu_coll family ///
area_1 wage l_income l_asset_pr l_asset_fi if year==2004, ll(0)

margins sex, atmeans predict(ys(0,.))  noatlegend
di as txt "ME for sex =    " as result 2.3726-2.1909
marginsplot

tobit  l_debt_fi i.sex age c.age#c.age edu_high edu_coll ///
family area_1 wage l_income l_asset_pr l_asset_fi ///
if year==2004, ll(0)

margins , at(age=(30(5)60)) atmeans predict(ys(0,.)) noatlegend
di as txt "ME from age=40 to age=45 =  " as result 1.760-1.249
marginsplot , noci

use A_data8_2, clear

xttobit  l_debt_fi_0 sex_0 age_0 age_1_0 edu_high_0 ///
edu_coll_0 family_0 area_1_0 wage_0 l_income_0 ///
l_asset_pr_0  l_asset_fi_0 dum2 dum3 dum5 dum6 , ///
ll(0) i(hhid) tobit nolog

qui  xttobit  l_debt_fi_0 i.sex_0 age_0 age_1_0 ///
edu_high_0 edu_coll_0 family_0 area_1_0 wage_0 ///
l_income_0 l_asset_pr_0  l_asset_fi_0 dum2 dum3 dum5 ///
dum6 , ll(0) i(hhid) tobit nolog

margins sex, atmeans noatlegend predict(ys(0,.))

qui xttobit  l_debt_fi_0 sex_0 age_0 age_1_0 ///
edu_high_0 edu_coll_0 family_0 area_1_0 wage_0 ///
l_income_0 l_asset_pr_0  l_asset_fi_0 dum2 dum3 dum5 ///
dum6 , ll(0) i(hhid) tobit nolog

quadchk, nooutput
```

CHAPTER 09 | 패널 카운트 모형

9.1 횡단면 카운트 모형

카운트(count) 모형은 종속변수가 이산적(discrete) 확률변수인 경우에 사용한다. 특히 종속변수의 형태가 0 또는 양의 정수(nonnegative integer)인 경우 카운트 모형을 주로 이용한다. 예를 들면, 출산율 데이터에서 30~39세 나이 여성들의 자녀 숫자, 항공산업에서 일정 기간(가령 1년)동안 항공기 사고(지연) 횟수, 레저산업에서 일정 기간 표본 가구들의 국립공원 방문 횟수, 보건경제학에서 일정 기간 병원 방문 횟수 등이 카운트 모형에서 사용하는 종속변수가 될 수 있다. 주의해야 할 점은 종속변수는 반드시 일정 기간(unit of time) 또는 일정 공간(unit of space) 내에서 발생한 사건의 횟수여야 한다.

카운트 모형 추정의 첫 걸음은 포아송 회귀모형이다. 포아송 모형에서는 이산적 종속변수 y가 다음과 같은 포아송 분포함수(Poisson distribution function)를 따른다고 가정한다.

$$\Pr(Y=y)=\frac{e^{-\mu}\mu^{y}}{y!},\qquad y=0,1,2,\cdots \tag{9.1}$$

위 식에서 μ는 확률변수 Y의 평균이다. 포아송 분포는 평균과 분산이 같은 분포로서 Y의 분산 역시 μ이다. 즉,

$$E(Y)=\mu,\quad var(Y)=\mu$$

평균과 분산이 같다는 의미에서 포아송 모형을 equi-dispersion 모형이라고도 부른다. 개인(또는 가구) i에 있어서 설명변수 x_i가 주어지면 종속변수 y_i의 평균은 선형결합된 설명변수의 지수함수(exponential function) 형태로 주어진다고 가정한다.*

$$E(y_i|x_i)=\mu_i=\exp(x_i\beta)>0 \tag{9.2}$$

지수함수를 가정하기 때문에 평균은 항상 0보다 큰 값이 된다. 이론적으로 카운트 모형에서 종속변수는 0 또는 양의 정수이기 때문에 평균이 0보다 커야 한다. 포아송 분포는 평균과 분산이 서로 같기 때문에 종속변수의 분산 역시 지수함수 형태가 되고 0보다 큰 값이

* 포아송 모형의 평균을 발생률(incident rate)이라고도 부른다.

된다. 즉,

$$var(y_i|x_i) = \sigma_i^2 = \exp(x_i\beta) > 0 \tag{9.3}$$

여기에서 볼 수 있듯이 개별 i의 분산은 일정하지 않고 x_i에 의존한다. 따라서 포아송 모형은 전형적인 이분산성 모형(heteroskedastic model)이 된다. 기존 선형회귀 모형과 비교하였을 때 카운트 모형에서는 오차항이 따로 존재하지 않는 점에 주의해야 한다. 포아송 모형의 추정은 다음 로그우도함수를 최대화하는 $\hat{\beta}$ 구하게 된다.

$$\ln L = \sum_{i=1}^{n} \log l_i = \sum_{i=1}^{n} \log\left(\frac{e^{-\exp(x_i\beta)}(\exp(x_i\beta))^{y_i}}{y_i!}\right) \tag{9.4}$$

선형회귀 모형에서는 추정계수 $\hat{\beta}$가 설명변수 x_i의 한계효과를 의미하지만, 포아송 모형은 비선형 확률 모형이기 때문에 추정계수 자체가 한계효과로 해석되지 않는다. 포아송 모형에서의 한계효과는 다음과 같이 구할 수 있다.

$$\frac{\partial E(y|x)}{\partial x} = \frac{\partial \exp(x_i\beta)}{\partial x_i} = \beta \exp(x_i\beta) \tag{9.5}$$

여기에서 $\exp(x_i\beta)$는 0보다 크기 때문에 한계효과 부호와 계수 β의 부호는 항상 일치하게 된다. 즉 특정 설명변수의 추정계수가 양수이면 그 설명변수의 한계효과 역시 양수가 된다.

포아송 분포 가정에서 단점은 평균과 분산이 서로 같아야 한다는 제약이다. 카운트 모형에서는 0이 관찰되는 비율이 높은 경우가 있다. 이 경우에는 평균보다 분산이 크다고 보는 것이 상식적이다. 이런 경우를 over-dispersion 모형이라고 부른다. over-dispersion의 존재에도 불구하고 포아송 모형을 추정하면 추정계수는 일치추정량이 되지 못한다고 알려져 있다.

over-dispersion 모형에서 분산은 다음과 같이 가정한다.

$$var(y_i) = \mu_i + \alpha g(\mu_i) \tag{9.6}$$

위 식에서 $g(\cdot)$함수는 곧이어 설명할 음이항 분포(negative binomial distribution) 가정에서는 μ_i의 제곱으로 바뀌게 된다. 즉 $g(\mu_i) = \mu_i^2$가 된다. $\alpha > 0$으로 가정하기 때문에 식 9.6의 분산은 평균보다 더 크게 된다. 따라서 over-dispersion 모형이 된다. 실증분석에서는 over-dispersion이 존재하는지 미리 알 수 없어서 $\alpha = 0$인지에 대한 가설검정을 실시하게 된다. 이 검정에서 귀무가설과 대립가설은 다음과 같다.

$$H_0 : \alpha = 0 \quad vs. \ H_1 : \alpha > 0 \tag{9.7}$$

over-dispersion 가정을 위해 포아송-감마 모형, 또는 음이항 분포 모형을 사용할 수 있다. 음이항 분포 모형에서는 식 9.2에서 제시된 포아송 모형의 평균 μ_i에 대해 다음과 같이 가정한다.

$$\mu_i = \exp(x_i\beta + v_i) = \exp(x_i\beta)\exp(v_i) \tag{9.8}$$

위 식에서 $\exp(v_i) \sim Gamma(1/\alpha, \alpha)$ 분포를 따른다고 가정한다. μ_i가 확률적 상수항을 가진다고 가정한다. $\exp(v_i)$의 평균은 1이고 분산은 α로 계산된다. 따라서 μ_i는 평균적으로 $\exp(x_i\beta)$가 되고, 따라서 포아송 모형과 같아지게 된다. 그러나 분산은 다음과 같이 계산된다.*

$$var(y_i) = \mu_i(1 + \alpha\mu_i) \tag{9.9}$$

따라서 α가 over-dispersion 정도를 나타내는 모수가 된다. α가 커질수록 over-dispersion의 정도가 커지게 되고 $\alpha = 0$이 되면 음이항분포 모형은 포아송 모형으로 회귀하게 된다.

9.2 패널 카운트 모형

패널 데이터에서 종속변수가 카운트 유형이면 패널 카운트 모형을 추정할 수 있다. 횡단면 카운트 모형과 유사하게 종속변수의 분포를 포아송 분포 또는 음이항 분포로 가정한다. 횡단면 모형과 차이점은 패널 개체의 이질성(heterogeneity)을 모형에 포함해 추정할 수 있다는 장점이 있다. 관찰되지 않는 패널 개체의 이질성은 고정효과 또는 확률효과로 가정할 수 있다.

먼저 포아송 분포를 가정한 확률효과 모형에 대해 알아보자. x_{it}가 주어졌을 때 종속변수가 특정한 값을 가질 확률이 다음과 같은 식으로 포아송 분포를 따른다고 가정한다.

$$\Pr(Y_{it} = y_{it} | x_{it}) = f(y_{it}, x_{it}\beta + v_i) \tag{9.10}$$

여기에서 $f(\cdot)$는 포아송 분포 함수를 의미한다. 포아송 분포의 형태를 결정하는 모수

* 분산 도출의 자세한 증명은 Stata nbreg 매뉴얼을 참고하라.

$\mu_{it}=E(y_{it}|x_{it},v_i)$를 $\exp(x_{it}\beta+v_i)$로 가정한다. 여기에서 v_i는 패널 그룹 내에서는 모두 같은 값을 갖는 그룹 이질성(group heterogeneity)을 의미한다. v_i에 대해 $\exp(v_i) \sim Gamma(1/\alpha, \alpha)$, 즉 감마 분포함수를 따른다고 가정하거나, 혹은 $v_i \sim N(0,\sigma_v^2)$, 즉 정규분포를 따른다고 가정할 수도 있다. 감마 분포 가정에서는 $\alpha=0$이면 $var(\exp(v_i))=0$을 의미하여 확률효과가 존재하지 않으므로 합동(pooled) 포아송 모형을 추정하면 된다.

다음으로 고정효과 포아송 모형에서는 식 9.10의 v_i를 추정해야 할 모수로 간주한다. 일단 $\exp(v_i)=\gamma_i$로 정의하면 γ_i가 추정해야 할 모수가 된다. 포아송 로그우도함수를 이용하여 β와 $(\gamma_1, \gamma_2, \cdots, \gamma_n)$의 모수를 추정해야 한다. 여기서 n은 패널 개체의 수이다. 로그우도함수는 다음과 같이 표현할 수 있다.

$$\ln L(\beta, \gamma_1, \gamma_2, \cdots, \gamma_n) \tag{9.11}$$

이와 같은 로그우도함수를 조건부(conditional) 우도함수로 변경하는 방법을 Hausman et al.(1984)이 제시하고 있다. 조건부 우도함수를 도출할 수 있다면 추정해야 할 모수에서 γ_i는 사라지고 β만 남게 되는 장점이 있다. 고정효과 모형의 단점은 자유도 손실이 발생한다는 것이다. 어떤 패널 그룹의 종속변수의 합이 0이면, 즉 $\sum_{t=1}^{T} y_{it}=0$이면 해당 그룹 i는 추정과정에서 제외된다.

패널 카운트 모형에서 종속변수의 분포를 음이항 분포로도 가정할 수 있다. 횡단면 모형에서 이미 설명하였듯이 음이항 분포는 over-dispersion과 관련이 있다. 따라서 음이항 분포 가정을 이용해 확률효과 over-dispersion 모형과 고정효과 over-dispersion 모형을 구축할 수 있다. 횡단면 모형의 식 9.9에서 over-dispersion 정도는 각 개체 i에 대해서 모두 같은 값 α에 의해서 결정된다. 그러나 패널 확률효과 모형에서는 over-dispersion 정도가 패널 그룹별로 다를 뿐만 아니라 각 그룹 내에서 고정된 값이 아니라 특정 분포를 따른다고 가정한다. 이에 반해 고정효과 모형에서는 over-dispersion 모수가 각 그룹별로 고정된 값이다. 포아송 고정효과 모형과 유사하게 음이항 고정효과 모형에서도 조건부 우도함수를 도출함으로써 추정해야 할 모수에서 over-dispersion 모수를 없애고 기울기 모수 β만 추정하게 만들 수 있다.

9.3 STATA 실습

횡단면 카운트 모형 추정

데이터 파일: A_data9_1.dta

본 예제 데이터[*]에서 종속변수는 고등학교 기간 받은 상(award)을 받은 횟수이다. 그림 9.1의 도수분포표에서 볼 수 있듯이 수상 횟수는 0부터 6까지의 정수를 취하고 있다. 전체 표본의 62%가 상을 받은 적이 없는 학생이기 때문에 종속변수의 분포는 정규분포와는 매우 차이가 있는 오른쪽 꼬리가 긴(skewed to the right) 분포가 될 것으로 예상할 수 있다. 종속변수 평균을 결정하는 설명변수로는 prog(학교 종류) 변수와 math(수학 점수) 변수이다. 이를 포아송 카운트 모형으로 추정하기 위해서는 poisson 명령어를 쓰고 종속변수와 설명변수를 순서대로 입력하면 된다. 종속변수 위치에 와야 하는 변수는 이론적으로 0 또는 양의 정수여야 하지만, 정수가 아닌 숫자가 오더라도 추정은 실행된다. 설명변수 중 prog 변수는 세 가지 값을 가진 범주형 변수이기 때문에 i.prog이라고 쓰면 1번 범주를 제외하고 2번과 3번 범주에 대해 더미변수가 만들어져 모형에 포함된다. 포아송 모형 추정결과는 다음과 같다.

그림 9.1 횡단면 포아송 카운트 모형 추정결과

```
. tab num_awards

 num_awards |      Freq.     Percent        Cum.
------------+-----------------------------------
          0 |        124       62.00       62.00
          1 |         49       24.50       86.50
          2 |         13        6.50       93.00
          3 |          9        4.50       97.50
          4 |          2        1.00       98.50
          5 |          2        1.00       99.50
          6 |          1        0.50      100.00
------------+-----------------------------------
      Total |        200      100.00

. poisson num_awards i.prog math, nolog

Poisson regression                              Number of obs     =        200
                                                LR chi2(3)        =      98.22
                                                Prob > chi2       =     0.0000
Log likelihood = -182.75225                     Pseudo R2         =     0.2118

------------------------------------------------------------------------------
```

* 출처: https://stats.idre.ucla.edu/

```
  num_awards |      Coef.   Std. Err.      z    P>|z|     [95% Conf. Interval]
-------------+----------------------------------------------------------------
        prog |
          2  |   1.083859    .358253     3.03   0.002      .3816962    1.786022
          3  |   .3698092   .4410703     0.84   0.402     -.4946727    1.234291
             |
        math |   .0701524   .0105992     6.62   0.000      .0493783    .0909265
       _cons |  -5.247124   .6584531    -7.97   0.000     -6.537669    -3.95658
------------------------------------------------------------------------------

. fitstat
                         |     poisson
-------------------------+-------------
Log-likelihood           |
                   Model |    -182.752
          Intercept-only |    -231.864
-------------------------+-------------
Chi-square               |
        Deviance(df=196) |     365.505
               LR(df=3)  |      98.223
                 p-value |       0.000
-------------------------+-------------
R2                       |
                McFadden |       0.212
     McFadden(adjusted)  |       0.195
             Cox-Snell/ML|       0.388
  Cragg-Uhler/Nagelkerke |       0.430
-------------------------+-------------
IC                       |
                     AIC |     373.505
       AIC divided by N  |       1.868
              BIC(df=4)  |     386.698

. estat gof

         Deviance goodness-of-fit  =  189.4496
         Prob > chi2(196)          =    0.6182

         Pearson goodness-of-fit   =  212.1437
         Prob > chi2(196)          =    0.2040
```

앞에서 설명했듯이 포아송 모형에서 추정계수가 한계효과 자체는 아니지만, 추정계수의 부호에 근거하여 설명변수가 종속변수 예측치(expected count)에 어떻게 영향을 미치는지 가늠해볼 수 있다. 위 결과에서는 가령 math 변수의 추정계수가 양(+)이기 때문에 수학점수가 높을수록 수상 횟수가 늘어난다고 말할 수 있다. 추정 후 fitstat 명령어를 입력하면 다양한 모형 적합도 통계량을 보여준다. 마지막에 있는 estat gof 명령문은 포아송 분포 가정이 적절한지 가설검정할 수 있는 통계량이다. 귀무가설은 다음과 같다.

$$H_0: \text{ 종속변수가 포아송 분포를 따른다.}$$

위 결과를 보면, Deviance와 Pearson의 두 가지 검정통계량 모두 p값이 상당히 커서 귀무가설을 기각할 수 없다. 즉 포아송 분포 가정이 적절하다고 말할 수 있다.

한편, 추정계수 대신 발생률비(IRR; incident rate ratio)를 얻고자 할 때는 아래 그림 9.2에서와 같이 irr 옵션을 추가한다. 발생률은 종속변수의 평균(기대값)을 의미한다. IRR은 설명변수가 1단위 증가했을 때 발생률, 즉 종속변수의 평균이 기존보다 몇 배 변화하는지를 말한다. 포아송 모형에서 IRR 공식은 다음과 같다.

$$\text{IRR} = \frac{\exp(\alpha + \beta(x_i + \triangle x_i))}{\exp(\alpha + \beta x_i)} = \exp(\beta \triangle x_i) \tag{9.12}$$

위 식에서 $\triangle x_i = 1$, 즉 x_i가 1단위 증가하면 IRR은 $\exp(\beta)$가 된다. 다음은 irr 옵션 실행결과이다.

그림 9.2 횡단면 포아송 모형에서 IRR 계산

```
. poisson num_awards i.prog math, nolog irr

Poisson regression                              Number of obs   =        200
                                                LR chi2(3)      =      98.22
                                                Prob > chi2     =     0.0000
Log likelihood = -182.75225                     Pseudo R2       =     0.2118

------------------------------------------------------------------------------
  num_awards |        IRR   Std. Err.      z    P>|z|     [95% Conf. Interval]
-------------+----------------------------------------------------------------
        prog |
           2 |   2.956065   1.059019     3.03   0.002     1.464767    5.965674
           3 |   1.447458   .6384309     0.84   0.402     .6097705    3.435942
             |
        math |   1.072672   .0113695     6.62   0.000     1.050618    1.095188
       _cons |   .0052626   .0034652    -7.97   0.000     .0014479    .0191284
------------------------------------------------------------------------------
```

위 결과를 보면 math 변수의 IRR 값이 1.072인데, 이는 앞서 설명하였듯이 $\exp(\hat{\beta}_{math}) = \exp(0.070) = 1.072$로 계산된 것이다. 수학점수가 1점이 아니라 10점 증가하면 IRR 값은 $\exp(\hat{\beta}_{math} \times 10) = \exp(0.70) = 2.01$이 된다. 이 의미는 수학점수가 10점이 상승했을 때 기대되는 수상 횟수가 원래보다 2배 증가한다는 것이다.

이번에는 margins 명령어를 이용하여 한계효과를 계산해보자. margins 명령어 다음에 범주형 변수인 prog 변수를 입력하면 다른 변수(math 변수)가 평균값을 취할 때 *prog*의 각 값에서 예상되는 수상 횟수를 계산할 수 있다. 아래 결과를 보면 prog= 1(general school)인 경우 예상되는 수상 횟수는 0.21이고 prog=2(academic school)인 경우에는 0.62이다. 따라서 prog=1과 prog=2의 예상되는 수상 횟수의 차이는 0.41이 된다. 이 값을 한계효과로 해석할 수 있다.

그림 9.3 횡단면 포아송 모형에서 margins 명령어 (1)

```
. qui poisson num_awards i.prog math, nolog

. margins prog, atmeans noatlegend

Adjusted predictions                              Number of obs     =        200
Model VCE    : OIM

Expression   : Predicted number of events, predict()

------------------------------------------------------------------------------
             |            Delta-method
             |     Margin   Std. Err.      z    P>|z|     [95% Conf. Interval]
-------------+----------------------------------------------------------------
        prog |
          1  |    .211411    .0705011     3.00   0.003     .0732314    .3495906
          2  |   .6249446    .0862812     7.24   0.000     .4558366    .7940526
          3  |   .3060086    .0883371     3.46   0.001     .1328711     .479146
------------------------------------------------------------------------------

. margins prog, atmeans noatlegend predict(pr(0))

Adjusted predictions                              Number of obs     =        200
Model VCE    : OIM

Expression   : Pr(num_awards=0), predict(pr(0))

------------------------------------------------------------------------------
             |            Delta-method
             |     Margin   Std. Err.      z    P>|z|     [95% Conf. Interval]
-------------+----------------------------------------------------------------
        prog |
          1  |   .8094413    .0570665    14.18   0.000     .6975931    .9212896
          2  |   .5352911    .0461855    11.59   0.000     .4447691    .6258131
          3  |   .7363803    .0650497    11.32   0.000     .6088853    .8638753
------------------------------------------------------------------------------
```

위 실행결과에서 두 번째 margins 명령문을 보면, predict(pr(0)) 옵션이 추가되었다. 이 옵션을 사용하면 종속변수에 대한 예측치가 아니고 종속변수의 확률, 즉 $\Pr(y_i)$ 에 대한 예측치를 얻을 수 있다. 위 예에서는 $\Pr(y_i = 0)$, 즉 수상 횟수가 0이 될 확률을 계산한다.

수학점수가 평균에 있고, prog=1에 다닌 학생이 상을 하나도 받지 못할 확률은 80.9%이고, prog=2에 다닌 학생이 상을 하나도 받지 못할 확률은 53.5%이다. 즉 prog=1에 다닌 학생이 prog=2에 다닌 학생보다 상을 못 받을 확률이 훨씬 높은 것을 알 수 있다.

marginsplot 명령어를 사용하면 위의 두 결과를 그래프로 그릴 수 있다. 기억해야 할 점은 이들 그래프를 그리기 위해서는 해당하는 margins 명령문을 먼저 실행해야 한다. 다음은 실행결과이다.

그림 9.4 횡단면 포아송 모형에서 marginsplot 명령어 (1)

```
. qui margins prog, atmeans noatlegend

. marginsplot, noci
  Variables that uniquely identify margins: prog
```

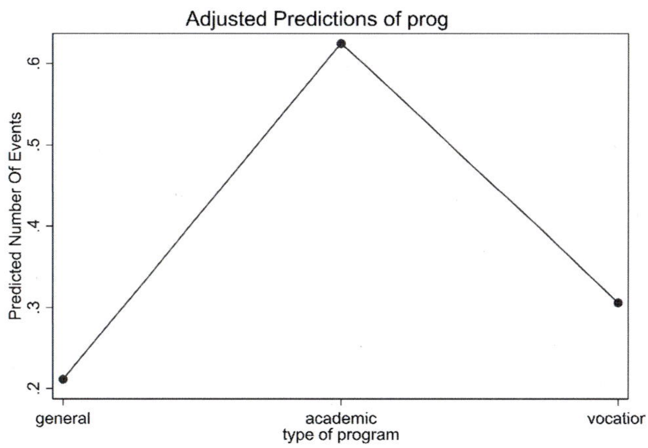


```
. qui margins prog, atmeans noatlegend predict(pr(0))
. marginsplot, noci
```

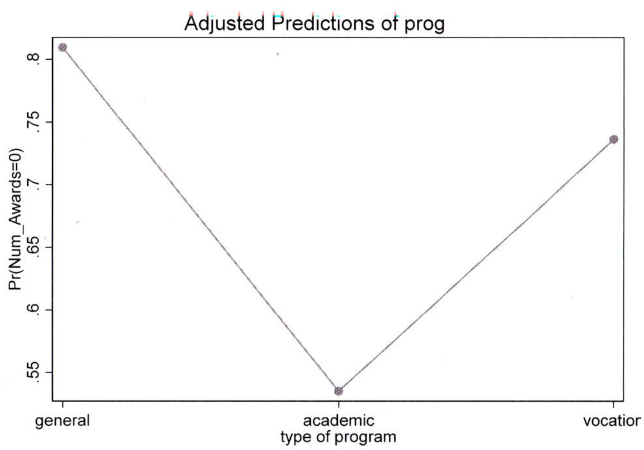

앞에서(그림 9.3) prog 변수의 세 개 범주(즉, prog=1, 2, 3)에 대해 수상 횟수가 0일 확률을 계산한 바 있다. 그 결과를 이용하여 prog=1과 prog=3에 해당하는 확률이 통계적으로 서로 같은지 가설검정을 해보기로 하자. 먼저 아래의 margins 명령문을 보면 coeflegend 옵션이 있는데, 이렇게 하면 세 개의 확률이 Stata 내부적으로 어떤 이름으로 저장되었는지 보여준다. 주의할 점은 margins 명령어에서 coeflegend 옵션은 post 옵션과 반드시 같이 사용해야 한다. 가령 prog =1일 때 수상 횟수가 0일 확률에 대한 예측치는 아래 실행결과에서 보듯이 _b[1bn.prog]로 저장되어 있음을 확인할 수 있다. 이를 확인한 다음, test 명령어를 이용하여 prog=1의 확률 이름과 prog=3의 확률 이름을 등호로 연결해 주면 원하는 가설검정 결과를 얻을 수 있다. 검정 결과 p값이 매우 커 귀무가설을 기각할 수 없다. 즉 prog=1과 prog=3 사이에는 $\Pr(y_i=0)$에 차이가 없다고 말할 수 있다.

그림 9.5 횡단면 포아송 모형 가설검정 결과

```
. margins prog, atmeans noatlegend predict(pr(0)) coeflegend post

Adjusted predictions                            Number of obs     =        200
Model VCE    : OIM

Expression   : Pr(num_awards=0), predict(pr(0))

------------------------------------------------------------------------------
             |     Margin  Legend
-------------+----------------------------------------------------------------
        prog |
    general  |   .8094413  _b[1bn.prog]
   academic  |   .5352911  _b[2.prog]
   vocation  |   .7363803  _b[3.prog]
------------------------------------------------------------------------------

. test _b[1bn.prog]=_b[3.prog]
 ( 1)  [num_awards]1b.prog - [num_awards]3.prog = 0

           chi2(  1) =    0.70
         Prob > chi2 =    0.4018
```

앞에서는 범주형 변수의 한계효과를 분석했는데, 이번에는 연속형 변수인 math 변수에 대한 예측치와 한계효과를 계산해보자. margins 명령어 실행결과는 다음과 같다.

그림 9.6 횡단면 포아송 모형에서 margins 명령어 (2)

```
. qui poisson num_awards i.prog math, nolog

. margins , at(math=(30(10)80)) vsquish

Predictive margins                              Number of obs     =        200
Model VCE    : OIM

Expression   : Predicted number of events, predict()
1._at        : math            =          30
2._at        : math            =          40
3._at        : math            =          50
4._at        : math            =          60
5._at        : math            =          70
6._at        : math            =          80

------------------------------------------------------------------------------
             |            Delta-method
             |     Margin   Std. Err.      z    P>|z|     [95% Conf. Interval]
-------------+----------------------------------------------------------------
         _at |
          1  |   .0923372   .0300506     3.07   0.002      .033439    .1512354
          2  |   .1862279   .0420684     4.43   0.000     .1037754    .2686804
          3  |   .3755889   .0512423     7.33   0.000     .2751559     .476022
          4  |   .7574967   .0705178    10.74   0.000     .6192843    .8957091
          5  |   1.527737   .2223773     6.87   0.000     1.091886    1.963589
          6  |   3.081178   .7302952     4.22   0.000     1.649825     4.51253
------------------------------------------------------------------------------
```

위 명령문에서 margins 다음에 곧바로 변수 이름을 쓰지 않고 옵션에서 *math* 변수를 지정하였다. at 옵션 다음에 있는 30(10)80의 의미는 30점부터 10점 간격으로 80점이 될 때까지 종속변수 예측치(expected count)를 계산하라는 의미이다. 앞선 경우와 달리 이번에는 옵션에서 atmeans를 제외하였다. 이 옵션을 쓰지 않으면 다른 설명변수의 값으로 평균값을 사용하는 것이 아니라 각 개체(곧 예제에서는 200명)에서 평가한 종속변수 예측치를 평균하는 방식으로 계산된다. 가령 수학점수가 30점일 때 "Margin"에 해당하는 수치는 다음과 같이 계산한다.

$$E(y|math = 30) = \frac{1}{200}\sum_{i=1}^{200} E(y_i|\, math_i = 30, prog_i) = 0.092$$

현재 표본에 있는 200명의 관찰된 prog 값은 그대로 대입하고 math 점수만 모두 30점으로 바꾸었을 때 종속변수 값의 평균이 바로 0.092가 된다. 위 결과를 그래프로 그리면 다음과 같다.

그림 9.7 횡단면 포아송 모형에서 marginsplot 명령어 (2)

```
. marginsplot, noci

  Variables that uniquely identify margins: math
```

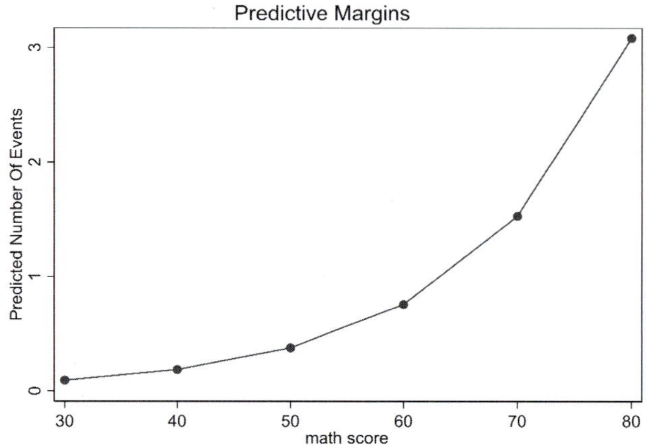

9.1절에서 설명하였듯이 포아송 분포는 equi-dispersion 가정을 하고 있기 때문에 over-dispersion인 분포에는 적절치 못하다. 따라서 Cameron · Trivedi(2005, pp. 670-671)에서 제시한 방법에 따라 over-dispersion 검정을 할 수 있다. 귀무가설과 대립가설은 다음과 같이 설정한다.

$$H_0 : \alpha = 0 \quad vs \quad H_1 : \alpha > 0$$

이 검정을 위해서는 먼저 다음과 같은 새로운 종속변수와 설명변수를 이용하여 선형회귀 모형을 추정한다.

$$\frac{(y_i - \widehat{\mu_i})^2 - y_i}{\widehat{\mu_i}} = \theta \widehat{\mu_i} + \epsilon_i \tag{9.13}$$

여기에서 $\hat{\mu}_i = \exp(\hat{\beta}_{Poisson} x_i)$, 즉 포아송 모형에 의해 추정한 종속변수 평균이다. 위 식은 상수항이 없는 모형임에 주의해야 한다. 본 예제에서 위 식에 대한 OLS 추정결과는 아래와 같다.

그림 9.8 횡단면 포아송 모형에서 over-dispersion 검정

```
. qui qui poisson num_awards i.prog math, nolog

. predict muhat
(option n assumed; predicted number of events)

. gen ystar=((num_awards-muhat)^2-num_awards)/muhat
. reg ystar muhat, nocons

      Source |       SS       df       MS              Number of obs =     200
-------------+------------------------------           F(  1,   199) =    2.63
       Model |  4.10282321     1  4.10282321           Prob > F      =  0.1062
    Residual |  310.070847   199  1.55814496           R-squared     =  0.0131
-------------+------------------------------           Adj R-squared =  0.0081
       Total |  314.173671   200  1.57086835           Root MSE      =  1.2483

------------------------------------------------------------------------------
       ystar |      Coef.   Std. Err.      t    P>|t|     [95% Conf. Interval]
-------------+----------------------------------------------------------------
       muhat |   .1638813   .1009931     1.62   0.106    -.0352728    .3630354
------------------------------------------------------------------------------
```

위 결과에서 muhat 변수($\hat{\mu}_i$)에 대한 유의성 검정 결과, 5% 유의수준에서 계수가 0이라는 귀무가설을 기각할 수 없다. 이 경우 통계적으로 $\alpha = 0$ 이 되고 over-dispersion이 존재하지 않는다고 말할 수 있다.

위 가설검정 결과에도 불구하고 이번에는 음이항 분포를 가정한 카운트 모형을 추정해 보자. 이를 위해서는 nbreg 명령어를 이용한다. nbreg 명령문은 poisson 명령문과 거의 유사하다. 다음은 실행결과이다.

그림 9.9 횡단면 음이항 카운트 모형 추정결과

```
. nbreg num_awards i.prog math, nolog

Negative binomial regression                      Number of obs   =        200
                                                  LR chi2(3)      =      70.93
Dispersion     = mean                             Prob > chi2     =     0.0000
Log likelihood = -181.90545                       Pseudo R2       =     0.1632

------------------------------------------------------------------------------
  num_awards |      Coef.   Std. Err.      z    P>|z|     [95% Conf. Interval]
-------------+----------------------------------------------------------------
        prog |
          2  |   1.075071   .3676128     2.92   0.003     .3545633    1.795579
          3  |   .3669593   .4526298     0.81   0.418    -.5201788    1.254097
             |
        math |   .0710688   .0116342     6.11   0.000     .0482661    .0938714
```

```
        _cons |  -5.293312   .7088893    -7.47   0.000     -6.68271   -3.903915
-------------+----------------------------------------------------------------
     /lnalpha |  -1.810689   .9133063                     -3.600737   -.020642
-------------+----------------------------------------------------------------
        alpha |   .1635413   .1493633                      .0273036    .9795696
------------------------------------------------------------------------------
Likelihood-ratio test of alpha=0:  chibar2(01) =     1.69 Prob>=chibar2 = 0.097
```

위 결과를 보면, over-dispersion 모수(α)는 alpha=0.16으로 추정됐다. 맨 마지막 줄에 LR 검정이 있는데, 이는 $\alpha=0$에 대한 가설검정이다. 이 결과에서도 p값이 0.097로 5% 유의수준에서 귀무가설을 기각할 수 없다. 음이항 분포보다는 포아송 분포 가정이 적절한 것으로 판단된다.

margins 명령어를 이용하여 한계효과를 바로 계산할 수 있는 옵션이 dydx이다. dydx 옵션의 괄호 안에 한계효과를 계산하고 싶은 설명변수의 이름을 기입하면 된다. 다음은 실행 결과이다.

그림 9.10 횡단면 음이항 모형에서 한계효과 계산

```
. qui nbreg num_awards i.prog math, nolog

. margins, at(math=(30(20)70)) dydx(math) atmeans vsquish

Conditional marginal effects                    Number of obs     =        200
Model VCE    : OIM

Expression   : Predicted number of events, predict()
dy/dx w.r.t. : math
1._at        : 1.prog          =        .225 (mean)
               2.prog          =        .525 (mean)
               3.prog          =         .25 (mean)
               math            =          30
2._at        : 1.prog          =        .225 (mean)
               2.prog          =        .525 (mean)
               3.prog          =         .25 (mean)
               math            =          50
3._at        : 1.prog          =        .225 (mean)
               2.prog          =        .525 (mean)
               3.prog          =         .25 (mean)
               math            =          70

------------------------------------------------------------------------------
             |            Delta-method
             |      dy/dx   Std. Err.      z    P>|z|     [95% Conf. Interval]
-------------+----------------------------------------------------------------
math         |
         _at |
```

```
          1 |    .005804   .0011284     5.14   0.000     .0035924    .0080156
          2 |    .024045   .0034907     6.89   0.000     .0172034    .0308865
          3 |   .0996137   .0334319     2.98   0.003     .0340885     .165139
------------------------------------------------------------------------------
```

위 결과에서 가령 _at=3에 제시된 "dy/dx" 값 0.099의 의미는 다음과 같다. 즉 prog 변수가 평균값을 취하는 상황에서 math 점수가 70에서 71점으로 1점 증가하면 평균적으로 수상 횟수가 0.099만큼 증가한다는 의미이다. dydx 옵션을 추가하면 종속변수 예측치 대신 한계효과인 $\partial E(y|x)/\partial x$를 계산한다. 이에 대한 공식은 식 9.5에서 설명하였다.

패널 카운트 모형 추정

데이터 파일: A_data9_2.dta

위 예제 파일은 패널 데이터로서 종속변수는 mdu(병원 방문 횟수)이고, 패널 그룹변수는 id, 그리고 시간변수는 year이다.[*] 아래에 종속변수의 기초 통계량 결과를 보면 평균적으로 2.86회 병원에 방문하였고, 한 번도 병원을 방문하지 않는 관측치 비율은 약 31%이다.

그림 9.11 병원방문 횟수 패널 데이터 요약 통계량

```
. su mdu

    Variable |       Obs        Mean    Std. Dev.       Min        Max
-------------+--------------------------------------------------------
         mdu |     20186    2.860696    4.504765          0         77

. tab mdu

     number |
face-to-fac |
t md visits |      Freq.     Percent        Cum.
------------+-----------------------------------
          0 |      6,308       31.25       31.25
          1 |      3,815       18.90       50.15
          2 |      2,795       13.85       63.99
          3 |      1,884        9.33       73.33
          4 |      1,345        6.66       79.99
----------------------- 중  략 ----------------------------
         72 |          1        0.00       99.99
         74 |          1        0.00       99.99
         76 |          1        0.00      100.00
         77 |          1        0.00      100.00
------------+-----------------------------------
      Total |     20,186      100.00
```

* Cameron · Trivedi(2009)의 데이터를 가공한 것이다.

위 예제 데이터를 이용하여 첫 번째 추정할 모형은 그룹 이질성(group heterogeneity)을 고려하지 않고 그냥 풀링(pooling)하는 방식이다. 두 가지 방식을 실행해 볼 수 있는데, 아래에 명령문과 실행결과가 나와 있다. 첫 번째는 횡단면 포아송 모형 추정에서 사용했던 poisson 명령어를 여전히 이용할 수 있다. 단, 옵션으로 vce 옵션를 지정하였다. 이때 괄호 안에는 cluster 다음에 그룹 변수이름을 입력해 주어야 한다. 이렇게 하면 패널 데이터이기 때문에 발생할 수 있는 그룹 내 상관관계를 고려한 robust 표준오차를 계산하게 된다.*
Pooling 추정의 두 번째 방법은 PA(Population-Averaged) 추정이다. 첫 번째 방법과 차이점은 그룹 내 오차항의 상관계수 구조를 지정할 수 있다는 것이다. 아래 명령문을 보면 xtpoisson 명령어에 pa 옵션을 두었고 상관계수 구조는 exchangeable로 가정하였다. 해당 추정결과에서 확인할 수 있듯이 연결(link) 함수는 log이고 분포(family)는 Poisson이다. PA 추정결과 다음에 나온 상관계수 추정치를 보면 t 시점과 모든 과거 시점 간 상관계수 추정치가 0.471임을 알 수 있다. 7장에서 이미 설명하였듯이 PA 추정계수는 GEE 추정을 통해서도 얻을 수 있다. 아래 마지막 명령문과 실행결과에서 보듯이 xtgee를 이용해서도 정확히 xtpoisson, pa와 같은 결과를 얻을 수 있다. 이때 옵션으로 link(log) family(poisson)을 지정해 주어야 한다.

그림 9.12 패널 카운트 모형 Pooling 추정

```
. tsset id year
       panel variable:  id (unbalanced)
        time variable:  year, 1 to 5, but with gaps
                delta:  1 unit

. poisson mdu lcoins- child, vce(cluster id) nolog

Poisson regression                                Number of obs   =      20186
                                                  Wald chi2(6)    =     476.93
                                                  Prob > chi2     =     0.0000
Log pseudolikelihood = -62579.401                 Pseudo R2       =     0.0609

                                  (Std. Err. adjusted for 5908 clusters in id)
------------------------------------------------------------------------------
             |               Robust
         mdu |      Coef.   Std. Err.      z    P>|z|     [95% Conf. Interval]
-------------+----------------------------------------------------------------
      lcoins |  -.0808023   .0080013   -10.10   0.000    -.0964846   -.0651199
    ndisease |   .0339334   .0026024    13.04   0.000     .0288328     .039034
      female |   .1717862   .0342551     5.01   0.000     .1046473    .2389251
         age |   .0040585   .0016891     2.40   0.016      .000748    .0073691
```

* vce 옵션은 추정계수는 영향을 주지 않고 단지 표준오차만 다시 계산해 준다.

```
        lfam |  -.1481981   .0323434    -4.58   0.000      -.21159   -.0848062
       child |   .1030453   .0506901     2.03   0.042     .0036944    .2023961
       _cons |    .748789   .0785738     9.53   0.000     .5947872    .9027907
------------------------------------------------------------------------------
. xtpoisson mdu lcoins- child, pa nolog corr(exc)

GEE population-averaged model                   Number of obs      =     20186
Group variable:                         id      Number of groups   =      5908
Link:                                  log      Obs per group: min =         1
Family:                            Poisson                     avg =       3.4
Correlation:                  exchangeable                     max =         5
                                                Wald chi2(6)       =   4061.05
Scale parameter:                         1      Prob > chi2        =    0.0000

------------------------------------------------------------------------------
         mdu |      Coef.   Std. Err.      z    P>|z|     [95% Conf. Interval]
-------------+----------------------------------------------------------------
      lcoins |  -.0814574   .0029928   -27.22   0.000    -.0873232   -.0755916
    ndisease |   .0347074   .0008266    41.99   0.000     .0330874    .0363274
      female |    .160901   .0128304    12.54   0.000     .1357538    .1860482
         age |   .0031519   .0005565     5.66   0.000     .0020613    .0042426
        lfam |  -.1486919   .0116852   -12.72   0.000    -.1715944   -.1257894
       child |   .1121055   .0185157     6.05   0.000     .0758153    .1483956
       _cons |   .7754948   .0288019    26.93   0.000     .7190441    .8319455
------------------------------------------------------------------------------

. mat list e(R)
symmetric e(R)[5,5]
           c1          c2          c3          c4          c5
r1          1
r2  .47135779           1
r3  .47135779   .47135779           1
r4  .47135779   .47135779   .47135779           1
r5  .47135779   .47135779   .47135779   .47135779           1


. xtgee mdu lcoins- child, link(log) family(poisson) nolog corr(exc)

GEE population-averaged model                   Number of obs      =     20186
Group variable:                         id      Number of groups   =      5908
Link:                                  log      Obs per group: min =         1
Family:                            Poisson                     avg =       3.4
Correlation:                  exchangeable                     max =         5
                                                Wald chi2(6)       =   4061.05
Scale parameter:                         1      Prob > chi2        =    0.0000

------------------------------------------------------------------------------
         mdu |      Coef.   Std. Err.      z    P>|z|     [95% Conf. Interval]
-------------+----------------------------------------------------------------
      lcoins |  -.0814574   .0029928   -27.22   0.000    -.0873232   -.0755916
    ndisease |   .0347074   .0008266    41.99   0.000     .0330874    .0363274
      female |    .160901   .0128304    12.54   0.000     .1357538    .1860482
         age |   .0031519   .0005565     5.66   0.000     .0020613    .0042426
```

```
       lfam |  -.1486919   .0116852   -12.72   0.000    -.1715944   -.1257894
      child |   .1121055   .0185157     6.05   0.000     .0758153    .1483956
      _cons |   .7754948   .0288019    26.93   0.000     .7190441    .8319455
------------------------------------------------------------------------------
```

이번에는 동일한 패널 데이터를 확률효과 포아송 모형으로 추정해보았다. 앞의 9.2절에서 설명하였듯이 확률효과 모형에서는 종속변수의 평균이 설명변수뿐 아니라 패널 개체의 이질성 모수에도 의존한다. 추정을 위해서는 xtpoisson 명령어에 re 옵션을 추가하면 된다. 다음은 실행결과이다.

그림 9.13 패널 확률효과 포아송 모형 추정결과

```
. xtpoisson mdu lcoins- child, re nolog

Random-effects Poisson regression               Number of obs      =     20186
Group variable: id                              Number of groups   =      5908

Random effects u_i ~ Gamma                      Obs per group: min =         1
                                                               avg =       3.4
                                                               max =         5

                                                Wald chi2(6)       =    637.49
Log likelihood  = -43240.556                    Prob > chi2        =    0.0000

------------------------------------------------------------------------------
         mdu |      Coef.   Std. Err.      z    P>|z|     [95% Conf. Interval]
-------------+----------------------------------------------------------------
      lcoins |  -.0878258   .0068682   -12.79   0.000    -.1012873   -.0743642
   ndisease |   .0387629   .0022046    17.58   0.000      .034442    .0430839
      female |   .1667192   .0286298     5.82   0.000     .1106058    .2228325
         age |   .0019159   .0011134     1.72   0.085    -.0002663    .0040982
        lfam |  -.1351786   .0260022    -5.20   0.000     -.186142   -.0842152
       child |   .1082678   .0341477     3.17   0.002     .0413396    .1751961
       _cons |   .7574177   .0618346    12.25   0.000     .6362241    .8786112
-------------+----------------------------------------------------------------
    /lnalpha |   .0251256   .0209586                     -.0159526    .0662038
-------------+----------------------------------------------------------------
       alpha |   1.025444   .0214919                       .984174    1.068444
------------------------------------------------------------------------------
Likelihood-ratio test of alpha=0: chibar2(01) =  3.9e+04 Prob>=chibar2 = 0.000

. xtpoisson mdu lcoins- child, re nolog normal

Random-effects Poisson regression               Number of obs      =     20186
Group variable: id                              Number of groups   =      5908

Random effects u_i ~ Gaussian                   Obs per group: min =         1
                                                               avg =       3.4
                                                               max =         5
```

```
                                                  Wald chi2(6)      =    798.96
Log likelihood  = -43226.889                      Prob > chi2       =    0.0000

------------------------------------------------------------------------------
         mdu |      Coef.   Std. Err.      z    P>|z|     [95% Conf. Interval]
-------------+----------------------------------------------------------------
      lcoins |  -.1145337   .0072788   -15.74   0.000    -.1287998   -.1002676
    ndisease |   .0408695   .0022941    17.81   0.000     .0363731     .045366
      female |    .208436   .0304848     6.84   0.000      .148687     .268185
         age |    .002674   .0011961     2.24   0.025     .0003297    .0050182
        lfam |  -.1443327   .0265365    -5.44   0.000    -.1963432   -.0923222
       child |   .0737146   .0344697     2.14   0.032     .0061553     .141274
       _cons |   .2872796   .0641625     4.48   0.000     .1615234    .4130359
-------------+----------------------------------------------------------------
    /lnsig2u |   .0549982   .0254991     2.16   0.031      .005021    .1049755
-------------+----------------------------------------------------------------
     sigma_u |   1.027881    .013105                      1.002514     1.05389
------------------------------------------------------------------------------
Likelihood-ratio test of sigma_u=0: chibar2(01) =  3.9e+04 Pr>=chibar2 = 0.000
```

위 결과에서 Random effects u_i ~ Gamma를 보면 식 9.10에서 설명한 $\exp(v_i)$이 감마(gamma) 분포를 따르는 것으로 가정한 것을 확인할 수 있다. 이질성 모수 추정치가 $\hat{\alpha}=1.02$로 LR 검정 결과 0과 유의하게 다른 것으로 나타났다. 이질성 모수 추정치가 0과 유의하게 다르지 않다면 식 9.10에서 $\exp(v_i)$의 분산이 0이 되고 따라서 그룹 이질성이 존재하지 않는다고 말할 수 있다. 위 결과에서 두 번째 명령문을 보면, 다른 부분은 첫 번째 명령문과 동일하고 단지 마지막에 normal 옵션이 추가되었다. 이는 v_i를 정규분포로 가정한 것이다. 맨 마지막에 $var(v_i)=0$에 대한 LR 가설검정 결과가 제시되어 있다. 역시 앞에서와 마찬가지로 0과 유의하게 달라 확률효과가 존재한다고 말할 수 있다.

패널 포아송 모형 추정방법으로 이번에는 그룹 이질성에 대해서 고정효과를 가정하고 추정해보자. 이를 위해서는 xtpoisson 명령문에 fe 옵션을 추가해야 한다. 다음은 실행결과이다.

그림 9.14 패널 고정효과 포아송 모형 추정결과

```
. xtpoisson mdu lcoins- child, fe nolog
note: 265 groups (265 obs) dropped because of only one obs per group
note: 666 groups (2130 obs) dropped because of all zero outcomes
note: lcoins dropped because it is constant within group
note: ndisease dropped because it is constant within group
note: female dropped because it is constant within group
```

```
Conditional fixed-effects Poisson regression     Number of obs      =     17791
Group variable: id                               Number of groups   =      4977

                                                 Obs per group: min =         2
                                                                avg =       3.6
                                                                max =         5

                                                 Wald chi2(3)       =     19.24
Log likelihood  = -24173.211                     Prob > chi2        =    0.0002

------------------------------------------------------------------------------
         mdu |      Coef.   Std. Err.      z    P>|z|     [95% Conf. Interval]
-------------+----------------------------------------------------------------
         age |  -.0112009   .0039024    -2.87   0.004    -.0188494   -.0035523
        lfam |   .0877134   .0554606     1.58   0.114    -.0209874    .1964141
       child |   .1059867   .0437744     2.42   0.015     .0201905    .1917829
------------------------------------------------------------------------------
```

위 결과를 보면 추정과 관련된 몇 가지 유의사항(note)이 맨 앞에 제시된 것을 알 수 있다. 그 내용을 살펴보면, 고정효과 모형의 경우에는 패널 그룹이 최소한 2개 이상의 시계열 관측치를 갖고 있어야 한다. 따라서 한 번만 관찰된 패널 그룹은 모두 추정표본에서 제외된다. 또한 그룹 내 종속변수 합이 반드시 0보다 커야 한다. 다시 말하면 한 번도 병원을 방문한 적이 없는 사람들은 제외된다. 이런 식으로 관측치가 제외되어 오른쪽 위에 있는 나와 있는 관측치 개수(17,791개)를 보면 앞의 확률효과 모형의 20,186개보다 상당히 줄어들었음을 알 수 있다. 또한 고정효과 모형에서는 시간에 따라 변하는(time-varying) 설명변수만 계수가 추정된다. 본 예제에서는 시간에 따라 변하지 않는 설명변수(lcoins, ndisease, female)의 추정계수는 따로 구할 수 없다.

확률효과 또는 고정효과 모형을 추정한 다음에 사용할 수 있는 사후분석(post-estimation) 명령어로서 predict와 margins 명령어가 유용하다. 다음은 실행 예이다.

그림 9.15 패널 포아송 모형 사후분석 결과

```
. qui xtpoisson mdu lcoins- child, re nolog

. predict y_re, nu0

. qui xtpoisson mdu lcoins- child, fe nolog

. predict y_fe, nu0

. su y_*
```

```
    Variable |        Obs        Mean    Std. Dev.       Min        Max
-------------+---------------------------------------------------------
        y_re |      20186    2.902781    1.288412   1.084128   22.81779
        y_fe |      20186    .9007252    .2215524    .488158   1.389306

. qui xtpoisson mdu lcoins- child, re nolog
. predict pr0_re, pr0(0)

. su pr0_re

    Variable |        Obs        Mean    Std. Dev.       Min        Max
-------------+---------------------------------------------------------
      pr0_re |      20186    .0846786    .0629617   1.23e-10   .3381964

. qui xtpoisson mdu lcoins- child, re nolog

. margins, dydx(_all) atmeans noatlegend predict(nu0)

Conditional marginal effects                    Number of obs     =     20,186
Model VCE    : OIM

Expression   : Predicted number of events (assuming u_i=0), predict(nu0)
dy/dx w.r.t. : lcoins ndisease female age lfam child

------------------------------------------------------------------------------
             |            Delta-method
             |      dy/dx   Std. Err.      z    P>|z|     [95% Conf. Interval]
-------------+----------------------------------------------------------------
      lcoins |   -.237333   .0188675   -12.58   0.000    -.2743127   -.2003534
    ndisease |   .1047498   .0061086    17.15   0.000     .0927771    .1167224
      female |   .4505281   .0775572     5.81   0.000     .2985188    .6025374
         age |   .0051775   .0030104     1.72   0.085    -.0007228    .0110778
        lfam |  -.3652954   .0702598    -5.20   0.000     -.503002   -.2275888
       child |   .2925741   .0923219     3.17   0.002     .1116266    .4735216
------------------------------------------------------------------------------
```

predict 명령어에서 nu0 옵션의 의미는 종속변수 예측치(expected count)를 계산할 때, 고정효과나 확률효과를 모두 0으로 간주하고 계산하라는 의미이다. nu0 옵션은 xtpoisson, re와 xtpoisson, fe 추정 후 모두 사용가능하다. 위 결과에서 확률효과 모형에서 종속변수 예측치의 평균이 mdu(종속변수)의 관찰된 평균(2.860)과 매우 유사함을 알 수 있다. 종속변수의 각 정수 값에 대한 확률도 구할 수 있는데, pr0(0) 옵션은 $\Pr(y_{it}=0)$을 계산해 준다. 그러나 이 옵션은 xtpoisson, re 다음에만 사용할 수 있음에 주의해야 한다. 이 옵션 역시 확률효과는 0으로 간주하고 확률을 계산한다. 위의 마지막 명령문은 확률효과 모형 추정 후 설명변수의 한계효과를 구하기 위해 margins 명령문을 실행한 것이다. 옵션으로 dydx(_all)를 사용한다. dydx( )는 한계효과를 계산하라는 의미이고 _all은 모든 설명변수에 대해 각각 한계효과를 계산한다. predict(nu0)를 옵션으로 사용하면 예측 횟수에 대한 한계효과를 계산한다. 결과에서 가령 female 변수의 한계효과인 0.450의 해석은 다음과 같다. 즉 다른 설명변수가 평균에 있을 때 여자가 남자에 비해 병원 가는 횟수가 평균적으로 0.450번 많다는 의미이다.

횡단면 카운트 모형에서 설명한 margins와 marginsplot 명령어에 대한 자세한 설명은 생략하기로 한다. 패널 카운트 모형을 추정한 후에도 앞에서 다룬 횡단면 모형과 유사하게 margins와 marginsplot을 사용하여 예측횟수, 예측확률 그리고 그 결과를 그래프로 표현할 수 있다.

9.4 Stata do file

```
use A_data9_1, clear
tab num_awards
poisson num_awards i.prog math, nolog
fitstat
estat gof
poisson num_awards i.prog math, nolog irr

qui poisson num_awards i.prog math, nolog
margins prog, atmeans noatlegend

margins prog, atmeans noatlegend predict(pr(0))

qui margins prog, atmeans noatlegend
marginsplot, noci

qui margins prog, atmeans noatlegend predict(pr(0))
marginsplot, noci

margins prog, atmeans noatlegend predict(pr(0)) coeflegend post
test _b[1bn.prog]=_b[3.prog]

qui poisson num_awards i.prog math, nolog
margins , at(math=(30(10)80)) vsquish
marginsplot, noci

qui qui poisson num_awards i.prog math, nolog
predict muhat
gen ystar=((num_awards-muhat)^2-num_awards)/muhat
reg ystar muhat, nocons

nbreg num_awards i.prog math, nolog
qui nbreg num_awards i.prog math, nolog
```

```
margins, at(math=(30(20)70)) dydx(math) atmeans vsquish

use A_data9_2, clear
su mdu
tab mdu

tsset id year
poisson mdu lcoins- child, vce(cluster id) nolog
xtpoisson mdu lcoins- child, pa nolog corr(exc)
mat list e(R)

xtgee mdu lcoins- child, link(log) family(poisson) nolog corr(exc)

xtpoisson mdu lcoins- child, re nolog
xtpoisson mdu lcoins- child, re nolog normal
xtpoisson mdu lcoins- child, fe nolog

qui xtpoisson mdu lcoins- child, re nolog
predict y_re, nu0

qui xtpoisson mdu lcoins- child, fe nolog
predict y_fe, nu0

su y_*

qui xtpoisson mdu lcoins- child, re nolog
predict pr0_re, pr0(0)
qui xtpoisson mdu lcoins- child, re nolog
margins, dydx(_all) atmeans noatlegend predict(nu0)
```

CHAPTER 10 | 패널 순서형 로짓 · 프로빗 모형

10.1 횡단면 순서형 로짓 · 프로빗 모형

종속변수가 선택형 범주이고, 이 범주들 사이의 순서가 의미를 지니는 경우 순서형(ordered) 로짓(logit) 또는 프로빗(probit) 모형을 사용한다. 순서가 의미를 지니지 않는 경우에는 11장에서 설명할 다항(multinomial) 로짓 모형을 사용한다. 두 모형의 차이점은 특정 선택을 할 확률을 어떻게 규정하느냐는 점이다. 순서형 선택(ordered choice)의 대표적 예는 만족도 평가(satisfaction evaluation)이다. 가령 자신의 건강에 대해 최상(excellent), 양호(good), 보통(fair), 불량(poor)의 4가지 중 하나를 선택하는 것이다.

이러한 순서형 변수를 모형화 하기 위해서 먼저 종속변수의 선택을 결정하는 잠재변수(latent variable) y_i^*가 존재한다고 가정하고, 이는 다음과 같이 설명변수의 선형함수로 표현된다고 가정하자.

$$y_i^* = \alpha + \beta x_i + e_i \tag{10.1}$$

여기에서 y^*가 매우 낮은 사람은 4가지 선택 중에서 poor를 선택하고, 그 다음은 fair, good, excellent, 이런 식으로 선택한다고 가정하자. 즉, 관찰된 종속변수 y_i는 다음과 같이 결정되는 것으로 가정한다.

$y_i = 1, \quad y_i^* \le \delta_1$ 일 때 (poor 선택)

$y_i = 2, \quad \delta_1 < y_i^* \le \delta_2$ 일 때 (fair 선택)

$y_i = 3, \quad \delta_2 < y_i^* \le \delta_3$ 일 때 (good 선택)

$y_i = 4, \quad \delta_3 < y_i^*$ 일 때 (excellent 선택)

여기에서 $\delta_1, \delta_2, \delta_3$는 절사점(cutoff point)이고 모형 안에서 추정되어야 할 모수(parameter)이다. 종속변수가 4가지 선택이 가능하면 추정되어야 할 절사점은 3개가 된다. 순서형 선택 모형에서는 개인 i가 j를 선택할 확률을 다음과 같이 계산한다.

$$\begin{aligned}\Pr(y_i = j) &= \Pr(\delta_{j-1} < y_i^* \leq \delta_j) \\ &= \Pr(\delta_{j-1} < \alpha + x_i\beta + e_i \leq \delta_j) \\ &= \Pr(\delta_{j-1} - (\alpha + x_i\beta) < e_i \leq \delta_j - (\alpha + x_i\beta)) \\ &= F(\delta_j - (\alpha + x_i\beta)) - F(\delta_{j-1} - (\alpha + x_i\beta))\end{aligned} \tag{10.2}$$

여기에서 $F(\cdot)$는 오차항 e_i의 누적분포함수(cumulative distribution function; CDF)이다. 일반적으로 순서형 모형에서는 오차항 e_i에 대해 로지스틱 분포나 정규 분포를 가정한다. 로지스틱 분포를 가정하면 순서형 로짓 모형이 되고 정규분포를 가정하면 순서형 프로빗 모형이 된다. 식 10.2에서 또 하나 주목해야 할 부분은 상수항 α이다. 위 식에서 $\delta_j - \alpha$가 추정되기 때문에 절사점 δ_j와 상수항 α가 따로 추정될 수 없다. 일반적으로 순서형 모형에서는 $\alpha = 0$으로 가정하고 δ_j를 추정하는 방법을 선택한다. 따라서 순서형 모형의 추정 결과에서 상수항 추정치는 따로 주어지지 않는다.

식 10.2의 추정계수 $\hat{\beta}$는 설명변수의 한계효과를 의미하지 않는다. 설명변수 x_i가 선택 확률에 미치는 한계효과는 다음과 같이 정의된다.

$$\begin{aligned}\frac{\partial \Pr(y_i = j)}{\partial x_i} &= \frac{\partial F(\delta_j - x_i\beta)}{\partial x_i} - \frac{\partial F(\delta_{j-1} - x_i\beta)}{\partial x_i} \\ &= \beta[f(\delta_{j-1} - x_i\beta) - f(\delta_j - x_i\beta)]\end{aligned} \tag{10.3}$$

위 식에서 $f(\cdot)$는 $F(\cdot)$의 1차 미분 함수인 확률밀도함수(probability density function; PDF)이다. $[f(\delta_{j-1} - x_i\beta) - f(\delta_j - x_i\beta)]$ 값은 음(-) 또는 양(+)이 될 수 있으므로 한계효과는 추정계수 $\hat{\beta}$와는 부호가 반대로 나올 수도 있다. 그러나 β가 양(+)으로 추정되면 y_i가 가장 낮은 범주($y_i = 1$)에 속할 확률은 반드시 줄어들고, y_i가 가장 높은 범주($y_i = 4$)에 속할 확률은 반드시 늘어난다는 것을 쉽게 증명할 수 있다.

순서형 모형에서 승산(odds)은 다음과 같이 정의된다.

$$\Omega(x)_j = \frac{\Pr(y > j|x)}{\Pr(y \leq j|x)}, \qquad j = 1, 2, 3, 4 \tag{10.4}$$

가령 $j = 2$이면 식 10.2에 따라 다음과 같이 된다.

$$\Omega(x)_2 = \frac{\Pr(y_i > 2)}{\Pr(y_i \leq 2)} = \frac{\Pr(y_i = 3) + \Pr(y_i = 4)}{\Pr(y_i = 1) + \Pr(y_i = 2)} = \frac{1 - F(\delta_2 - x_i\beta)}{F(\delta_2 - x_i\beta)}$$

그런데 로지스틱 분포(logistic distribution)에서는 $F(x) = 1/[1+\exp(-x)]$이기 때문에 순위형 로짓 모형에서 승산은 다음과 같다.

$$\Omega(x)_2 = \frac{1}{\exp(\delta_2 - x_i\beta)} \tag{10.5}$$

따라서 $\ln\Omega(x)_2 = -\delta_2 + x_i\beta$이 된다. 즉 승산에 로그를 취하면 설명변수 x_i의 선형함수로 계산된다. 설명변수 x_i가 1단위 증가할 때 승산이 기존의 몇 배로 변하는지를 알려주는 승산비(odds ratio)는 다음과 같이 계산된다.

$$\frac{\Omega(x+\Delta x)_2}{\Omega(x)_2} = \frac{\exp(\delta_2 - x_i\beta)}{\exp(\delta_2 - (x_i + \Delta x_i)\beta)} = \exp(\beta) \tag{10.6}$$

x_i가 1단위 증가하는 경우 $\Delta x_i = 1$이기 때문에 위 두 번째 등호가 성립한다. 위 식에 따르면 어떤 범주 j의 승산비를 계산하더라도 항상 $\exp(\beta)$로 동일하게 된다. 이러한 결과를 순서형 로짓 모형에서 parallel regression 가정이라고 부른다.

한편, 9장에서 설명한 카운트 모형에서도 종속변수가 예컨대 0, 1, 2, 3 등 몇 개만 값을 취할 수 있는 경우에는 순서형 로짓 또는 프로빗 모형을 사용할 수 있다.

10.2 패널 순서형 로짓 · 프로빗 모형

패널 데이터에서 종속변수가 순서형 선택인 경우 종속변수의 선택을 결정하는 잠재변수 y_{it}^*가 존재하고, 이는 다음과 같이 설명변수의 선형함수로 표현된다고 가정하자.

$$y_{it}^* = x_{it}\beta + \epsilon_{it}, \quad i = 1,\cdots,n,\ t = 1,\ \cdots,\ T \tag{10.7}$$

여기에서 오차항을 $\epsilon_{it} \sim N(0, \sigma_\epsilon^2)$의 정규분포로 가정하자. 위 식에서 y_{it}^*는 관찰되지 않고 다음과 같이 정의된 y_{it}가 관찰된다.

$$\begin{aligned} y_{it} &= 1, \quad && y_{it}^* \le \delta_1 \text{일 때} \\ y_{it} &= 2, && \delta_1 < y_{it}^* \le \delta_2 \text{일 때} \\ y_{it} &= 3, && \delta_2 < y_{it}^* \le \delta_3 \text{일 때} \\ y_{it} &= 4, && \delta_3 < y_{it}^* \text{ 일 때} \end{aligned}$$

오차항 ϵ_{it}를 오차성분(error component) 형태로 가정하지 않는다면 식 10.7의 패널 순서형 모형은 풀링(pooling)하여 추정하면 된다. 풀링하는 경우에는 모든 오차항끼리 상관관계가 없다는 것을 암묵적으로 가정하고 있다. 즉 $corr(\epsilon_{it}, \epsilon_{is}) = 0(t \neq s)$로 특정 그룹 내에서 시점이 다른 오차항 간 상관계수가 0이라고 가정한다. 그러나 그룹 내 오차항 간 상관계수를 0으로 가정하는 것은 매우 제약적이다. 이러한 제약을 완화할 수 있는 모형으로 오차성분 모형(확률효과 또는 고정효과)을 가정할 수 있다.

식 10.7 오차항 ϵ_{it}를 패널 그룹 간 이질성(heterogeneity)을 의미하는 u_i와 그룹 및 시간에 따라 변하는 오차항 e_{it}의 합으로 구성해 보자. 즉,

$$\epsilon_{it} = u_i + e_{it} \tag{10.8}$$

여기에서 u_i를 확률변수로 가정하면 패널 확률효과 순서형(ordered) 모형이 된다. 특히 $u_i \sim N(0, \sigma_u^2)$ 및 $e_{it} \sim N(0,1)$, 즉 정규분포로 가정하면 확률효과 순서형 프로빗 모형이 된다. 이 모형에서 오차항의 분산과 상관계수는 다음과 같이 되는 것을 쉽게 보일 수 있다.

$$\begin{aligned} var(\epsilon_{it}) &= 1 + \sigma_u^2 \\ corr(\epsilon_{it}, \epsilon_{is}) &= \rho = \frac{\sigma_u^2}{1+\sigma_u^2} \end{aligned} \tag{10.9}$$

식 10.9에서 알 수 있듯이 그룹 내 오차항 상관계수는 σ_u^2가 0이 아닌 한 양의 값을 갖게 된다. 확률효과 모형에서 로그우도함수는 다음과 같다.

$$L = \sum_{i=1}^{n} \ln(\Pr(y_{i1}, y_{i2}, \cdots, y_{iT}))$$

Butler · Moffitt(1982)은 결합확률인 $\Pr(y_{i1}, y_{i2}, \cdots, y_{iT})$이 다음과 같이 표현될 수 있음을 보였다.

$$\Pr(y_{i1}, \cdots, y_{iT}) = \int_{-\infty}^{\infty} \prod_{t=1}^{T} [F(\delta_j - x_{it}\beta | u_i) - F(\delta_{j-1} - x_{it}\beta | u_i)] du_i \tag{10.10}$$

여기에서 $F(\cdot)$는 정규분포의 누적분포함수(CDF)이다. 식 10.10의 적분을 계산하기 위해 Gauss-Hermite quadrature approximation을 사용한다.

식 10.8의 u_i를 고정효과(고정된 모수)로 간주하는 모형을 설정할 수 있다(Baetschmann

et al., 2011; Dickerson · Hole · Munford, 2011).[*] 고정효과로 가정하면 u_i가 설명변수 x_{it}와 상관관계가 있어도 여전히 일치추정량을 얻을 수 있다. e_{it}에 대해 로지스틱 분포를 가정하면 고정효과 순서형 로짓 모형이 된다. 개인 i가 t시점에서 j를 선택할 확률은 다음과 같이 표현된다.

$$\Pr(y_{it} = j | x_{it}, u_i) = F(\delta_j - x_{it}\beta - u_i) - F(\delta_{j-1} - x_{it}\beta - u_i) \qquad (10.11)$$

위 식에서 u_i가 추정해야 할 모수라면 δ_j와 구분되어 추정되지 못하는 문제가 존재한다(identification problem). 이에 따라 그룹의 수는 많고 시계열 시점이 짧은 경우에는 따름모수 문제(incidental parameter problem)로 인해 β에 대한 일치추정량을 구할 수 없다고 알려져 있다.[**] 이런 문제를 해결하기 위해 Chamberlain(1980)의 아이디어를 차용하여 β에 대한 일치추정량을 구할 수 있다. 먼저 임의의 k를 정하여 종속변수를 다음과 같은 방식으로 이항변수로 바꾼다.

$$d_{it}^k = I(y_{it} \geq k)$$

여기에서 $I(\cdot)$는 y_{it}가 k보다 크거나 같으면 1의 값을 주고 k보다 작으면 0을 주는 함수이다. 이제 $d_i^k = (d_{i1}^k,\ d_{i2}^k, \cdots, d_{iT}^k)$로 쓰기로 하자. 또한 논의를 단순화하기 위해 $k=3$이고 $T=2$라고 가정하자. 가령 개인 i가 $t=1$ 시점에서 $y_{i1}=1$이고, $t=2$ 시점에서 $y_{i2}=3$의 값을 가지고 있다면 $d_i^{k=3} = (0,1)$ 이 된다. 개인 i의 매 시점 d_{it} 값을 모두 합한 값이 주어졌을 때 결합확률은 다음과 같이 계산된다.

$$\begin{aligned}\Pr_i^k(\beta) &\equiv \Pr\left(d_{i1}^k = 0, d_{i2}^k = 1 \mid \sum_{t=1}^{2} d_{it}^k = 1\right) \\ &= \frac{\exp(0 \times x_{i1}\beta + 1 \times x_{i2}\beta)}{\exp(1 \times x_{i1}\beta + 0 \times x_{i2}\beta) + \exp(0 \times x_{i1}\beta + 1 \times x_{i2}\beta)} \\ &= \frac{\exp(x_{i2}\beta)}{\exp(x_{i1}\beta) + \exp(x_{i2}\beta)}\end{aligned} \qquad (10.12)$$

위 예에서 $d_i^{k=3} = (0,0)$이나 $d_i^{k=3} = (1,1)$의 경우에는 $\Pr_i^k(\beta) = 1$이 됨을 쉽게 보일 수 있다. 따라서 시점별 종속변수 값이 이런 식으로 관측된 i는 로그우도함수에 기여하는

---

[*] 고정효과 모형은 설명변수와 u_i가 상관관계(correlated heterogeneity)가 있을 때 사용한다.

[**] 따름모수 문제는 Neyman · Scott(1948)이 처음 제기한 것이다.

부분이 없기 때문에 고정효과 모형 추정에서 제외된다. 이에 따라 고정효과 모형에서는 자유도의 손실이 발생하게 되는 것을 예상할 수 있다. 식 10.12의 결합확률에서 추정해야할 모수로 β만 남고 고정효과 u_i가 사라진 것을 알 수 있다. 이제 다음과 같은 로그우도함수를 최대화하면 β에 대한 일치추정량을 구할 수 있다.

$$L^k(\beta) = \sum_{i=1}^{n} \ln \Pr_i^k(\beta) \tag{10.13}$$

그런데 추정계수 β는 k를 어떤 값으로 선택하느냐에 달라진다. 그러나 이론적으로 어떤 k를 선택하든 추정된 β^k는 일치추정량이 된다. 관찰된 종속변수가 4개 값을 가질 수 있다면 k는 2, 3, 4 중 하나를 선택할 수 있다. 어느 값이나 가능하며, 이들 모든 k에 대해서 β^k를 추정할 수 있다. Das · van Soest(1999)는 β^k를 모든 k에 대해 추정한 후 그것들을 가중평균하여 β 추정치로 삼는 아이디어를 제시하였다. 또한 Baetschmann et al.(2015)과 Baetschmann et al.(2020)은 $\beta^2 = \beta^3 = \beta^4$라는 제약을 주고 β 추정치를 얻었다. 이를 BUC(Blow-up and Cluster) 추정량이라고 부른다. BUC 추정방법은 특정 k를 선택했을 때 추정에 사용되는 표본이 작아지는 문제를 없앤 것이 장점이다.

10.3 STATA 실습

횡단면 순서형 모형 추정

데이터 파일: A_data10_1.dta

예제 데이터*에서 종속변수(warm 변수)는 "직장을 가진 엄마가 아이와 친밀한 관계를 유지할 수 있는가"라는 질문에 1(매우 반대)~4(매우 찬성)로 응답한 결과이다. 횡단면 데이터이고 종속변수가 순서형 선택이라고 간주하면 횡단면 순서형 모형이다. 이를 추정하기 위해서는 ologit(순서형 로짓) 또는 oprobit(순서형 프로빗) 명령어를 사용한다. 다음은 실행 결과이다.

그림 10.1 횡단면 순서형 모형 추정결과

```
. tab warm, nolabel

    Mom can |
  have warm |
  relations |
```

* Long · Freese(2006) 5장의 데이터를 가공한 것이다.

```
 with child |      Freq.     Percent        Cum.
------------+-----------------------------------
          1 |        297       12.95       12.95
          2 |        723       31.53       44.48
          3 |        856       37.33       81.81
          4 |        417       18.19      100.00
------------+-----------------------------------
      Total |      2,293      100.00

. label list sd2sa
sd2sa:
           1 1SD
           2 2D
           3 3A
           4 4SA

. ologit warm yr89 male white age ed prst, nolog

Ordered logistic regression                       Number of obs   =       2293
                                                  LR chi2(6)      =     301.72
                                                  Prob > chi2     =     0.0000
Log likelihood = -2844.9123                       Pseudo R2       =     0.0504

------------------------------------------------------------------------------
        warm |      Coef.   Std. Err.      z    P>|z|     [95% Conf. Interval]
-------------+----------------------------------------------------------------
        yr89 |   .5239025   .0798989     6.56   0.000     .3673036    .6805014
        male |  -.7332997   .0784827    -9.34   0.000     -.887123   -.5794765
       white |  -.3911595   .1183808    -3.30   0.001    -.6231816   -.1591373
         age |  -.0216655   .0024683    -8.78   0.000    -.0265032   -.0168278
          ed |   .0671728    .015975     4.20   0.000     .0358624    .0984831
        prst |   .0060727   .0032929     1.84   0.065    -.0003813    .0125267
-------------+----------------------------------------------------------------
       /cut1 |  -2.465362   .2389128                     -2.933622   -1.997102
       /cut2 |   -.630904   .2333156                     -1.088194   -.1736138
       /cut3 |   1.261854    .234018                      .8031871    1.720521
------------------------------------------------------------------------------

. oprobit warm yr89 male white age ed prst, nolog
Ordered probit regression                         Number of obs   =       2293
                                                  LR chi2(6)      =     294.32
                                                  Prob > chi2     =     0.0000
Log likelihood =  -2848.611                       Pseudo R2       =     0.0491

------------------------------------------------------------------------------
        warm |      Coef.   Std. Err.      z    P>|z|     [95% Conf. Interval]
-------------+----------------------------------------------------------------
        yr89 |   .3188147   .0468521     6.80   0.000     .2269863    .4106431
        male |  -.4170287   .0455461    -9.16   0.000    -.5062974     -.32776
       white |  -.2265002   .0694776    -3.26   0.001    -.3626738   -.0903267
         age |  -.0122213   .0014427    -8.47   0.000    -.0150489   -.0093937
          ed |   .0387234   .0093241     4.15   0.000     .0204485    .0569983
        prst |    .003283    .001925     1.71   0.088    -.0004899    .0070559
-------------+----------------------------------------------------------------
```

```
     /cut1 |  -1.428578   .1387749                       -1.700572   -1.156585
     /cut2 |  -.3605589   .1369224                       -.6289219   -.0921959
     /cut3 |   .7681637   .1370569                        .4995371    1.03679
------------------------------------------------------------------------------
```

위 결과를 살펴보자. 우선 종속변수 warm은 4개의 값, 즉 1(SD), 2(D), 3(A), 4(SA)의 값을 갖는다는 것을 알 수 있다.* ologit 그리고 oprobit의 추정결과를 살펴보면 부호와 유의성은 거의 같고 추정계수 크기에만 차이가 있다. 이는 서로 다른 분포를 가정했기 때문에 발생하는 차이이고 각 설명변수가 종속변수 확률에 미치는 한계효과를 계산하면 oprobit과 ologit는 거의 같은 결과를 얻게 된다. 종속변수의 범주가 4개이므로 /cut1, /cut2, /cut3로 표시된 절사점(cutoff points) 3개가 추정된다. 이론적으로 절사점은 $-\infty$에서 $+\infty$까지 범위를 가질 수 있다. 추정계수에서 가령 *age* 변수를 보면, 추정계수가 음수이다. 이는 응답자의 나이가 많을수록 $\Pr(y_i=1)$의 확률이 커지고 $\Pr(y_i=4)$의 확률은 줄어든다는 의미이다. 즉 응답자의 나이가 많은 사람일수록 "직장 맘"에 대해 부정적인 의견이 늘어나고 긍정적인 의견은 줄어든다는 의미이다. 그러나 식 10.3에서 설명하였듯이 $\Pr(y_i=2)$와 $\Pr(y_i=3)$에는 어떤 영향을 미치는지 추정계수의 부호만으로는 알 수 없다.

이번에는 ologit 명령문을 사용한 후 fitstat 명령어를 입력하였다. 8장 및 9장에서 이미 설명하였듯이 fitstat 명령을 통해 다양한 적합도 정결과를 얻을 수 있다. 다음은 실행결과이다.

그림 10.2 횡단면 순서형 모형 추정 후 적합도 검정

```
. qui ologit warm yr89 male white age ed prst, nolog

. fitstat

                         |       ologit
-------------------------+-------------
Log-likelihood           |
                   Model |    -2844.912
          Intercept-only |    -2995.770
-------------------------+-------------
Chi-square               |
       Deviance(df=2284) |     5689.825
                LR(df=6) |      301.716
                 p-value |        0.000
-------------------------+-------------
```

* 명령문 label list sd2sa에서 sd2sa는 warm 변수의 밸류 레이블(value label) 이름이다. Command 창에 describe warm이라고 입력하면 밸류 레이블 이름을 확인할 수 있다.

```
R2                                |
                         McFadden |        0.050
               McFadden(adjusted) |        0.047
               McKelvey & Zavoina |        0.127
                     Cox-Snell/ML |        0.123
           Cragg-Uhler/Nagelkerke |        0.133
                            Count |        0.432
                  Count(adjusted) |        0.093
----------------------------------+-------------
IC                                |
                              AIC |     5707.825
                 AIC divided by N |        2.489
                        BIC(df=9) |     5759.463
----------------------------------+-------------
Variance of                       |
                                e |        3.290
                           y-star |        3.768
```

위 결과에서 Log-Lik intercept Only: -2995.770은 설명변수를 모두 제외하고 절사점만을 추정했을 때의 로그우도함수 값이다. 또 다른 항목인 count R2=0.432는 다음과 같이 계산된다.

$$count\ R^2\ \frac{\text{정확한 예측의 개수}}{\text{관측치 개수}}$$

이에 대해 부연해 설명하면 다음과 같다. 추정결과와 식 10.2를 이용하면 각 응답자의 4가지 선택에 대한 확률을 계산할 수 있고, 그 확률이 가장 높은 선택을 예측치(prediction)로 삼을 수 있다. 이 예측된 선택이 warm 변수의 실제 값과 동일하면 정확한 예측(correct prediction)이 된다. 이런 식으로 모든 응답자에 대해 예측된 선택을 구하고, 그것이 정확한 예측인지를 파악하여 정확한 예측의 비율이 전체에서 어느 정도인지 계산한 것이 바로 $count\ R^2$이다. 아래 그림 10.3에서는 직접 $count\ R^2$=0.432를 계산한다. warm_pr2 변수가 각 응답자의 예측된 선택을 나타내는 변수이다. warm_pr2의 값이 warm 변수의 값과 일치하는 응답자는 990명으로 전체의 43.17%이고, 이것이 $count\ R^2$에 해당한다.

그림 10.3 횡단면 순서형 모형 추정에서 $count\ R^2$ 계산

```
. qui ologit warm yr89 male white age ed prst, nolog

. predict SD D A SA
(option pr assumed; predicted probabilities)

. egen warm_pr = rowmax(SD- SA)
```

```
. gen SD1=(SD>=warm_pr)

. gen D1=2*(D>=warm_pr)

. gen A1=3*(A>=warm_pr)

. gen SA1=4*(SA>=warm_pr)

. egen warm_pr1 = rowtotal(SD1- SA1), missing

. gen warm_pr2=(warm==warm_pr1)

. tab warm_pr2

   warm_pr2 |      Freq.     Percent        Cum.
------------+-----------------------------------
          0 |      1,303       56.83       56.83
          1 |        990       43.17      100.00
------------+-----------------------------------
      Total |      2,293      100.00
```

각 응답자가 4가지 선택 가능한 범주를 선택할 확률이 각각 어떻게 되는지 예측치를 구할 수 있다. 이를 위해서는 모형 추정 후 predict 명령어를 실행하면 된다. predict 명령어 다음에는 선택 범주 개수(본 예제에서는 4개)만큼 변수이름을 지정해 주어야 한다. 그렇게 하면 지정한 이름으로 선택확률 예측치가 저장된다. 아래에서는 4가지 선택 범주에 대해 SDpr, Dpr, Apr, SApr라는 이름을 부여했다. 각 응답자별로 이들 4가지 선택 범주에 대한 선택확률이 계산되는데, 그 값들을 모두 합하면 반드시 1이 될 것이다. 만약 predict 명령문에서 4개 변수이름을 쓰지 않고 1개만 입력하면 $\Pr(y_i = 1)$, 즉 SD를 선택할 확률만 계산된다. predict 명령문에서 outcome(2) 옵션을 두면, 2번 범주의 선택확률을 계산하라는 의미이다. dotplot 명령어를 사용하면 예측된 선택확률을 그림으로 그릴 수 있다. 아래 실행 결과에서 보듯이 각 범주별로 선택확률이 어떻게 분포되어 있는지 확인할 수 있다.

그림 10.4 횡단면 순서형 모형에서 선택확률 계산

```
. qui ologit warm yr89 male white age ed prst, nolog

. predict SDpr Dpr Apr SApr
(option pr assumed; predicted probabilities)

. predict Dpr1,outcome(2)
(option pr assumed; predicted probability)
```

```
. dotplot SDpr- SApr
```

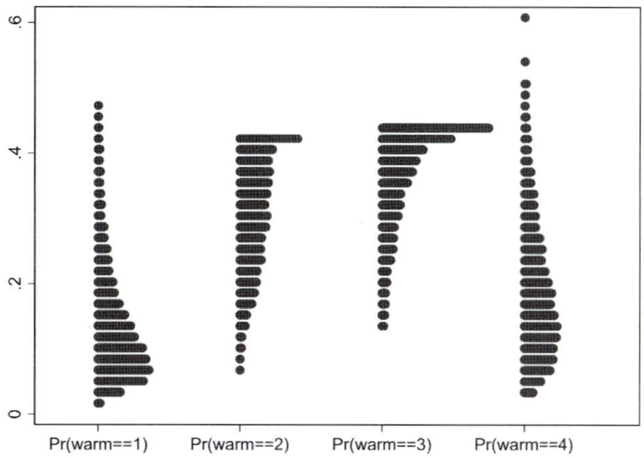

한편, margins 명령어를 이용하면, 각 범주에 대한 선택확률이 설명변수 값의 변화에 따라 어떻게 달라지는지, 즉 한계효과를 계산할 수 있다. 아래에서는 더미변수인 white 변수의 한계효과를 계산하는 예를 보여주고 있다. 우선 margins 결과를 얻기 위해서는 그 앞의 ologit 명령문에서 변수이름을 white라고 쓰지 않고 i.white라고 입력해야 한다. margins 명령문에서 아래와 같이 atmeans 옵션을 사용하면 white 변수를 제외한 나머지 설명변수가 모두 평균에 있다고 간주하고 선택확률을 계산한다. 또 다른 옵션인 predict (outcome(4))는 4번째 범주에 대한 선택확률, 즉 $\Pr(y_i = SA)$의 예측치를 계산하라는 옵션이다. 이 옵션을 주지 않으면 자동적으로 1번 범주에 대한 선택확률이 계산된다.

그림 10.5 횡단면 순서형 모형에서 한계효과 계산 I

```
. qui ologit warm yr89 male i.white age ed prst, nolog

. margins white, atmeans predict(outcome(4))

Adjusted predictions                              Number of obs   =       2293
Model VCE    : OIM

Expression   : Pr(warm==4), predict(outcome(4))
at           : yr89            =     .3986044 (mean)
               male            =     .4648932 (mean)
               0.white         =     .1234191 (mean)
               1.white         =     .8765809 (mean)
               age             =     44.93546 (mean)
               ed              =     12.21805 (mean)
               prst            =     39.58526 (mean)

------------------------------------------------------------------------------
```

```
             |            Delta-method
             |     Margin   Std. Err.      z    P>|z|     [95% Conf. Interval]
-------------+----------------------------------------------------------------
       white |
          0  |    .213095   .0194717    10.94   0.000     .1749312    .2512589
          1  |   .1547883   .0077667    19.93   0.000     .1395658    .1700108
------------------------------------------------------------------------------

. margins white, predict(outcome(4))

Predictive margins                                Number of obs   =       2293
Model VCE    : OIM

Expression   : Pr(warm==4), predict(outcome(4))

------------------------------------------------------------------------------
             |            Delta-method
             |     Margin   Std. Err.      z    P>|z|     [95% Conf. Interval]
-------------+----------------------------------------------------------------
       white |
          0  |    .233178   .0192619    12.11   0.000     .1954254    .2709306
          1  |   .1740746   .0079021    22.03   0.000     .1585868    .1895625
------------------------------------------------------------------------------
```

위 결과를 보면, 다른 변수가 평균에 있을 때 백인(white=1)의 경우에 SA(매우 찬성)를 선택할 확률이 15.4%이지만, 그 외 인종(white=0)이면 선택확률이 21.3%임을 알 수 있다. 따라서 백인일수록 "직장 맘"에 대해서 호의적이지 않다는 것을 의미한다. 21.3%와 15.4%의 차이인 약 6%p를 인종변수가 $\Pr(y_i = SA)$에 미치는 한계효과라고 말할 수 있다. 두 번째 margins 명령문처럼 atmeans 옵션이 없으면 선택확률 계산 시 각 개별 응답자의 설명변수 값을 그대로 사용한다. 이 때 계산은 각 응답자의 *white* 변수 값을 1로 바꾸고 (다른 설명변수 값은 그대로 둔 상황에서) $\Pr(y_i = SA)$을 계산하여 모든 응답자에 대해 그 값들을 평균한다. 그렇게 해서 얻은 값이 17.4%이다. 마찬가지로 이번에는 white 변숫값을 모두 0으로 바꾼 후 $\Pr(y_i = SA)$을 계산한 후 모든 응답자에 대해 평균한 값이 23.3%이다. 이런 식으로 계산한 한계효과 역시 약 6%p로서 앞에서 설명변수 값을 평균값으로 놓고 계산한 한계효과와 거의 일치한다.

이번에는 더미변수가 아니라 연속형 변수의 한계효과를 계산해보자. 아래에서는 age 변수의 한계효과를 계산하는 예를 보여주고 있다. 명령문 margins, at(age=(20(5)80))를 실행함으로써 age 변수에 대해 20세부터 5세 간격으로 80세까지 $\Pr(y_i = SA)$ 예측확률을 계산하였다.

그림 10.6 횡단면 순서형 모형에서 한계효과 계산 II

```
. qui ologit warm yr89 male i.white age ed prst, nolog

. margins, at(age=(20(5)80)) atmeans predict(outcome(4)) noatlegend

Adjusted predictions                              Number of obs   =        2293
Model VCE    : OIM

Expression   : Pr(warm==4), predict(outcome(4))

------------------------------------------------------------------------------
             |            Delta-method
             |     Margin   Std. Err.      z    P>|z|     [95% Conf. Interval]
-------------+----------------------------------------------------------------
         _at |
          1  |    .248055   .0147255    16.85   0.000     .2191936    .2769164
          2  |   .2284048   .0124926    18.28   0.000     .2039199    .2528898
          3  |   .2098768    .010646    19.71   0.000     .1890111    .2307426
          4  |   .1924769   .0092253    20.86   0.000     .1743957    .2105581
          5  |   .1761978   .0082479    21.36   0.000     .1600322    .1923635
          6  |    .161021   .0076889    20.94   0.000      .145951    .1760911
          7  |   .1469184   .0074725    19.66   0.000     .1322726    .1615641
          8  |   .1338538   .0074907    17.87   0.000     .1191723    .1485352
          9  |   .1217851   .0076372    15.95   0.000     .1068165    .1367537
         10  |   .1106655    .007829    14.14   0.000     .0953209    .1260102
         11  |   .1004451   .0080115    12.54   0.000     .0847429    .1161474
         12  |    .091072   .0081526    11.17   0.000     .0750931    .1070508
         13  |   .0824933   .0082367    10.02   0.000     .0663495     .098637
------------------------------------------------------------------------------

. marginsplot, noci
  Variables that uniquely identify margins: age
```

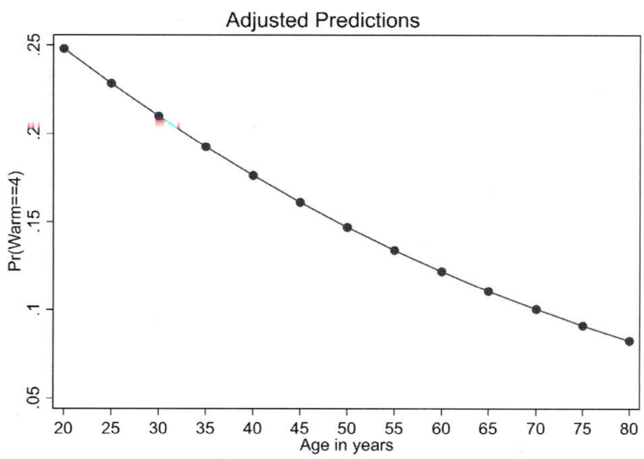


```
. margins, atmeans predict(outcome(4)) dydx(age)
Conditional marginal effects                      Number of obs   =        2293
```

```
Model VCE    : OIM

Expression   : Pr(warm==4), predict(outcome(4))
dy/dx w.r.t. : age
at           : yr89            =    .3986044 (mean)
               male            =    .4648932 (mean)
               0.white         =    .1234191 (mean)
               1.white         =    .8765809 (mean)
               age             =    44.93546 (mean)
               ed              =    12.21805 (mean)
               prst            =    39.58526 (mean)

------------------------------------------------------------------------------
             |            Delta-method
             |      dy/dx   Std. Err.      z    P>|z|     [95% Conf. Interval]
-------------+----------------------------------------------------------------
         age |  -.0029296     .00034    -8.62   0.000    -.0035961   -.0022632
------------------------------------------------------------------------------
```

위 실행결과를 보면 age 변수의 추정계수가 음수이기 때문에 SA(매우 찬성)에 대한 선택확률은 예상대로 나이가 많아질수록 줄어든다는 것을 확인할 수 있다. 이 결과를 marginsplot 명령어를 사용하여 그림으로 그릴 수 있다. 선택확률 대신 나이가 1살 많아지면 선택확률이 얼마나 변하는지 알기 위해서는 dydx(age) 옵션을 추가하면 된다. 마지막 명령문은 다른 변수가 평균에 있는 상황에서 나이가 1살 많아질 때(본 예제에서는 평균 나이에서 1살 많아지는 것으로 가정), $\Pr(y_i = SA)$이 얼마나 변하는지 계산해 준다. 위 결과에 따르면 나이가 44.9세에서 45.9세가 되면 $\Pr(y_i = SA)$이 0.3%p 줄어든다.

식 10.6에서 설명하였듯이 순서형 로짓 모형은 PR(parallel regression)을 가정하고 있다. PR 가정은 여러 가지로 해석될 수 있는데, 각 범주 선택에 대한 누적확률(cumulative probability)을 결정하는 모수 β가 같다는 가정이기도 하다. 각 범주의 누적확률은 다음과 같이 계산된다.

$$
\begin{aligned}
\Pr(y_i \le 1) &= F(\delta_1 - x_i\beta) \\
\Pr(y_i \le 2) &= F(\delta_1 - x_i\beta) + F(\delta_2 - x_i\beta) - F(\delta_1 - x_i\beta) = F(\delta_2 - x_i\beta) \\
\Pr(y_i \le 3) &= \Pr(y_i \le 2) + \Pr(y_i = 3) \\
&= F(\delta_2 - x_i\beta) + F(\delta_3 - x_i\beta) - F(\delta_2 - x_i\beta) \\
&= F(\delta_3 - x_i\beta)
\end{aligned}
$$

위 3개의 누적확률을 살펴보면 $F(\cdot)$함수는 서로 같고 $x_i\beta$ 역시 서로 같으며, 다만 $\delta_1, \delta_2, \delta_3$에서만 차이가 있다. 누적확률을 결정하는 모수 β가 모든 범주에 대해 동일한 PR 특성을 확인할 수 있다. PR 가정이 적절한지 검정하기 위한 귀무가설과 대립가설은 다음과 같다.

H_0 : 각 범주의 누적확률을 결정하는 β가 서로 같다.
H_1 : 각 범주의 누적확률을 결정하는 β가 서로 같지 않다.

위의 가설검정을 앞의 "직장 맘" 모형에 대해 실행해보자. PR 가설검정 명령어는 omodel과 brant를 사용할 수 있다.* 이 명령어는 인터넷에서 다운로드 받은 후 사용할 수 있다. 두 명령어의 차이점은 omodel은 LR(우도비) 검정을 사용하고, brant는 Wald검정 방법을 사용한다. 다음은 실행결과이다.

그림 10.7 횡단면 순서형 모형에서 PR 가정에 대한 검정

```
. omodel logit warm yr89 male white age ed prst

Ordered logit estimates                           Number of obs   =       2293
                                                  LR chi2(6)      =     301.72
                                                  Prob > chi2     =     0.0000
Log likelihood = -2844.9123                       Pseudo R2       =     0.0504

------------------------------------------------------------------------------
        warm |      Coef.   Std. Err.      z    P>|z|     [95% Conf. Interval]
-------------+----------------------------------------------------------------
        yr89 |   .5239025   .0798988     6.56   0.000     .3673037    .6805013
        male |  -.7332997   .0784827    -9.34   0.000    -.8871229   -.5794766
       white |  -.3911595   .1183808    -3.30   0.001    -.6231815   -.1591374
         age |  -.0216655   .0024683    -8.78   0.000    -.0265032   -.0168278
          ed |   .0671728    .015975     4.20   0.000     .0358624    .0984831
        prst |   .0060727   .0032929     1.84   0.065    -.0003813    .0125267
-------------+----------------------------------------------------------------
       _cut1 |  -2.465362   .2389126          (Ancillary parameters)
       _cut2 |   -.630904   .2333155
       _cut3 |   1.261854   .2340179
------------------------------------------------------------------------------

Approximate likelihood-ratio test of proportionality of odds
across response categories:
         chi2(12) =     48.91
       Prob > chi2 =     0.0000

. qui ologit warm yr89 male white age ed prst, nolog

. brant, detail
Estimated coefficients from binary logits
```

* brant 명령어는 spost13_ado 패키지 내에 포함되어 있다. 따라서 findit spost13_ado 명령문을 입력하여 다운로드 한다.

```
----------------------------------------------
    Variable |  y_gt_1     y_gt_2     y_gt_3
-------------+--------------------------------
        yr89 |   0.965      0.565      0.319
             |    6.26       6.09       2.80
        male |  -0.305     -0.691     -1.084
             |   -2.36      -7.68      -8.88
       white |  -0.553     -0.314     -0.393
             |   -2.40      -2.24      -2.49
         age |  -0.016     -0.025     -0.019
             |   -4.06      -8.84      -4.94
          ed |   0.105      0.053      0.058
             |    4.14       2.86       2.27
        prst |  -0.001      0.010      0.006
             |   -0.25       2.50       1.14
       _cons |   1.858      0.730     -1.025
             |    4.70       2.71      -2.96
----------------------------------------------
                                 legend: b/t

Brant test of parallel regression assumption

              |       chi2     p>chi2      df
 -------------+------------------------------
          All |      49.18      0.000      12
 -------------+------------------------------
         yr89 |      13.01      0.001       2
         male |      22.24      0.000       2
        white |       1.27      0.531       2
          age |       7.38      0.025       2
           ed |       4.31      0.116       2
         prst |       4.33      0.115       2

A significant test statistic provides evidence that the parallel
regression assumption has been violated.

. qui oprobit warm yr89 male white age ed prst, nolog

. brant, detail
brant can only be used after ologit

. omodel probit warm yr89 male white age ed prst

---------------- 결과 생략 ---------------------
```

위 결과를 살펴보면, 먼저 omodel 명령문 작성방법은 omodel 다음에 logit 또는 probit이 와야 한다. 이를 실행하면 추정결과가 나온 다음(이는 ologit 또는 oprobit 명령어에 의한 추정결과와 동일), 맨 아래에 PR에 대한 가설검정 결과가 제시된다. 결과를 보면 *p*값이 매우 작기 때문에 귀무가설을 기각한다. 즉 PR 가정이 적절하지 않다는 의미이다. 다음으로 brant 검정은 먼저 ologit을 실행한 후에 사용할 수 있다. 실행결과 중에서 Variable: All 부분의 *p*값을 읽으면 된다. 여기에서도 *p*값이 매우 작아 귀무가설을 기각할 수 있음을 확인할 수 있다. brant 명령어는 프로빗 모형에 대해서는 가설검정이 불가능하지만 omodel은 프로빗 모형에 대해서도 가설검정이 가능하다. PR 가정에 대한 귀무가설을 기각하는 경우에는 일반 순서형 로짓(generalized ordered logit) 모형을 추정할 수 있다.

Tip 10.1 ● 완벽예측 문제

종속변수가 범주형 변수인 모형(로짓, 프로빗, 순서형 로짓·프로빗 등)을 추정할 때 계수 추정치와 표준오차가 특이하게 나오는 경우가 가끔 있다. 위 예제 데이터에 가공 변수인 x1을 추가하여 순서형 로짓 모형을 추정한 다음의 결과를 살펴보자.

```
. ologit warm yr89 male white age ed prst x1, nolog

Ordered logistic regression                       Number of obs   =       2293
                                                  LR chi2(7)      =    1974.09
                                                  Prob > chi2     =     0.0000
Log likelihood = -2008.7273                       Pseudo R2       =     0.3295

------------------------------------------------------------------------------
        warm |      Coef.   Std. Err.      z    P>|z|     [95% Conf. Interval]
-------------+----------------------------------------------------------------
        yr89 |   .3033417    .0868798     3.49   0.000      .1330604    .4736229
        male |  -.8458023    .0874589    -9.67   0.000     -1.017219   -.6743859
       white |   -.279766    .1279956    -2.19   0.029     -.5306327   -.0288993
         age |  -.0220391    .0027774    -7.94   0.000     -.0274827   -.0165956
          ed |   .0330857    .0182151     1.82   0.069     -.0026152    .0687866
        prst |   .0098037    .0036688     2.67   0.008      .0026129    .0169944
          x1 |  -44.27523    13493.54    -0.00   0.997     -26491.13    26402.58
-------------+----------------------------------------------------------------
       /cut1 |  -20.39012    388.7989                      -782.422    741.6417
       /cut2 |  -1.283124    .2606001                     -1.793891   -.7723571
       /cut3 |   .7730994     .259427                      .2646318    1.281567
------------------------------------------------------------------------------
Note: 297 observations completely determined.  Standard errors questionable.

. tab x1 warm

           |    Mom can have warm relations with child
        x1 |       1SD         2D         3A        4SA |     Total
-----------+--------------------------------------------+----------
         0 |         0        723        856        417 |     1,996
         1 |       297          0          0          0 |       297
-----------+--------------------------------------------+----------
     Total |       297        723        856        417 |     2,293
```

위 결과를 보면 x1의 추정계수가 다른 변수에 비해 매우 클 뿐만 아니라 표준오차 역시 비정상적인 값이다. 이런 결과가 나온 이유는 설명변수 x1이 종속변수를 완벽하게 예측(perfectly predict)하는 변수이기 때문이다. x1 변수와 warm 변수의 이원분포표를 보면 x1=0이면 warm 변수는 반드시 SD의 값을 갖는 것을 알 수 있다. 설명변수(주로 더미변수)와 종속변수가 이런 관계에 있는 것을 완벽예측 문제(perfect prediction problem)라고 부른다. 이런 경우에서는 x1 변수를 설명변수로 사용할 수 없고 모형에서 제외해야 한다. Stata에서는 완벽예측 문제가 있는 상황에서 프로빗이나 로짓 모형을 추정하면 x1 변수의 추정계수가 아예 주어지지 않고 결측치로 표시된다.

순서형 로짓·프로빗 모형은 ologit과 oprobit 명령어 외에도 GLM(Generalized Linear Model) 관련 명령어인 oglm으로도 동일한 결과를 얻을 수 있다. 순서형 모형에 대한 oglm 명령어는 인터넷에서 따로 다운로드를 받아야 한다(findit oglm 명령문을 실행). 아래에서는 앞에서 사용한 데이터에 대해 oglm 명령문을 실행한 결과를 보여준다.

그림 10.8 횡단면 순서형 모형 oglm 명령어로 추정

```
. oglm warm yr89 male white age ed prst , nolog

Ordered Logistic Regression                       Number of obs   =       2293
                                                  LR chi2(6)      =     301.72
                                                  Prob > chi2     =     0.0000
Log likelihood = -2844.9123                       Pseudo R2       =     0.0504

------------------------------------------------------------------------------
        warm |      Coef.   Std. Err.      z    P>|z|     [95% Conf. Interval]
-------------+----------------------------------------------------------------
        yr89 |   .5239025   .0798989     6.56   0.000     .3673036    .6805014
        male |  -.7332998   .0784827    -9.34   0.000     -.887123   -.5794765
       white |  -.3911595   .1183808    -3.30   0.001    -.6231817   -.1591374
         age |  -.0216655   .0024683    -8.78   0.000    -.0265032   -.0168278
          ed |   .0671727    .015975     4.20   0.000     .0358624    .0984831
        prst |   .0060727   .0032929     1.84   0.065    -.0003813    .0125267
-------------+----------------------------------------------------------------
       /cut1 |  -2.465362   .2389129   -10.32   0.000    -2.933623   -1.997102
       /cut2 |  -.6309044   .2333157    -2.70   0.007    -1.088195    -.173614
       /cut3 |   1.261854   .2340181     5.39   0.000     .8031864    1.720521
------------------------------------------------------------------------------

. oglm warm yr89 male white age ed prst , nolog link(probit)

Ordered Probit Regression                         Number of obs   =       2293
```

```
                                                  LR chi2(6)      =     294.32
                                                  Prob > chi2     =     0.0000
Log likelihood =  -2848.611                       Pseudo R2       =     0.0491

------------------------------------------------------------------------------
        warm |      Coef.   Std. Err.      z    P>|z|     [95% Conf. Interval]
-------------+----------------------------------------------------------------
        yr89 |   .3188147   .0468521     6.80   0.000     .2269863    .4106431
        male |  -.4170287   .0455461    -9.16   0.000    -.5062975     -.32776
       white |  -.2265003   .0694776    -3.26   0.001    -.3626738   -.0903268
         age |  -.0122213   .0014427    -8.47   0.000    -.0150489   -.0093937
          ed |   .0387234   .0093241     4.15   0.000     .0204485    .0569983
        prst |    .003283    .001925     1.71   0.088    -.0004899    .0070559
-------------+----------------------------------------------------------------
       /cut1 |  -1.428579   .1387749   -10.29   0.000    -1.700572   -1.156585
       /cut2 |  -.3605592   .1369224    -2.63   0.008    -.6289222   -.0921962
       /cut3 |   .7681634   .1370569     5.60   0.000     .4995368     1.03679
------------------------------------------------------------------------------
```

oglm 명령어에서 family와 link 옵션을 주지 않으면 family(binomial)과 link(ologit)이 기본으로 설정된다. 따라서 위에서 첫 번째 명령문의 실행결과는 앞에서 그림 10.1의 ologit 추정결과와 정확히 일치한다. 위의 두 번째 명령문에서는 옵션을 link(probit)으로 지정했기 때문에 이는 oprobit 명령문 결과와 정확히 일치한다. 이처럼 oglm 명령어는 link 옵션을 통해 다양한 분포함수를 지정할 수 있는 장점이 있다. link(probit) 이외에도 link(cloglog), link(loglog), link(cauchit) 등을 지정할 수 있다.[*]

패널 순서형 모형 추정

데이터 파일: A_data10_2.dta

이번에 사용할 데이터는 Frechette(2001)이 시뮬레이션으로 생성한 가상 데이터로서 이를 이용하여 패널 순서형 모형을 추정해보고자 한다. 패널 순서형 모형은 그룹의 이질성을 나타내는 u_i를 고정효과로 볼 것인지 아니면 확률효과로 볼 것인지에 따라 전혀 다른 명령어를 사용한다. 먼저 u_i를 확률변수로 간주하는 경우를 설명한다. Stata 13.0 이상에서는 순서형 프로빗 추정을 위해서는 xtoprobit 명령어를 사용하고 순서형 로짓모형 추정을 위해서는 xtologit 명령어를 사용한다. 먼저 그림 10.8에서는 확률효과 순서형 프로빗 모형 추정에 대해 설명한다.

---

* 각 link 함수의 자세한 내용은 Hardini · Hilbe(2007) 15장을 참고하라.

그림 10.9 확률효과 순서형 프로빗 모형 추정

```
. tab y

          y |      Freq.     Percent        Cum.
------------+-----------------------------------
          1 |         32        3.20        3.20
          2 |         84        8.40       11.60
          3 |        115       11.50       23.10
          4 |        172       17.20       40.30
          5 |        202       20.20       60.50
          6 |        241       24.10       84.60
          7 |        154       15.40      100.00
------------+-----------------------------------
      Total |      1,000      100.00


. tsset id time
       panel variable:  id (strongly balanced)
        time variable:  time, 1 to 10
                delta:  1 unit

. xtoprobit y x1 x2, nolog

Random-effects ordered probit regression        Number of obs     =      1,000
Group variable: id                              Number of groups  =        100

Random effects u_i ~ Gaussian                   Obs per group:
                                                              min =         10
                                                              avg =       10.0
                                                              max =         10

Integration method: mvaghermite                 Integration pts.  =         12

                                                Wald chi2(2)      =     201.90
Log likelihood  = -1706.7984                    Prob > chi2       =     0.0000

------------------------------------------------------------------------------
           y |      Coef.   Std. Err.      z    P>|z|     [95% Conf. Interval]
-------------+----------------------------------------------------------------
          x1 |   .7632668   .0638382    11.96   0.000     .6381463    .8883873
          x2 |   .2840876   .0335159     8.48   0.000     .2183976    .3497776
-------------+----------------------------------------------------------------
       /cut1 |  -2.128731   .0904334   -23.54   0.000    -2.305978   -1.951485
       /cut2 |  -1.378784   .0604997   -22.79   0.000    -1.497362   -1.260207
       /cut3 |  -.8536399   .0507669   -16.81   0.000    -.9531413   -.7541386
       /cut4 |  -.2881575   .0459046    -6.28   0.000    -.3781288   -.1981862
       /cut5 |     .30311   .0460011     6.59   0.000     .2129495    .3932706
       /cut6 |   1.166702   .0560223    20.83   0.000       1.0569    1.276504
-------------+----------------------------------------------------------------
   /sigma2_u |   .0321218   .0222341                       .008272    .1247342
------------------------------------------------------------------------------
LR test vs. oprobit model: chibar2(01) = 2.86         Prob >= chibar2 = 0.0455
```

위 예제 패널 데이터에서 그룹 변수는 id이고 시간변수는 time이다. 종속변수인 y 변수는 7개 범주를 가진 순서형 선택 변수로서 빈도분포표가 위 결과의 맨 위에 나와 있다. 범주가 7개이기 때문에 추정해야 할 절사점(cutoff points)은 6개이다. 패널데이터임을 지정하기 위해 먼저 tsset 명령문을 실행한다. xtoprobit 명령문의 구조는 패널 선형회귀모형(가령 xtreg)인 경우와 거의 같다. "Random effects u_i ~ Gaussian"에서 알 수 있듯이 그룹 이질성에 해당하는 u_i는 정규분포를 따르는 확률변수로 가정한다.

추정계수를 보면 x1 변수와 x2 변수가 모두 양(+)이기 때문에 설명변수 값이 커질수록 선택확률 $\Pr(y_{it}=7)$이 커진다고 말할 수 있다. 10.2절에서 설명하였듯이 추정을 위해서는 Gauss-Hermite quadrature approximation이 필요하다. xtoprobit 명령문에서 intpoints 옵션을 이용하여 quadrature points를 지정할 수 있다. 이 옵션을 따로 지정하지 않으면 intpoints(12)가 사용된다. 맨 마지막에 나와 있는 /sigma2_u 값은 10.2절 식 10.9에서 제시한 $var(u_i)$ 추정치이다. 이 값이 0이라면 확률효과가 존재하지 않게 된다. 위 예제의 마지막 LR 검정을 통해 확률효과 모형이 합동(pooed) 모형과 비교해 더 바람직한지 판단할 수 있다. $H_0:\sigma_u^2=0$이라는 귀무가설을 1% 유의수준에서는 기각할 수 없는 것으로 나타났다.

확률효과 순서형 로짓모형 추정을 위해서는 xtologit 명령어를 사용한다. 오차항 e_{it}에 대해서 로지스틱 분포를 가정하고 그룹 이질성 오차항 u_i에 대해서는 정규분포를 가정한다. 그림 10.9에서 명령문과 추정결과를 제시한다.

그림 10.10 확률효과 순서형 로짓모형 추정

```
. xtologit y x1 x2, nolog

Random-effects ordered logistic regression      Number of obs     =      1,000
Group variable: id                              Number of groups  =        100

Random effects u_i ~ Gaussian                   Obs per group:
                                                              min =         10
                                                              avg =       10.0
                                                              max =         10

Integration method: mvaghermite                 Integration pts.  =         12

                                                Wald chi2(2)      =     193.95
Log likelihood  = -1705.8619                    Prob > chi2       =     0.0000

------------------------------------------------------------------------------
           y |      Coef.   Std. Err.      z    P>|z|     [95% Conf. Interval]
-------------+----------------------------------------------------------------
```

```
          x1 |   1.318581   .1126719    11.70   0.000     1.097748    1.539414
          x2 |   .5038512   .0587159     8.58   0.000     .3887702    .6189322
-------------+----------------------------------------------------------------
       /cut1 |  -3.858765   .1924299   -20.05   0.000    -4.235921   -3.481609
       /cut2 |  -2.382644     .11421   -20.86   0.000    -2.606491   -2.158796
       /cut3 |  -1.446262   .0896248   -16.14   0.000    -1.621924   -1.270601
       /cut4 |  -.4884547   .0769493    -6.35   0.000    -.6392725   -.3376369
       /cut5 |   .4951727   .0767689     6.45   0.000     .3447085     .645637
       /cut6 |   1.985342   .1022939    19.41   0.000     1.784849    2.185834
-------------+----------------------------------------------------------------
   /sigma2_u |    .101118   .0658878                      .0281962    .3626319
------------------------------------------------------------------------------
LR test vs. ologit model: chibar2(01) = 3.31           Prob >= chibar2 = 0.0345
```

추정계수는 그림 10.9의 프로빗 모형 결과와 비교하였을 때 약간 차이가 있지만 이러한 차이는 e_{it}에 대한 분포가정의 차이에서 발생한다. 그러나 예측확률을 계산하였을 때는 로짓모형과 프로빗모형에서 거의 차이가 없다는 것을 보일 수 있다.* 그림 10.9와 마찬가지로 확률효과 모형이 적절하다는 귀무가설을 1% 유의수준에서 기각할 수 없다. 식 10.9에서 동일 패널그룹 내 오차항의 상관계수(intra-class correlation)를 정의하였다. 공식에 따라 확률효과 프로빗과 로짓 모형에서 상관계수 추정치를 계산하면 그림 10.11과 같다. 두 모형에서 상관계수 추정치는 0.031과 0.029로 거의 유사한 값이다.

그림 10.11 그룹 내 오차항 상관계수

```
. qui xtoprobit y x1 x2, nolog

. local u1=e(sigma_u)^2

. qui xtologit y x1 x2, nolog

. local u2=e(sigma_u)^2

.
. di "순서형 프로빗 모형에서 상관계수 = " `u1'/(1+`u1')
순서형 프로빗 모형에서 상관계수 = .03112206

. di "순서형 로짓 모형에서 상관계수 = " `u2'/((_pi^2/3)+`u2')
순서형 로짓 모형에서 상관계수 = .02981965
```

이번에는 패널 데이터 순서형 모형을 확률효과가 아니라 고정효과 모형으로 추정하는 방법에 대해 살펴보자. 고정효과 순서형(ordered) 로짓 모형은 DvS 추정량과 BUC 추정량을 이용할 수 있다. 아래에 제시된 do 파일은 Dickerson · Hole · Munford(2011)의 내용을

* 그림 10.9와 그림 10.10의 로그 우도함수 값이 거의 같다는 것도 알 수 있다.

가공한 것으로서 DvS 추정량을 구하기 위한 것이다. DvS 추정의 기본 아이디어는 다음과 같다. 본 예제에서 종속변수 y가 7개 범주를 가지고 있기 때문에 식 10.13에서 k는 2, 3, 4, 5, 6, 7 중 하나의 값을 가질 수 있다. 따라서 고정효과 패널 로짓 모형을 6번 추정해야 한다.* 다음과 같이 do 파일을 작성한다.

그림 10.12 DvS 추정량을 위한 do 파일

```
* 아래 내용을 먼저 do file로 만든 후 Stata에서 실행하세요.

local y y // 종속변수를 지정한다.
local x x1 x2 // 설명변수를 지정한다.
local id id // 패널 그룹 변수를 지정한다.

* 추정에 사용되는 표본을 미리 정한다.
marksample touse
markout `touse' `y' `x' `id'

qui sum `y' if `touse'
local ymax = r(max)  // 본 예제에서 r(max)=7 이 된다.
tempvar esample
gen `esample' = 0
tempname BMAT

forvalues i = 2(1)`ymax' {
        tempvar y`i'
        qui gen `y`i'' = `y' >= `i' if `touse'

        * 각 k에 대해서 고정효과 패널 로짓모형을 추정한다.
        qui clogit `y`i'' `x' if `touse', group(`id')

        qui replace `esample' = 1 if e(sample)
        estimates store `y`i''
        local suest `suest' `y`i''
        capture matrix `BMAT' = `BMAT', e(b)
        if (_rc != 0) matrix `BMAT' = e(b)
}

qui suest `suest'   // Seemingly Unrelated Regression: SUR 을 실행한다.

* Calculate Das and Van Soest estimates
tempname VMAT A B COV
local k : word count `x'
matrix `VMAT' = e(V)
matrix `A' = J((`ymax'-1),1,1)#I(`k')
matrix `B' = (invsym(`A''*invsym(`VMAT')*`A')*`A''*invsym(`VMAT')*`BMAT'')'
matrix `COV' = invsym(`A''*invsym(`VMAT')*`A')
```

* 고정효과 패널 로짓모형은 민인식 · 최필선(2022) 15장을 참고하라.

```
matrix colnames `B' = `x'
matrix coleq `B' = :
matrix colnames `COV' = `x'
matrix coleq `COV' = :
matrix rownames `COV' = `x'
matrix roweq `COV' = :
qui cou if `esample'
local obs = r(N)

* 마지막 추정치를 표로 만들어준다.
ereturn post `B' `COV', depname(`y') obs(`obs') esample(`esample')

ereturn display
```

위 do 파일에서는 Stata의 행렬 연산 명령어를 많이 사용하고 있다. 행렬 연산의 자세한 설명은 이 책의 범위를 넘어서는 관계로 생략한다.* 위 do 파일 실행결과가 아래(그림 10.13) 나와 있다. 결과를 보면 x1과 x2 변수의 추정계수가 양(+)이고 0과 유의하게 다름을 알 수 있다.

그림 10.13 DvS 추정 결과

```
. ereturn display
------------------------------------------------------------------------------
           y |      Coef.   Std. Err.      z    P>|z|     [95% Conf. Interval]
-------------+----------------------------------------------------------------
          x1 |   .9536145   .1170775     8.15   0.000     .7241468    1.183082
          x2 |   .4831106   .0622217     7.76   0.000     .3611583    .6050629
------------------------------------------------------------------------------
```

고정효과 순서형 로짓 모형의 또 다른 추정방법은 BUC 추정량을 계산하는 것이다. Baetschmann et al.(2020)에서 소개한 feologit 명령어를 사용한다.** 아래에 명령문과 실행결과가 나와 있다. 명령문에 group 옵션을 두고 그 괄호 안에 패널 개체 변수 이름을 지정해 준다.

그림 10.14 BUC 추정결과

```
. feologit y x1 x2, group(id) nolog

note: multiple positive outcomes within groups encountered.
```

* Stata에서 행렬연산의 기초는 민인식(2012)을 참고하라

** findit felogit 명령문을 실행하여 먼저 다운로드 받는다.

```
Fixed-effects ordered logistic regression

                                            N. of obs. (inc. copies) =      4340
                                            N. of observations       =      1000
                                            N. of panel units        =       100
                                            Wald chi2(2)             =    119.63
                                            Prob > chi2              =    0.0000
Log conditional likelihood =  -1611.662    Pseudo R2                =    0.0934
                                       (Std. err. adjusted for 100 clusters in id)
------------------------------------------------------------------------------
             |               Robust
           y | Coefficient  std. err.      z    P>|z|     [95% conf. interval]
-------------+----------------------------------------------------------------
          x1 |   1.028546   .1271768     8.09   0.000     .7792844    1.277808
          x2 |    .473872   .0634676     7.47   0.000     .3494778    .5982662
------------------------------------------------------------------------------

. qui feologit, or
```

본 예제 데이터는 100명의 개인 id가 존재하고 각 개인이 10개의 시계열 관측치를 가지고 있다. 앞서 설명하였듯이 BUC 추정은 6개의 k값에 따라 데이터를 다시 구성하기 때문에 총 6,000개의 관측치를 이용하는 셈이다. 그러나 위 결과의 맨 윗부분에 나와 있듯이, 그 중 166개 그룹(1,660개 관측치)은 그룹 내 모든 시점에서 같은 값을 갖고 있으므로 추정표본에서 제외됐음을 알 수 있다. BUC 추정치는 모두 부호가 양(+)이며 0과 유의하게 다르다. 또한 앞에서 본 DvS 추정결과와 상당히 유사하다는 것을 확인할 수 있다.

추정계수 대신 승산비(odds ratio)를 얻고자 하면 feologit 명령문에서 or 옵션을 사용할 수 있다.

사후분석 명령어: 확률효과 로짓모형

패널 확률효과에서 j 선택에 대한 확률예측은 식 10.2의 공식을 이용한다. 횡단면과 차이점은 확률효과 u_i가 사전적 평균인 0이라고 가정하고 각 선택 j 확률을 계산한다. 본 예제에서는 확률효과 로짓모형을 추정한 후 예측확률을 계산하는 과정을 설명한다. 그림 10.15에 명령문과 실행결과를 제시한다.

그림 10.15 xtologit과 margins 명령문

```
. qui xtologit y x1 x2, nolog

. margins, at(x1=(-2(0.1)2)) predict(pu0 outcome(1)) noatlegend atmeans
```

```
Adjusted predictions                          Number of obs     =      1,000
Model VCE    : OIM

Expression   : Predicted mean (1.y), assuming u_i=0, predict(pu0 outcome(1))

------------------------------------------------------------------------------
             |            Delta-method
             |     Margin   Std. Err.      z    P>|z|     [95% Conf. Interval]
-------------+----------------------------------------------------------------
         _at |
          1  |    .227266   .0485798     4.68   0.000     .1320514    .3224805
          2  |   .2049446    .043763     4.68   0.000     .1191706    .2907186
          3  |   .1842927   .0392019     4.70   0.000     .1074584     .261127
          --------------- 결과 중략 ----------------------------------------

         39  |   .0019569   .0005805     3.37   0.001     .0008191    .0030947
         40  |   .0017156    .000524     3.27   0.001     .0006886    .0027426
         41  |    .001504   .0004728     3.18   0.001     .0005773    .0024306
------------------------------------------------------------------------------
```

위 margins 명령문에서는 x1 변수 값이 -2~2 범위로 주어졌을 때 $\Pr(y_{it}=1)$ 확률을 계산한다. predict(pu0 outcome(1))에서 pu0는 확률효과를 0으로 간주하고 예측확률을 계산하라는 의미이다. outcome(1)은 $j=1$을 선택할 확률을 계산하라는 의미이다. 위 결과를 그래프로 표현하기 위해서는 다음과 같이 marginsplot 명령어를 이용한다. x1변수가 증가함에 따라 $j=1$을 선택할 확률이 점차 감소함을 알 수 있다.

그림 10.16 marginsplot 명령문

```
. marginsplot , noci recast(line)
```

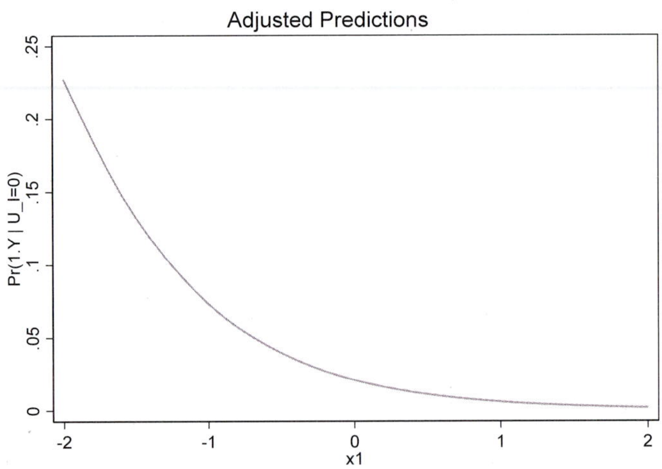

그림 10.16은 $j=1$에 대한 예측확률만 보여주고 있다. 만약 하나의 그래프에서 $j=1$과 $j=4$ 범주를 선택할 확률을 동시에 보여주고자 하면 그림 10.17과 같이 명령문을 작성한다.

그림 10.17 $\Pr(j=1)$**과** $\Pr(j=4)$ **예측확률 그래프**

```
. qui xtologit y x1 x2, nolog

. qui margins ,  at(x1=(-2(0.1)2)) predict(pu0 outcome(1)) predict(pu0 outcome(4))
 noatlegend  atmeans

. marginsplot, noci recast(line) plot2opts(lpattern(longdash))
```

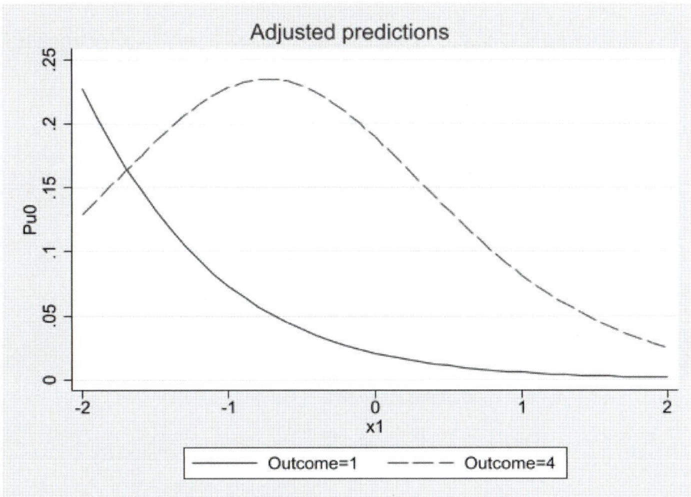

margins 명령문을 살펴보면 predict 옵션을 2번 사용한다. 첫 번째 predict 옵션에서는 outcome(1)에 대한 예측확률이고 두 번째 predict 옵션에서는 outcome(4)에 대한 예측확률을 의미한다. marginsplot 옵션 중 plot2opts(lpatter(longdash)은 두 번째 라인그래프를 점선으로 표현하라는 뜻이다. x1 값이 증가함에 따라 $j=1$을 선택할 확률은 점차 줄어들고 $j=4$를 선택할 확률은 $x_1=-0.7$일 때 가장 높다.

식 10.3에서는 설명변수가 각 범주 선택확률에 미치는 한계효과를 제시하고 있다. 패널모형에서도 $u_i=0$으로 가정하고 한계효과를 계산할 수 있다. 그림 10.18의 명령문에서 알 수 있듯이 한계효과를 계산하기 위해서는 dydx( ) 옵션을 사용한다. 첫 번째 결과는 $\frac{\partial \Pr(y_{it}=1)}{\partial x_1}$을 계산한 값이다*. x_1이 1단위 증가하면 $j=1$을 선택할 확률이 2.6%p씩

---

* 식 10.3에 따르면 한계효과는 x_1 값에 의존한다. 따라서 그림 10.17의 한계효과는 특정한 x_1 값에서 한

감소한다고 해석할 수 있다. 두 번째 결과는 $\dfrac{\partial \Pr(y_{it}=4)}{\partial x_1}$을 계산한 값이다. x_1이 1단위 증가하면 $j=1$을 선택할 확률이 10.6%p씩 감소한다고 해석할 수 있다.

그림 10.18 한계효과 계산

```
. qui xtologit y x1 x2, nolog

. margins, predict(pu0 outcome(1)) noatlegend atmeans dydx(x1)
Conditional marginal effects                    Number of obs     =      1,000
Model VCE    : OIM

Expression   : Predicted mean (1.y), assuming u_i=0, predict(pu0 outcome(1))
dy/dx w.r.t. : x1

------------------------------------------------------------------------------
             |            Delta-method
             |      dy/dx   Std. Err.      z    P>|z|     [95% Conf. Interval]
-------------+----------------------------------------------------------------
          x1 |  -.0268803   .0051928    -5.18   0.000    -.0370579   -.0167026
------------------------------------------------------------------------------

. margins, predict(pu0 outcome(4)) noatlegend atmeans dydx(x1)
Conditional marginal effects                    Number of obs     =      1,000
Model VCE    : OIM

Expression   : Predicted mean (4.y), assuming u_i=0, predict(pu0 outcome(4))
dy/dx w.r.t. : x1

------------------------------------------------------------------------------
             |            Delta-method
             |      dy/dx   Std. Err.      z    P>|z|     [95% Conf. Interval]
-------------+----------------------------------------------------------------
          x1 |  -.1069256   .0134108    -7.97   0.000    -.1332103   -.0806409
------------------------------------------------------------------------------
```

10.4 Stata do file

```
use A_data10_1, clear
tab warm, nolabel
label list sd2sa
ologit warm yr89 male white age ed prst, nolog
oprobit warm yr89 male white age ed prst, nolog

qui ologit warm yr89 male white age ed prst, nolog
fitstat
```

계효과를 계산한 것이 아니고 평균적 한계효과(Average Marginal Effects: AME)를 계산한 결과이다.

```
qui ologit warm yr89 male white age ed prst, nolog
predict SD D A SA
egen warm_pr = rowmax(SD- SA)
gen SD1=(SD>=warm_pr)
gen D1=2*(D>=warm_pr)
gen A1=3*(A>=warm_pr)
gen SA1=4*(SA>=warm_pr)
egen warm_pr1 = rowtotal(SD1- SA1), missing
gen warm_pr2=(warm==warm_pr1)
tab warm_pr2

qui ologit warm yr89 male white age ed prst, nolog
predict SDpr Dpr Apr SApr
predict Dpr1,outcome(2)
dotplot SDpr- SApr

qui ologit warm yr89 male i.white age ed prst, nolog
margins white, atmeans predict(outcome(4))
margins white, predict(outcome(4))

qui ologit warm yr89 male i.white age ed prst, nolog
margins, at(age=(20(5)80)) atmeans ///
predict(outcome(4)) noatlegend
marginsplot, noci

margins, atmeans predict(outcome(4)) dydx(age)

omodel logit warm yr89 male white age ed prst

qui ologit warm yr89 male white age ed prst, nolog
brant, detail

qui oprobit warm yr89 male white age ed prst, nolog
brant, detail  // error message
omodel probit warm yr89 male white age ed prst

ologit warm yr89 male white age ed prst x1, nolog
tab x1 warm

oglm warm yr89 male white age ed prst , nolog

oglm warm yr89 male white age ed prst , nolog link(probit)

use A_data10_2, clear
tab y
tsset id time
xtoprobit y x1 x2, nolog
```

```
xtologit y x1 x2, nolog

qui xtoprobit y x1 x2, nolog
local u1=e(sigma_u)^2
qui xtologit y x1 x2, nolog
local u2=e(sigma_u)^2
di "순서형 프로빗 모형에서 상관계수 = " `u1'/(1+`u1')
di "순서형 로짓 모형에서 상관계수 = " `u2'/((_pi^2/3)+`u2')

* 아래 내용을 먼저 do file로 만든 후 Stata에서 실행하세요.
local y y // 종속변수를 지정한다.
local x x1 x2 // 설명변수를 지정한다.
local id id // 패널 그룹 변수를 지정한다.

* 추정에 사용되는 표본을 미리 정한다.
marksample touse
markout `touse' `y' `x' `id'

qui sum `y' if `touse'
local ymax = r(max)  // 본 예제에서 r(max)=7 이 된다.
tempvar esample
gen `esample' = 0
tempname BMAT

forvalues i = 2(1)`ymax' {
        tempvar y`i'
        qui gen `y`i'' = `y' >= `i' if `touse'

    * 각 k에 대해서 고정효과 패널 로짓모형을 추정한다.
        qui clogit `y`i'' `x' if `touse', group(`id')

        qui replace `esample' = 1 if e(sample)
        estimates store `y`i''
        local suest `suest' `y`i''
        capture matrix `BMAT' = `BMAT', e(b)
        if (_rc != 0) matrix `BMAT' = e(b)
}

qui suest `suest'   // Seemingly Unrelated Regression: SUR 을 실행한다.

* Calculate Das and Van Soest estimates
tempname VMAT A B COV
local k : word count `x'
matrix `VMAT' = e(V)
matrix `A' = J((`ymax'-1),1,1)#I(`k')
matrix `B' = (invsym(`A''*invsym(`VMAT')*`A')*`A''*invsym(`VMAT')*`BMAT'')'
matrix `COV' = invsym(`A''*invsym(`VMAT')*`A')

matrix colnames `B' = `x'
```

```
matrix coleq `B' = :
matrix colnames `COV' = `x'
matrix coleq `COV' = :
matrix rownames `COV' = `x'
matrix roweq `COV' = :
qui cou if `esample'
local obs = r(N)

* 마지막 추정치를 표로 만들어준다.
ereturn post `B' `COV', depname(`y') obs(`obs') esample(`esample')
ereturn display

* 고정효과 순서형 로짓 모형
feologit y x1 x2, group(id) nolog
qui feologit, or

qui xtologit y x1 x2, nolog
margins, at(x1=(-2(0.1)2)) predict(pu0 outcome(1)) ///
noatlegend atmeans
marginsplot , noci recast(line)

qui xtologit y x1 x2, nolog
qui margins, at(x1=(-2(0.1)2)) predict(pu0 outcome(1)) predict(pu0 outcome(4))
noatlegend atmeans
marginsplot, noci recast(line) plot2opts(lpattern(longdash))

qui xtologit y x1 x2, nolog
margins, predict(pu0 outcome(1)) noatlegend atmeans dydx(x1)
margins, predict(pu0 outcome(4)) noatlegend atmeans dydx(x1)
```

CHAPTER 11 | 패널 다항 로짓모형

11.1 횡단면 다항 로짓모형

종속변수가 비순서형 선택(unordered choice)일 때, 다항(multinomial) 모형을 주로 사용한다. 가령, 종속변수가 취업 상태라고 하면 취업, 미취업, 비경제활동 이렇게 세 가지 범주로 나눌 수 있다. 또는 결혼 상태라고 하면 현재 결혼해서 배우자가 있는 경우, 미혼인 경우, 현재 이혼한 경우로 범주를 분류할 수 있다. 또 다른 예로 투표 시 정당 선택이나 제2외국어 선택, 전공 선택 등도 다항 모형에 속한다. 종속변수가 선택형 범주라는 점에서는 앞장의 순서형 모형과 이번 장의 다항 모형이 동일하지만, 순서형 모형은 선택 범주들의 순서가 의미를 지니는 반면, 다항 모형은 그렇지 않은 경우이다.

비순서형 선택 모형은 크게 다음과 같은 세 가지 형태로 구분될 수 있다. 첫째, 다항 로짓모형으로서 각 개인이 특정 선택을 할 때 그 선택확률이 의사결정자인 개인 특성(individual-specific)에 의해서만 결정된다고 본다. 예를 들면 개인의 직업 선택이 전적으로 학력, 나이, 성별 등 개인의 특성 변수에 의해서만 결정된다고 가정하면 바로 다항 로짓모형에 속한다. 둘째, 조건부(conditional) 로짓모형, 또는 혼합(mixed) 로짓모형은 개인의 선택확률이 개인 특성과 선택 특성에 의존한다고 가정한다. 예를 들어 가족여행에서 특정 지역까지 가는 교통수단을 선택할 때, 각 가구의 소득과 가족 수 등 개인 특성도 고려하지만, 선택 가능한 교통수단의 특성(비용이나 시간)도 고려해야 한다. 셋째, 중첩(nested) 로짓모형은 기본적으로 조건부 로짓모형과 유사하지만, 종속변수인 비순서형 선택끼리 상관관계가 있는 경우에 주로 사용한다. 직장까지 출근하는 교통수단의 경우에 버스, 지하철, 자가용 세 가지 옵션이 가능하다고 하자. 이 중 버스와 지하철은 대중교통수단이라는 큰 범주에 속하기 때문에 버스와 지하철 선택은 서로 상관관계가 존재한다고 볼 수 있다. 이상 세 가지 비순서형 선택 모형 중 본 장에서는 첫 번째인 다항 로짓모형에 대해서만 설명하기로 한다.*

비순서형 선택 모형은 가법적 확률효용(additive random utility) 이론으로 모형에 접근한다. 개인 i에게 m개의 선택이 가능하다고 해보자. m개 중에서 j번째 범주를 선택하는

* 혼합 로짓모형과 중첩(nested) 로짓모형에 대해서는 민인식 · 최필선(2021) 14장과 15장을 참고하라.

이유는 다른 모든 선택에 비해 j번째 선택에서 얻는 효용이 가장 크기 때문이라고 가정한다. 물론 효용은 눈에 보이지 않는다. 이것을 잠재변수(latent variable)로 간주하고 이를 기반으로 선택된 종속변수가 우리에게 관찰되는 것으로 본다. 잠재변수, 즉 관찰되지 않는 효용을 다음과 같이 규정한다.

$$U_j = V_j + \epsilon_j, \quad j = 1, 2, \cdots, m \tag{11.1}$$

여기에서 V_j는 확정적 효용(deterministic utility)으로서 관찰된 설명변수에 의해 설명되는 효용의 크기이다. 즉 설명변수의 선형함수 형태로 표현된다. ϵ_j는 확률적 효용(stochastic utility)의 크기이다. 여러 범주 중에서 j를 선택하는 이유는 다른 선택에 비해 효용이 가장 크기 때문이라고 가정한다. 즉,

$$\begin{aligned} \Pr(y = j) &= \Pr(U_j > U_k, \ all \ k \neq j) \\ &= \Pr(U_k - U_j < 0, \ all \ k \neq j) \\ &= \Pr(\epsilon_k - \epsilon_j < V_j - V_k, \ all \ k \neq j) \end{aligned} \tag{11.2}$$

예를 들어 $m = 3$이고, $j = 1$이라면 위 식은 다음과 같이 쓸 수 있다.

$$\begin{aligned} \Pr(y = 1) &= \Pr(\epsilon_2 - \epsilon_1 < V_1 - V_2, \ \epsilon_3 - \epsilon_1 < V_1 - V_3) \\ &= \int_{-\infty}^{V_1 - V_2} \int_{-\infty}^{V_1 - V_3} f(\epsilon_2 - \epsilon_1, \epsilon_3 - \epsilon_1) d(\epsilon_2 - \epsilon_1) d(\epsilon_3 - \epsilon_1) \end{aligned} \tag{11.3}$$

위 확률을 계산하기 위해서는 오차항의 결합확률분포 함수를 가정해야 한다. 또한 위의 예처럼 $m = 3$이면 2개의 적분을 풀어야 하고, 선택이 m개면 $(m-1)$개의 다중적분을 풀어야 한다.

오차항의 분포에 대해 제1종 극단값 분포(Type I extreme value distribution)를 가정하면 확률밀도함수(PDF)는 다음과 같다.

$$f(\epsilon_j) = \exp(-\epsilon_j)\exp(-\exp(\epsilon_j)) \tag{11.4}$$

위 분포 하에서 오차항이 서로 독립(independent)이면, 식 11.3의 이중적분은 다음과 같이 간단한 형태로 표현된다.

$$\Pr(y=1) = \frac{e^{V_1}}{e^{V_1}+e^{V_2}+e^{V_3}} \tag{11.5}$$

확정적 효용부분을 설명변수의 선형함수로 표현하면 $V_{i1} = x_i\beta_1$, $V_{i2} = x_i\beta_2$, $V_{i3} = x_i\beta_3$가 된다. 따라서 식 11.5는 다음과 같이 쓸 수 있다.

$$\Pr(y_i=1) = \frac{e^{x_i\beta_1}}{e^{x_i\beta_1}+e^{x_i\beta_2}+e^{x_i\beta_3}}$$

$$\Pr(y_i=2) = \frac{e^{x_i\beta_2}}{e^{x_i\beta_1}+e^{x_i\beta_2}+e^{x_i\beta_3}}$$

$$\Pr(y_i=3) = \frac{e^{x_i\beta_3}}{e^{x_i\beta_1}+e^{x_i\beta_2}+e^{x_i\beta_3}}$$

기준 범주(base category)를 1번으로 정하면 승산(odds)은 다음과 같다.

$$\frac{\Pr(y_i=2)}{\Pr(y_i=1)} = \frac{e^{x_i\beta_2}}{e^{x_i\beta_1}} = \exp(x_i(\beta_2-\beta_1)) \tag{11.6}$$

$$\frac{\Pr(y_i=3)}{\Pr(y_i=1)} = \frac{e^{x_i\beta_3}}{e^{x_i\beta_1}} = \exp(x_i(\beta_3-\beta_1)) \tag{11.7}$$

식 11.6과 11.7은 이항 로짓모형의 승산 표현과 같기 때문에 다항 "로짓" 모형이라는 이름이 지어졌다. 식 11.6에서 추정되는 모수는 $(\beta_2-\beta_1)$이다. β_1과 β_2가 따로 추정되지 않기 때문에 계수 식별(identification)을 위해서 $\beta_1 = 0$으로 놓자. 이 경우 로그승산 값은 $x_i\beta_2$이 된다. 만약 β_2와 β_3 추정치를 알고 있다면 위 2개의 승산을 모두 계산할 수 있다. 한편, 위 식 11.6과 11.7을 이용하면, 또 다른 나머지 승산 하나도 쉽게 구할 수 있다. 즉,

$$\frac{\Pr(y_i=2)}{\Pr(y_i=3)} = \frac{\dfrac{\Pr(y_i=2)}{\Pr(y_i=1)}}{\dfrac{\Pr(y_i=3)}{\Pr(y_i=1)}} = \exp(x_i(\beta_2-\beta_3)) \tag{11.8}$$

따라서 β_2와 β_3 추정치를 알고 있다면 위의 승산 역시 쉽게 계산할 수 있다. 따라서 m개의 선택 범주가 있을 때, $(m-1)$개의 이항 로짓모형을 동시에 추정하는 아이디어가 다항 로짓모형이다. 다항 로짓모형에서 최우추정량을 구하기 위한 로그우도함수는 다음과 같다.

$$\log L = \sum_{i=1}^{n}\sum_{j=1}^{m} I(y_i = j)\ln Pr\,(y_i = j|x_i) \tag{11.9}$$

설명변수 x_i가 1단위 증가했을 때 한계효과는 다음과 같이 계산할 수 있다. 예를 들어 $m = 3$일 때, 2번 범주를 선택할 확률에 대한 한계효과는 다음과 같다.

$$\frac{\partial \Pr(y_i = 2|x_i)}{\partial x_i} = \Pr(y_i = 2)\left[\beta_2 - \sum_{j=1}^{3}\beta_j \Pr(y_i = j)\right] \tag{11.10}$$

다항 로짓모형은 한 가지 제약조건을 가지고 있다. 식 11.1에서 오차항들이 서로 독립이라는 가정이다. 이 제약은 IIA(Independence of Irrelevant Alternatives) 가정과 연관되어 있다. 식 11.8을 보면 2번과 3번 범주 사이의 승산은 β_1에 의존하지 않는다. 특정 두 범주의 승산은 나머지 범주와 무관하다는 의미이다. 이러한 제약은 특정한 선택 집합에서는 적절하지 않을 수 있다. 가령 직장까지 출근 시 버스, 지하철, 자가용을 이용할 수 있을 때 버스 파업으로 인해 "버스" 선택을 할 수 없는 상황이 된다면 지하철과 자가용 사이의 승산이 일정하게 유지하는 것이 아니라 지하철 선택확률이 상대적으로 커질 것으로 예상할 수 있다. 따라서 버스 선택이 없어지게 되면 지하철과 자가용 사이의 승산은 버스 선택이 있는 경우와 비교하여 더 커졌을 것으로 예상한다. 이렇게 IIA 제약조건이 적절치 않은 경우가 있을 수 있고, 이런 경우 다항 로짓모형 대신 중첩(nested) 로짓모형이 더 바람직하다.

11.2 패널 다항 로짓모형

본 절에서는 비순서형 선택 데이터가 패널 구조일 때 다항 로짓모형을 추정하는 방법을 소개한다. 개인 i가 시점 t에서 j를 선택했을 때 효용은 다음과 같다고 가정하자.

$$U_{itj} = x_{it}\beta_j + u_{ij} + e_{itj} \tag{11.11}$$

위 식에서 u_{ij}는 개인-선택 특성 요인이고 e_{itj}는 개인-시점-선택 특성 요인이다. 횡단면 모형과 유사하게 e_{itj}는 서로 독립인 제1종 극단값 분포를 가정한다. 따라서 $m = 3$인 경우 로그승산의 패널 버전은 다음과 같다.

$$\ln\left(\frac{\Pr(y_{it} = 2)}{\Pr(y_{it} = 1)}\right)\Bigg|\,(x_{it}, u_{ij}) = x_{it}\beta_2 + u_{i2} \tag{11.12}$$

우선 확률효과 다항 로짓모형에서는 일반적으로 $u_i = [u_{i1}, u_{i2}, u_{i3}]$에 대해 다변량 정규분포를 가정한다. 이 경우 개인 i의 우도 기여분(likelihood contribution)은 다음과 같다.

$$L_i = \int_{u_i} \prod_{t=1}^{T} \frac{\exp(x_{it}\beta_{j(t)} + u_{ij(t)})}{\sum_{k=1}^{m} \exp(x_{it}\beta_k + u_{ik})} f(u_i) du_i \tag{11.13}$$

여기에서 $f(u_i)$는 다변량 정규 확률밀도함수(pdf)이고, $j(t)$는 t시점에서 관찰된 선택을 의미한다. 또한 식별조건을 위해서 β_1과 u_{i1}은 0으로 둔다. m이 많아질수록 계산이 어려워지는 단점이 있다. Stata는 이 적분 계산을 앞서 설명한 패널 카운트모형과 유사하게 Gauss-Hermite quadrature approximation을 통해 수치적으로(numerically) 계산하게 된다.

u_{ij}를 고정된 모수로 간주하는 고정효과 다항 모형 추정은 $(m-1)$개의 고정효과 로짓 모형을 동시에 추정하는 방식으로 수행할 수 있다. 이 추정방법은 모수에 대한 불편추정량(unbiased estimator)을 얻을 수 있지만, 어떤 범주를 기준 범주(base category)로 정하느냐에 따라 결과가 달라지는 단점이 있다. 고정효과 모형을 추정하는 또 다른 방법은 10장에서 설명한 고정효과 순서형 로짓모형과 같은 아이디어로 Chamberlain(1980)의 조건부 우도함수(conditional likelihood function)를 이용한다. Pforr(2014)는 이러한 조건부 우도함수를 이용해 고정효과 모형을 추정하는 Stata 명령어를 개발하였다.

잠재변수 y^*_{itj}에 대하 다음과 같은 선형관계를 가정하자.

$$y^*_{itj} = \alpha_{ij} + x_{it}\beta_j + e_{itj} \tag{11.14}$$

위 식에서 i 는 패널 그룹, t는 시간 j는 선택범주이다. 그룹 이질성 효과는 α_{ij}에 포함되어 있다. e_{itj}는 type I 극단치(extreme-value) 분포를 따르는 확률변수로 가정한다. 잠재변수 y^*_{itj}와 실제로 선택된 범주(j)와는 다음과 같은 관계를 따른다. 즉 J개의 선택 가능한 범주 중에 j를 선택할 때 가장 잠재변수 값이 크다는 것을 의미한다.

$$\Pr(y_{it} = j \mid \alpha_i, \beta, x_{it}) = \Pr(\max_{k=(1,\ldots,J)} y^*_{itk} = y^*_{itj} \mid \alpha_i, \beta, x_{it}) \tag{11.15}$$

기준 범주를 B라고 할 때 그 외 범주를 선택할 확률은 다음과 같이 구할 수 있다.

$$\Pr(y_{it} = j \mid \alpha_i, \beta, x_{it}) = \frac{\exp(\alpha_{ij} + x_{it}\beta_j)}{1 + \sum_{k \neq B} \exp(\alpha_{ik} + x_{it}\beta_k)} \tag{11.16}$$

위 식에서 모든 j에 대해 $\alpha_{ij} = \alpha_i$이면, 즉 그룹 이질성이 존재하지 않으면, 합동(pooled) 다항 로짓모형이 된다. 그러나 패널 고정효과 모형에서는 모든 범주 j에 대해 α_{ij}가 서로 갈다고 간주할 필요가 없다. 이러한 가정에서 Chamberlain은 α_{ij}를 없앨 수 있는 로그 우도함수를 도출하였다. 이에 대한 자세한 내용은 Chamberlain(1980, p231)을 참고하라.

Allison(2009)에서는 하이브리드(hybrid) 방식의 고정효과 다항 모형 추정을 제안하였다. 이를 간략히 소개하면, 우선 시간에 따라 변하는 설명변수에 대해 within 및 between 변환을 실행하여 새로운 변수로 만든다.* 그러나 종속변수인 y_{it}에 대해서는 특별한 변환을 하지 않는다. 새로 만든 설명변수들을 이용하여 확률효과 다항 모형 또는 횡단면 다항 모형을 추정하면 그것으로부터 고정효과 다항 모형 추정치를 얻게 된다. 추정 시 주의할 점은 추정계수 표준오차는 그룹 내 상관관계를 고려하여 구해야 한다. 하이브리드 모형에서 로그 승산은 새로 만든 변수들의 선형함수로 표현된다.

$$\ln\left(\frac{\Pr(y_{it}=2)}{\Pr(y_{it}=1)}\right)= Dx_{it}\beta_2 + Mx_i\gamma_2 \qquad (11.17)$$

위 식에서 $Dx_{it}=(x_{it}-\overline{x}_i)$, $Mx_i=\overline{x}_i$로 시간에 따라 변하지 않는 설명변수로 바뀌게 된다.

11.3 STATA 실습

횡단면 다항 로짓모형 추정

데이터 파일: A_data11_1.dta

본 예제 데이터**에서 종속변수 occ는 각 개인의 직업을 의미한다. 개인의 직업선택을 비순서형 선택으로 간주하면 다항 로짓모형이 된다. 횡단면 다항 모형은 mlogit 명령어를 사용하여 추정한다. 다음은 mlogit 명령어 실행결과이다.

그림 11.1 횡단면 다항 로짓모형 추정결과

```
. mlogit occ white ed exper, nolog

Multinomial logistic regression                 Number of obs     =        337
                                                LR chi2(12)       =     166.09
                                                Prob > chi2       =     0.0000
Log likelihood = -426.80048                     Pseudo R2         =     0.1629

------------------------------------------------------------------------------
         occ |      Coef.   Std. Err.      z    P>|z|     [95% Conf. Interval]
```

* within 및 between 변환에 대한 자세한 설명은 민인식·최필선 (2022) 7장과 8장을 참고하라.

** Long·Freese(2005) 6장의 예제 데이터를 사용한다.

```
-------------+----------------------------------------------------------------
Menial       |
       white |  -1.774306   .7550543    -2.35   0.019    -3.254186   -.2944273
          ed |  -.7788519   .1146293    -6.79   0.000    -1.003521   -.5541826
       exper |  -.0356509    .018037    -1.98   0.048    -.0710028    -.000299
       _cons |   11.51833   1.849356     6.23   0.000     7.893659      15.143
-------------+----------------------------------------------------------------
BlueCol      |
       white |  -.5378027   .7996033    -0.67   0.501    -2.104996    1.029391
          ed |  -.8782767   .1005446    -8.74   0.000     -1.07534   -.6812128
       exper |  -.0309296   .0144086    -2.15   0.032     -.05917    -.0026893
       _cons |   12.25956   1.668144     7.35   0.000     8.990061    15.52907
-------------+----------------------------------------------------------------
Craft        |
       white |  -1.301963    .647416    -2.01   0.044    -2.570875   -.0330509
          ed |  -.6850365   .0892996    -7.67   0.000    -.8600605   -.5100126
       exper |  -.0079671   .0127055    -0.63   0.531    -.0328693    .0169351
       _cons |   10.42698   1.517943     6.87   0.000     7.451864    13.40209
-------------+----------------------------------------------------------------
WhiteCol     |
       white |  -.2029212   .8693072    -0.23   0.815    -1.906732     1.50089
          ed |  -.4256943   .0922192    -4.62   0.000    -.6064407   -.2449479
       exper |   -.001055   .0143582    -0.07   0.941    -.0291967    .0270866
       _cons |   5.279722   1.684006     3.14   0.002     1.979132    8.580313
-------------+----------------------------------------------------------------
Prof         |  (base outcome)
------------------------------------------------------------------------------

. qui mlogit occ white ed exper, nolog base(1)
```

본 예제에서는 $m=5$이므로 $m-1=4$개의 이항 로짓 결과가 제시되어 있다. 기준 범주를 지정해 주지 않으면, occ=5: 전문직(Professional)이 자동으로 설정된다.* 기준 범주를 바꾸고자 하면 맨 아래에 제시된 명령문 예처럼 base( ) 옵션을 지정해준다. base(1)이라고 하면 1번 범주인 단순직(Menial)이 기본 범주가 된다. 결과 중에서 맨 위 행에 있는 것은 전문직과 단순직 사이의 이항 로짓모형 추정결과로서 white 변수의 추정계수가 음수임을 알 수 있다. 이에 대한 해석은 일반적인 이항 로짓모형과 같다. 즉 다른 인종에 비해 백인이 단순직을 택할 확률이 낮다고 해석한다. 식 11.8에서 설명하였듯이 위에서 제시된 범주 조합(pair) 외에 다른 조합에 대한 추정계수는 식 11.18을 이용하여 구할 수 있다. 가령 단순직과 화이트컬러(WhiteCol) 사이의 이항 로짓모형에서 white 변수의 추정계수는 $\beta_1^{White}-\beta_4^{White}=-1.77-(-0.20)=-1.57$, 즉 백인일수록 단순직을 택할 확률이 줄어든다.

* occ 변수의 1~5 값 중에서 5(전문직)의 빈도가 가장 크기 때문에 base category가 된다.

위 결과에 4개의 이항 로짓결과가 제시되어 있는데, 이에 대해 교차방정식(cross-equation) 검정이 가능하다. 예를 들어 단순직(Menial) 결과의 white 변수 추정치와 화이트 컬러(WhiteCol) 결과의 white 변수 추정치가 통계적으로 같은지 검정할 수 있다. 이를 위해서는 test 명령어 다음에 [Menial]white=[WhiteCol]white 식으로 입력해 준다. [ ] 괄호안에 방정식 이름을 입력하고 그 옆에는 변수 이름을 지정한 다음, 원하는 교차방정식 제약을 제시한다. 다음은 실행결과이다.

그림 11.2 횡단면 다항 로짓모형에서 교차방정식 가설검정

```
. qui mlogit occ white ed exper, nolog

. test [Menial]white=[WhiteCol]white

 ( 1)  [Menial]white - [WhiteCol]white = 0

           chi2(  1) =    3.03
         Prob > chi2 =    0.0817


. test white

 ( 1)  [Menial]white = 0
 ( 2)  [BlueCol]white = 0
 ( 3)  [Craft]white = 0
 ( 4)  [WhiteCol]white = 0
 ( 5)  [Prof]o.white = 0
       Constraint 5 dropped

           chi2(  4) =    8.15
         Prob > chi2 =    0.0863

. test [Menial]

 ( 1)  [Menial]white = 0
 ( 2)  [Menial]ed = 0
 ( 3)  [Menial]exper = 0

           chi2(  3) =   48.19
         Prob > chi2 =    0.0000
```

위 결과에서 교차방정식 제약에 대한 가설검정 결과를 보면, p값이 0.05보다 크기 때문에 5% 유의수준에서 귀무가설을 기각할 수 없다. 즉 두 방정식의 white 변수의 추정계수가 서로 다르다고 말할 수 없는 것이다. 한편, test 명령어 다음에 방정식 이름을 지정하지 않고 그냥 white라고 입력하면 4개 방정식에서 white 변수가 동시에 0인지를 검정한다. 위 결과를 보면, 5% 유의수준에서 귀무가설을 기각할 수 없다. 즉, 백인(white) 변수는 직업 선택에 유의한 영향을 미치지 않는다고 해석된다. 이번에는 test 명령어 다음에 [Menial]이라고 입력하면 Menial 방정식에 들어 있는 모든(여기서는 3개) 설명변수가 동시에 0인지 가설검정 해준다. p값이 매우 작아 귀무가설을 기각하게 된다.

Tip 11.1 ● lincom과 nlcom 명령어

앞의 그림 11.1의 결과와 관련하여 계산한 추정계수 $\beta_1^{White} - \beta_4^{White}$의 표준오차를 계산하는 방법을 소개한다. 기존 추정치들의 선형결합 또는 비선형 결합으로 새로운 추정계수를 얻는 경우 표준오차와 유의성검정은 lincom(선형 결합인 경우)이나 nlcom(비선형 결합인 경우)을 이용하여 행할 수 있다. 다음은 실행 예제이다.

```
. qui mlogit occ white ed exper, nolog

. lincom [Menial]white-[WhiteCol]white

 ( 1)  [Menial]white - [WhiteCol]white = 0

------------------------------------------------------------------------------
         occ |      Coef.   Std. Err.      z    P>|z|     [95% Conf. Interval]
-------------+----------------------------------------------------------------
         (1) |  -1.571385   .9027216    -1.74   0.082    -3.340687    .1979166
------------------------------------------------------------------------------
```

$\beta_1^{White} - \beta_4^{White}$는 선형결합이기 때문에 lincom 명령어를 쓰고 Stata에 저장된 추정치 이름을 이용하여 선형결합 내용을 지정하면 된다. 추정계수 −1.57은 앞에서 계산한 것과 일치하며, 표준오차는 0.90으로 주어져 있다. 유의성 검정 결과는 앞의 그림 11.2에서 행한 교차방정식 검정의 첫 번째 결과와 일치하는 것을 알 수 있다.

추정계수의 비선형 결합에 대한 표준오차와 유의성 검정을 얻고자 하면 nlcom 명령어를 이용한다. 예를 들어 다음과 같은 제약에 대한 가설검정에 관심이 있다고 하자.

$$H_0 : \beta_1^{White} / \beta_4^{White} = \beta_2^{White}$$

위 귀무가설은 $H_0 : \beta_1^{White} / \beta_4^{White} - \beta_2^{White} = 0$과 동일하며, 비선형 방정식이다. 따라서 nlcom을 쓰고 비선형 결합 형태를 그대로 적어주면 된다. 비선형결합에 대해 lincom 명령어를 사용하면 아래에서 보는 것처럼 에러메시지를 얻게 된다.

```
. lincom [Menial]white/[WhiteCol]white-[BlueCol]white
```

```
not possible with test
r(131);

. nlcom [Menial]white/[WhiteCol]white-[BlueCol]white

       _nl_1:  [Menial]white/[WhiteCol]white-[BlueCol]white

------------------------------------------------------------------------------
         occ |      Coef.   Std. Err.      z    P>|z|     [95% Conf. Interval]
-------------+----------------------------------------------------------------
       _nl_1 |   9.281622    35.9161     0.26   0.796    -61.11264    79.67589
------------------------------------------------------------------------------
```

다항 로짓모형은 IIA 제약조건을 지니고 있다고 11.1절에서 설명하였다. 아래 예제에서는 IIA 제약조건이 적절한지 검정하는 명령어를 소개한다. IIA 검정의 기본 아이디어는 5개 범주를 가진 모형에서 얻은 추정계수와 적어도 1개 범주를 제외한 모형에서 얻은 추정계수를 비교하여 통계적으로 차이가 없는지 보는 것이다. 만약 차이가 없다면 IIA 가정이 적절한 것으로 해석한다. 아래에 실행 예제가 나와 있다. 먼저 mlogit 명령문을 실행한 후, mlogtest 명령문에서 hausman 옵션을 추가하면 하우스만(Hausman) 형태의 검정을 실행한다.*

그림 11.3 횡단면 다항 로짓모형에서 IIA 조건 가설검정 I

```
. qui mlogit occ white ed exper, nolog

. mlogtest, hausman

Hausman tests of IIA assumption (N=337)

 Ho: Odds(Outcome-J vs Outcome-K) are independent of other alternatives

                 |      chi2     df   P>chi2
-----------------+--------------------------
          Menial |     7.324     12    0.835
         BlueCol |     0.320     12    1.000
           Craft |   -14.436     12        .
        WhiteCol |    -5.541     11        .
            Prof |    -0.119     12        .

 Note: A significant test is evidence against Ho.
 Note: If chi2<0, the estimated model does not meet asymptotic assumptions.

. qui mlogit occ white ed exper, nolog
. estimates store m1
```

* mlogtest 명령어는 findit spost13_ado 입력하여 먼저 다운로드 받아 설치해야 사용할 수 있다.

```
. qui mlogit occ white ed exper if occ~=1, nolog
. estimates store m2
. hausman m2 m1, alleqs constant

------------------------------ 중략 ----------------------------------

    Test:  Ho:  difference in coefficients not systematic

                 chi2(12) = (b-B)'[(V_b-V_B)^(-1)](b-B)
                          =        7.32
                Prob>chi2 =      0.8355
                (V_b-V_B is not positive definite)
```

위에서 mlogtest 명령문의 결과를 보면, 첫 번째 Menial chi2=7.324는 Menial 범주를 제외했을 때의 추정치가 그렇지 않았을 때의 추정치(그림 11.1)와 같은지에 대한 하우스만 검정통계량이다. p값이 커 귀무가설을 기각할 수 없기 때문에 IIA 가설이 적절하다고 해석한다. mlogtest 명령어 대신 hausman 명령어를 이용해도 정확히 동일한 결과를 얻을 수 있다. 위에서 보듯이 먼저 5개 범주가 모두 포함된 모형을 추정하고 Menial 범주가 빠진 모형을 추정하여 각각 m1과 m2의 이름으로 저장했다. hausman 명령문을 작성할 때에는 제약된 모형(m2)이 먼저 오는 것에 주의해야 한다. 명령문에 alleqs와 constant 옵션을 추가하면 mlogtest 명령어에 의한 가설검정과 동일한 결과를 얻을 수 있다.

위 결과에서 Craft, WhiteCol, Prof의 3개 범주에서는 p값이 제시되지 않았다. 그 이유는 카이제곱 통계량은 반드시 0보다 커야 하는데 음수가 나왔기 때문이다. 이런 경우 suest 옵션을 사용할 수 있다. 아래 그림 11.4의 mlogtest 명령문에서는 hausman 대신 suest 옵션을 사용하였다. 앞에서와 달리 Craft, WhiteCol, Prof에 대해 검정결과가 제시된 것을 알 수 있다. 결과를 보면, Craft 범주에 대해서만 귀무가설이 기각되었다. 한편, mlogtest 명령문에 smhsiao 옵션을 사용하면 IIA 가설에 대해 Small and Hsiao(SH) 검정을 실행한다. SH 검정은 먼저 전체 표본을 같은 크기의 2개의 부분표본(sub-sample)으로 나누어 각각 mlogit을 추정한다. 그런 다음, 이들의 가중평균 추정치를 계산하여 제약이 없는 모형의 추정치로 삼는다. 제약된 모형의 추정치는 두 번째 부분표본에서 특정 범주를 제외한 상태에서 구한 추정치이다. 이들 두 추정계수를 비교하여 IIA 검정을 행한다. SH 검정을 실행할 때 주의할 점은 표본을 어떻게 나누느냐에 따라 결과가 전혀 달라질 수도 있다는 것이다. 표본을 나누는 기준을 고정시키기 위해서 set seed 명령문으로 시드(seed)를 설정해 준다. 아래 결과를 살펴보면, 시드를 1234로 정했을 때는 IIA 제약 조건이 기각되지만, 시드를 1235로 정했을 때는 반대로 귀무가설이 기각되지 못한다. 이처럼 SH 검정은 표본크기가 작은 경우 시드 설정에 따라 결과가 달라지는 단점이 있다.

그림 11.4 횡단면 다항 로짓모형에서 IIA 조건 가설검정 II

```
. qui mlogit occ white ed exper, nolog

. mlogtest , suest

suest-based Hausman tests of IIA assumption (N=337)

 Ho: Odds(Outcome-J vs Outcome-K) are independent of other alternatives

                 |       chi2    df   P>chi2
-----------------+-------------------------
          Menial |      7.229    12    0.842
         BlueCol |      3.513    12    0.991
           Craft |     25.388    12    0.013
        WhiteCol |      6.541    12    0.886
            Prof |      6.850    12    0.867

 Note: A significant test is evidence against Ho.

. set seed 1234

. mlogtest , smhsiao

Small-Hsiao tests of IIA assumption (N=337)

 Ho: Odds(Outcome-J vs Outcome-K) are independent of other alternatives

                 | lnL(full)  lnL(omit)       chi2    df
-----------------+--------------------------------------------------
          Menial |  -166.978   -163.231      7.493    12      0.823
         BlueCol |  -149.770   -141.379     16.781    12      0.158
           Craft |  -142.853   -136.406     12.896    12      0.377
        WhiteCol |  -155.293   -149.723     11.141    12      0.517
            Prof |  -149.538   -141.307     16.462    12      0.171

 Note: A significant test is evidence against Ho.

. set seed 1235

. mlogtest , smhsiao

Small-Hsiao tests of IIA assumption (N=337)

 Ho: Odds(Outcome-J vs Outcome-K) are independent of other alternatives

                 | lnL(full)  lnL(omit)       chi2    df
-----------------+--------------------------------------------------
          Menial |  -173.043   -162.260     21.565    12      0.043
         BlueCol |  -150.476   -143.273     14.405    12      0.276
           Craft |  -132.457   -127.513      9.889    12      0.626
        WhiteCol |  -157.554   -149.170     16.767    12      0.159
            Prof |  -150.551   -138.932     23.237    12      0.026

 Note: A significant test is evidence against Ho.
```

mlogit 명령문 실행 후 predict 명령어를 이용하면 모든 개체의 범주별 선택확률 추정치를 계산할 수 있다. 본 예제에서는 개인 i의 5가지 직업 선택확률을 계산할 수 있다. 원래는 predict 다음에 새로이 생성될 변수의 이름 5개를 써주어야 하지만, pr*라고만 기입하면 Stata가 자동으로 변수이름 5개를 만들어 준다. 모든 범주가 아니라 특정 범주에 대한 선택확률만 변수로 만들고자 하면 outcome 옵션을 추가한다. dotplot 명령어는 각 범주 선택확률이 어떻게 분포되어 있는지 보여준다. 아래 결과를 보면 단순직(Menial) 선택확률은 대부분의 사람에게 40% 미만임을 알 수 있다.

그림 11.5 횡단면 다항 로짓모형에서 범주별 선택확률 추정

```
. qui mlogit occ white ed exper, nolog

. predict pr*
(option pr assumed; predicted probabilities)

. predict pr, outcome(2)
(option pr assumed; predicted probability)

. dotplot pr1-pr5, xlabel(, labels alternate)
```

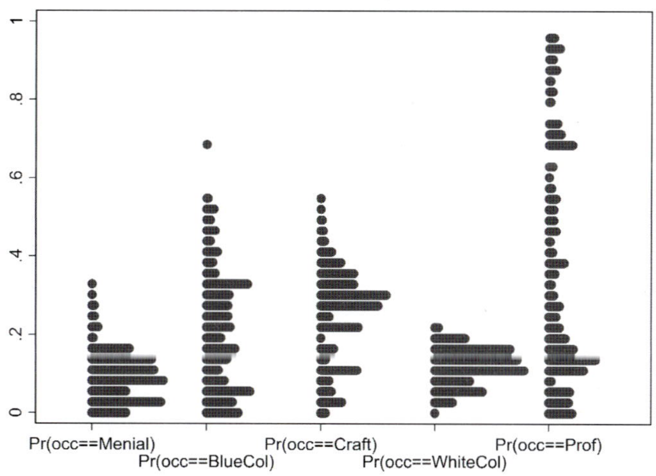

다음으로 다항 로짓모형에서 선택확률이 설명변수의 수준에 따라 어떻게 달라지는지 계산해보자. 아래에서는 예제로서 교육수준이 3년~20년으로 달라짐에 따라 직업 선택확률이 어떻게 바뀌는지를 구해보았다. 명령어는 margins이며, 5개 범주 중에서 다섯 번째 범주인 전문직(Prof)에 대한 선택확률을 분석하기 위해 predict(outcome(5))를 옵션으로 추가하였다. 아래 결과를 보면, 다른 조건이 평균에 있을 때 교육연한이 늘어날수록 전문직을 선택할 확률이 증가함을 알 수 있다. 이를 그래프로 표현하기 위해 marginsplot 명령어를 사용한 결과가 마지막에 나와 있다.

그림 11.6 횡단면 다항 로짓모형에서 선택확률 계산

```
. qui mlogit occ white ed exper, nolog

. margins , atmeans at(ed=(3(1)20)) noatlegend predict(outcome(5))

Adjusted predictions                          Number of obs   =        337
Model VCE    : OIM

Expression   : Pr(occ==Prof), predict(outcome(5))

------------------------------------------------------------------------------
             |            Delta-method
             |     Margin   Std. Err.      z    P>|z|     [95% Conf. Interval]
-------------+----------------------------------------------------------------
         _at |
          1  |   .0001433   .0001362     1.05   0.293    -.0001236    .0004101
          2  |   .0003279   .0002804     1.17   0.242    -.0002218    .0008775
          3  |   .0007447   .0005675     1.31   0.189    -.0003676     .001857

     ------------------------------ 중략 ----------------------------------
         16  |   .8846326    .035363    25.02   0.000     .8153224    .9539428
         17  |   .9295809   .0279062    33.31   0.000     .8748857    .9842761
         18  |    .956944   .0211368    45.27   0.000     .9155167    .9983714
------------------------------------------------------------------------------

. marginsplot , noci
  Variables that uniquely identify margins: ed
```

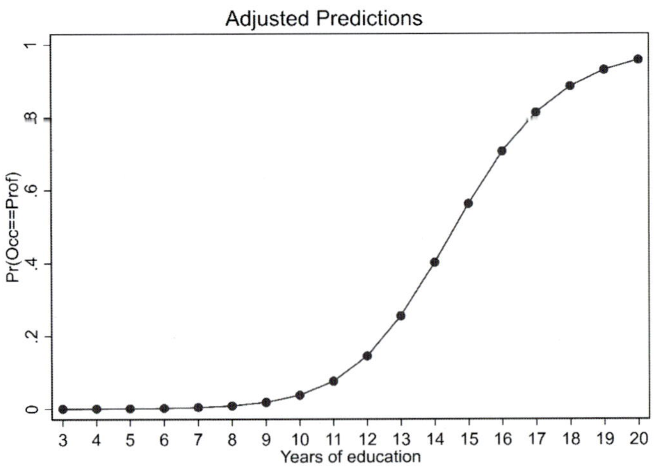

이번에는 선택확률의 한계효과를 계산해보자. 명령어는 앞에서와 마찬가지로 margins이며 dydx 옵션을 사용한다. 아래 결과를 보면 한계효과가 0.003으로 추정되었다. 이는 다른 조건이 평균에 있고 직업경력이 평균에서 1년 증가하면(즉, 20.5년에서 21.5년으로 증가) 전문직(Prof)을 선택할 확률이 0.3%p 증가한다고 해석한다.

그림 11.7 횡단면 다항 로짓모형에서 한계효과 계산 I

```
. qui mlogit occ white ed exper, nolog

. margins , atmeans  predict(outcome(5)) dydx(exp)

Conditional marginal effects                      Number of obs    =        337
Model VCE     : OIM

Expression    : Pr(occ==Prof), predict(outcome(5))
dy/dx w.r.t. : exper
at            : white           =    .9169139 (mean)
                ed              =    13.09496 (mean)
                exper           =    20.50148 (mean)

------------------------------------------------------------------------------
             |            Delta-method
             |      dy/dx   Std. Err.      z    P>|z|     [95% Conf. Interval]
-------------+----------------------------------------------------------------
       exper |   .0030813   .0021692     1.42   0.155    -.0011702    .0073329
------------------------------------------------------------------------------
```

앞에서 전문직(Prof)에 대해서만 교육수준에 따른 선택확률을 계산했는데, 거기에다 단순직(Menial)에 대해서도 동일한 방식으로 선택확률을 계산하여 두 결과를 비교해 보았다. 아래에서는 동일한 형태의 margins 명령문을 Menial과 Prof 범주에 대해 각각 실행한 다음, 행렬관련 명령어를 이용하여 두 결과를 하나의 그림으로 표현했다.

그림 11.8 횡단면 다항 로짓모형에서 한계효과 계산 II

```
. qui mlogit occ white ed exper, nolog

. qui margins , atmeans at(ed=(3(1)20)) predict(outcome(5))  predict(outcome(1))
noatlegend

. marginsplot, noci recast(line) plot2opts(lpattern(longdash))

Variables that uniquely identify margins: ed
```

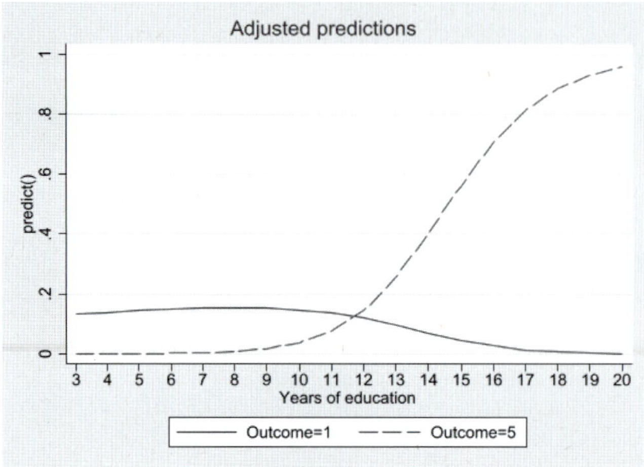

위에서 사용한 명령문을 살펴보자. margins 명령문을 predict(outcome(1))과 predict (outcome(5))를 동시에 옵션으로 사용한다. 이렇게 해서 만들어진 그래프를 보면, 다른 조건이 평균에 있을 때 단순직 선택확률은 교육연한 11년까지는 거의 같지만 11년 이후부터는 감소한다. 이에 반해 전문직 선택확률은 교육연한 9년 정도 이후부터 급격하게 증가함을 알 수 있다.

확률효과 다항 로짓모형 추정

데이터 파일: A_data11_2.dta

예제 데이터는 패널데이터이고 그룹 변수는 idcode이고 시간 변수는 year이다. 개인의 직업에 해당하는 변수는 occ_code 변수이고 원 변수는 13개 범주이지만 4개 범주로 재코딩하였다. 그 변수가 패널 다항로짓 모형의 종속변수에 해당한다. 4가지 직업 범주의 빈도분포가 그림 11.9에서 제시한다. 직업 범주는 순서가 없는 범주형 변수로 간주하자. xttrans 명령어를 통해 개인의 직업 범주가 두 시점 간 변동한 비율을 확인할 수 있다.* *t*=1기에 occ_code=1인 표본 중에서 *t*=2기에 occ_code=2으로 전환된 비율은 18.96% 정도이고, occ_code=3으로 바뀐 비율은 1.1%로 나타났다. 대각선에 있는 수치는 두 시점 간 직업 범주를 그대로 유지하고 있는 비율을 의미한다.

* xttrans 명령어에 대한 자세한 설명은 민인식 · 최필선(2022) 4장을 참고하라.

그림 11.9 occ_code 변수의 빈도표

```
. recode occ_code (1/2=1) (3/5=2) (6/7=3) (8/max=4)
(occ_code: 14712 changes made)

. tab occ_code

 occupation |      Freq.     Percent        Cum.
------------+-----------------------------------
          1 |      1,709       10.66       10.66
          2 |      7,612       47.49       58.15
          3 |      3,155       19.68       77.84
          4 |      3,552       22.16      100.00
------------+-----------------------------------
      Total |     16,028      100.00

. xttrans occ_code

           |                occupation
occupation |         1          2          3          4 |     Total
-----------+--------------------------------------------+----------
         1 |     72.60      18.96       1.09       7.35 |    100.00
         2 |      5.13      85.17       4.00       5.71 |    100.00
         3 |      1.41      13.88      74.33      10.38 |    100.00
         4 |      4.44      13.34      10.91      71.31 |    100.00
-----------+--------------------------------------------+----------
     Total |     10.89      48.60      19.63      20.88 |    100.00
```

패널 데이터에서 확률효과 다항로짓 모형을 식 11.18과 같이 설정하자. occ^*_{itj}는 개인 i가 시점 t에서 직업범주 j를 선택할 때 얻는 효용(utility)에 해당하는 잠재변수이다. 확률적 효용(random utility)은 case-specific 변수인 x_{ij}와 개인 이질성 u_{ij} 그리고 시간 가변적인 오차항 e_{itj}의 선형함수로 설정된다. 개인 이질성의 확률분포는 $u_{ij} \sim N(0, \sigma_j^2)$로 가정한다.

$$occ^*_{itj} = \alpha_j + x_{it}\beta_j + u_{ij} + e_{itj} \tag{11.18}$$

Stata 17 버전에서는 확률효과 다항 로짓모형을 추정하는 명령어인 xtmlogit을 사용할 수 있다. Stata 15-16버전에서는 Generalized SEM (Structural Equation Model)을 추정하는 gsem 명령어를 사용하여 추정할 수 있다.*

먼저 Stata 공식 명령어인 xtmlogit을 이용한 확률효과 다항 로짓모형 추정 결과를 살펴보자. xtmlogit 명령문의 옵션에서 re를 사용하면 확률효과 다항 로짓모형을 추정한다.

---

* gsem 명령어에 대한 자세한 설명은 민인식 · 최필선(2021) 17장을 참고하라.

Random effects u_i ~ Gaussian에서 확인할 수 있듯이 식 11.18의 개인 이질성 u_{ij}에 대한 정규분포를 가정하고 추정한 결과이다. base(1) 옵션에서 1번 범주를 기준범주로 설정한다. 확률효과 추정을 위해서 re 옵션이 필요하다. var(u2), var(u3) 그리고 var(u4)는 식 11.18의 $var(u_{ij=2})$, $var(u_{ij=3})$, $var(u_{ij=4})$ 분산추정치에 해당한다. $cov(u_{i,j=2}, u_{i,j=3}) = cov(u_{i,j=2}, u_{i,j=4}) = cov(u_{i,j=3}, u_{i,j=4}) = 0$으로 가정한다.

맨 아래에 있는 LR 검정은 확률효과 모형의 적절성에 대한 가설검정디ㅏ. 다음과 같은 귀무가설을 검정한다.

$$H_0 : var(u_{ij=2}) = var(u_{ij=3}) = var(u_{ij=4}) = 0$$

귀무가설을 기각하면 확률효과 다항 로짓모형이 Pooling 다항로짓 모형보다 더 적절하다고 해석한다.

그림 11.10 확률효과 다항 로짓모형 추정: xtmlogit 명령어

```
. xtmlogit occ_code age i.msp i.race , re nolog base(1)

Random-effects multinomial logistic regression      Number of obs     = 16,003
Group variable: idcode                              Number of groups =  3,903

Random effects u_i ~ Gaussian                       Obs per group:
                                                                  min =      1
                                                                  avg =    4.1
                                                                  max =      9

 Integration method: mvaghermite                     Integration pts. =      7

                                                    Wald chi2(12)     = 564.66
Log likelihood = -13610.752                         Prob > chi2       = 0.0000
------------------------------------------------------------------------------
    occ_code | Coefficient  Std. err.      z    P>|z|     [95% conf. interval]
-------------+----------------------------------------------------------------
1            |  (base outcome)
-------------+----------------------------------------------------------------
2            |
         age |  -.1654511   .0125208   -13.21   0.000    -.1899914   -.1409108
       1.msp |   .3131299   .1019617     3.07   0.002     .1132885    .5129712
             |
        race |
          2  |   .2501731   .1824945     1.37   0.170    -.1075096    .6078559
          3  |  -.830207    .648712     -1.28   0.201    -2.101659    .4412452
             |
       _cons |   5.95538    .3193019    18.65   0.000     5.32956      6.5812
-------------+----------------------------------------------------------------
```

```
3            |
         age |  -.2343491   .0152168   -15.40   0.000    -.2641734   -.2045247
       1.msp |   .4142966    .124003     3.34   0.001     .1712551    .6573381
             |
        race |
          2  |   3.885945   .2366937    16.42   0.000     3.422034    4.349856
          3  |   .2024638   .7833415     0.26   0.796    -1.332857    1.737785
             |
       _cons |   3.026207    .402985     7.51   0.000     2.236371    3.816043
-------------+----------------------------------------------------------------
4            |
         age |  -.1732452   .0141127   -12.28   0.000    -.2009055   -.1455849
       1.msp |   .2251674   .1125827     2.00   0.045     .0045093    .4458254
             |
        race |
          2  |   1.994096   .1970647    10.12   0.000     1.607856    2.380336
          3  |  -.8800884   .7198841    -1.22   0.222    -2.291035    .5308585
             |
       _cons |   3.872966   .3549877    10.91   0.000     3.177203    4.568729
-------------+----------------------------------------------------------------
     var(u2)|   10.02671   .6817511                       8.77571    11.45604
     var(u3)|   22.14738   2.321286                      18.03463    27.19803
     var(u4)|   12.62932   1.088002                      10.66719    14.95237
------------------------------------------------------------------------------
LR test vs. multinomial logit: chi2(3) = 11261.40         Prob > chi2 = 0.0000
```

앞서 설명하였듯이 Stata 15-16버전에서는 gsem 명령어를 이용하여 확률효과 다항 로짓모형을 추정할 수 있다. 그림 11.11에서는 확률효과 다항 로짓모형 추정을 위한 구조모형을 diagram으로 표현하고 있다. 종속변수 occ_code는 4개 범주를 가지고 있고 1번 범주를 기준 범주(base category)로 설정한다. 식 11.18에서 개인 이질성 u_{ij}를 포함하기 위해서 상위레벨 변수인 pid(또는 idcode) 변수를 double ring 내에 입력한다. 식 11.18에서 알 수 있듯이 u_{ij}의 계수는 모두 1로 고정되어 있다. 이를 위해 diagram에서 화살표 위에서 "1"루 계수를 제약하고 있다. 설명변수는 msp, age, race 변수를 사용하고 3개 변수는 모두 case-specific 변수이다.*

* case-specific 변수는 i 와 t 에 대해서만 변할 수 있고 범주 j 에 따라서는 변하지 않는 설명변수이다.

그림 11.11 GSEM Diagram

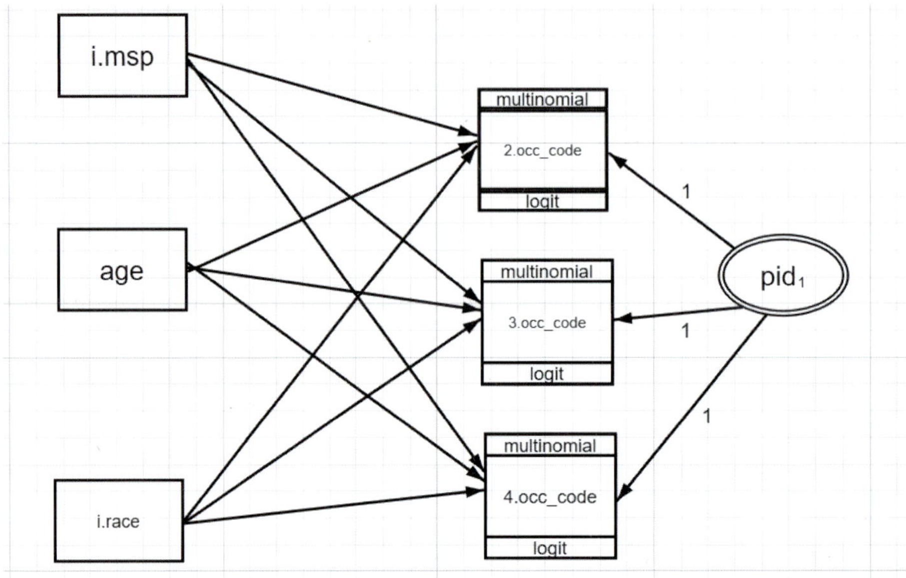

그림 11.10의 구조방정식을 추정하기 위한 Stata 명령어로 gsem을 사용한다. occ_code 변수의 4개 범주 중에서 1번 범주를 기준 범주로 설정한 추정결과는 그림 11.12에서 제시한다. gsem 명령어 이후 괄호 안에 종속변수와 설명변수를 순서대로 입력한다. 종속변수와 설명변수는 “<-”로 연결한다. 개인 이질성 u_{ij}은 M1[idcode], M2[idcode], M3[idcode]로 표현한다. [ ] 내에 패널 그룹변수를 입력해야 한다. u_{ij}의 계수를 1로 고정하기 위해 @1을 써준다. 다항 로짓모형을 추정하기 때문에 옵션으로 mlogit을 추가해야 한다. 그림 11.12 결과는 그림 11.11의 xtmlogit 추정결과와 정확히 일치함을 확인할 수 있다.

위 결과를 보면, $J=4$이기 때문에 3개의 식이 추정되는데 첫 번째 추정 결과에서 나이(age) 변수의 추정계수가 음수로서 나이가 많을수록 occ=1보다 occ=2를 선택할 확률이 감소한다는 의미이다. 확률효과 $u_{ij} = [u_{i2}, u_{i3}, u_{i4}]$는 trivariate 정규분포를 따른다고 가정한다. 그리고 $var(u_{i2}) = \sigma^2_{2u}$, $var(u_{i3}) = \sigma^2_{3u}$, $var(u_{i4}) = \sigma^2_{4u}$ 개별 분산으로 가정하기 때문에 그림 11.10과 같이 3개 분산이 추정된다.

gsem에서 base( ) 옵션이 따로 없다는 점을 고려해서 명령문을 작성해야 한다. 아래 예제에서는 occ_code=1를 기준 범주로 설정하는 경우이다. occ=2, occ=3, occ=4에 대해 각각 추정식을 입력해야 한다.

그림 11.12 확률효과 다항 로짓모형 추정: gsem 명령어

```
. gsem (2.occ_code <- age i.msp i.race M1[idcode]@1) ///
 (3.occ_code <- age i.msp i.race M2[idcode]@1) ///
 (4.occ_code <- age i.msp i.race M3[idcode]@1) ///
 , mlogit cov(M1[idcode]*M2[idcode]@0) ///
 cov(M1[idcode]*M3[idcode]@0) ///
 cov(M2[idcode]*M3[idcode]@0)

Generalized structural equation model              Number of obs = 16,003
Response:       occ_code
Base outcome: 1
Family:         Multinomial
Link:           Logit
Log likelihood = -13610.752

 ( 1)  [2.occ_code]M1[idcode] = 1
 ( 2)  [3.occ_code]M2[idcode] = 1
 ( 3)  [4.occ_code]M3[idcode] = 1
------------------------------------------------------------------------------
                | Coefficient  Std. err.      z    P>|z|     [95% conf. interval]
----------------+-------------------------------------------------------------
1.occ_code      |  (base outcome)
----------------+-------------------------------------------------------------
2.occ_code      |
            age |  -.1654511   .0125208   -13.21   0.000    -.1899914   -.1409108
          1.msp |   .3131299   .1019617     3.07   0.002     .1132885    .5129712
                |
           race |
              2 |   .2501731   .1824945     1.37   0.170    -.1075096    .6078559
              3 |   -.830207    .648712    -1.28   0.201    -2.101659    .4412452
                |
     M1[idcode] |          1  (constrained)
                |
          _cons |    5.95538   .3193019    18.65   0.000      5.32956      6.5812
----------------+-------------------------------------------------------------
3.occ_code      |
            age |  -.2343491   .0152168   -15.40   0.000    -.2641734   -.2045247
          1.msp |   .4142966    .124003     3.34   0.001     .1712551    .6573381
                |
           race |
              2 |   3.885945   .2366937    16.42   0.000     3.422034    4.349856
              3 |   .2024638   .7833415     0.26   0.796    -1.332857    1.737785
                |
     M2[idcode] |          1  (constrained)
                |
          _cons |   3.026207    .402985     7.51   0.000     2.236371    3.816043
----------------+-------------------------------------------------------------
4.occ_code      |
            age |  -.1732452   .0141127   -12.28   0.000    -.2009055   -.1455849
          1.msp |   .2251674   .1125827     2.00   0.045     .0045093    .4458254
                |
           race |
```

```
            2 |  1.994096   .1970647    10.12   0.000    1.607856    2.380336
            3 | -.8800884   .7198841    -1.22   0.222   -2.291035    .5308585
              |
   M3[idcode] |         1  (constrained)
              |
        _cons |  3.872966   .3549877    10.91   0.000    3.177203    4.568729
--------------+----------------------------------------------------------------
var(M1[idcode])|  10.02671   .6817511                      8.77571    11.45604
var(M2[idcode])|  22.14738   2.321286                     18.03463    27.19803
var(M3[idcode])|  12.62932   1.088002                     10.66719    14.95237
-------------------------------------------------------------------------------
```

그림 11.13에서는 xtmlogit 실행한 이후 식 11.16에 해당하는 각 범주를 취할 예측확률을 계산할 수 있다. margins에서 predict(pu0) 옵션은 개인 이질성 $u_{ij} = 0$ 으로 두고 범주 확률을 얻는다. 개인 이질성을 고려한 한계확률(marginal probability)을 계산하고자 하는 경우 predict(mu) 옵션을 사용한다. marginsplot 결과를 살펴보면 나이가 증가할수록 1번 범주 직업을 선택할 확률은 증가하고 4번 범주를 선택할 확률은 감소한다.

그림 11.13 예측확률: xtmlogit

```
. qui xtmlogit occ_code age i.msp race , re nolog base(1)
. margins , at(age=(20(1)36)) atmeans noatlegend predict(pu0 outcome(1)) predict(pu0
outcome(4))

Adjusted predictions                                   Number of obs = 16,003
Model VCE: OIM

1._predict: Pr(occ_code==1|u_i=0), predict(pu0 outcome(1))
2._predict: Pr(occ_code==4|u_i=0), predict(pu0 outcome(4))
------------------------------------------------------------------------------
             |            Delta-method
             |     Margin   std. err.      z    P>|z|     [95% conf. interval]
-------------+----------------------------------------------------------------
_predict#_at |
        1 1  |   .0440574   .0039655    11.11   0.000     .0362851    .0518297
      ========================= 결과 중략 ===============================
        2 17 |    .075331    .012286     6.13   0.000     .0512509    .0994112
------------------------------------------------------------------------------

. marginsplot, noci recast(line) plot2opts(lpattern(longdash))
Variables that uniquely identify margins: age
```

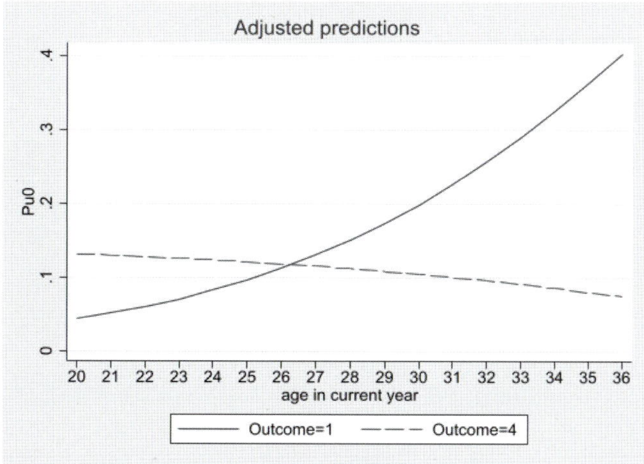

gsem 명령어로 추정한 이후 얘측확률 관련 명령어는 predict를 사용한다. xtmlogit과 달리 margins 명령어를 사용할 수 없는 단점이 있다. 예측확률 결과는 그림 11.14에서 정리한다. 식 11.16에 제시된 공식을 이용하여 각 범주에 대한 예측확률을 계산한다. predict 명령문의 옵션으로 mu와 marginal을 사용한다. mu는 예측확률을 계산하는 의미이고 marginal은 확률효과 u_{ij}의 전체 범위에 대해 적분하여 한계확률(marginal probability)을 계산한다. occ=1 범주 예측확률을 구하고자 하면 outcome 옵션을 사용한다. occ=2 ~ occ=4의 예측확률도 유사하게 구할 수 있다. list 명령문 실행 결과를 보면 id=1 & year=70에서 관찰된 occ=2이고 예측확률은 occ=2일 때 37%로 가장 높다는 것을 알 수 있다. yhat1 ~ yhat4 예측확률을 (옆으로) 더하면 1이 됨을 쉽게 이해할 수 있다.

그림 11.14 예측확률: gsem

```
. qui gsem (2.occ_code <- age i.msp i.race M1[idcode]@1) ///
 (3.occ_code <- age i.msp i.race M2[idcode]@1) ///
 (4.occ_code <- age i.msp i.race M3[idcode]@1) ///
 , mlogit cov(M1[idcode]*M2[idcode]@0) ///
 cov(M1[idcode]*M3[idcode]@0) ///
 cov(M2[idcode]*M3[idcode]@0)

. predict yhat1, mu marginal  outcome(occ_code 1)
(using 7 quadrature points)
(25 missing values generated)

. predict yhat2, mu marginal  outcome(occ_code 2)
(using 7 quadrature points)
(25 missing values generated)
```

```
. predict yhat3, mu marginal  outcome(occ_code 3)
(using 7 quadrature points)
(25 missing values generated)

. predict yhat4, mu marginal  outcome(occ_code 4)
(using 7 quadrature points)
(25 missing values generated)

. list idcode year occ_code yhat*  in 1/7

     +----------------------------------------------------------------------+
     | idcode   year   occ_code      yhat1      yhat2      yhat3      yhat4 |
     |----------------------------------------------------------------------|
  1. |      1     70          2    .022715   .3428559   .3375428   .2968863 |
  2. |      1     71          3   .0207684   .3466217   .3433862   .2892237 |
  3. |      1     72          3   .0236963   .3483723   .3380235   .2899078 |
  4. |      1     73          3   .0270085   .3499666   .3325673   .2904575 |
  5. |      1     75          3   .0350172   .3526064   .3213103   .2910661 |
     |----------------------------------------------------------------------|
  6. |      1     77          4   .0561258    .349737    .296971   .2971662 |
  7. |      1     78          3   .0636994   .3495678   .2905816   .2961513 |
     +----------------------------------------------------------------------+
```

고정효과 다항 로짓모형 추정

Pforr(2014)는 고정효과 다항 로짓모형을 추정할 수 있는 Stata 명령어를 개발하였다. Stata 15-16 버전에서는 사용자 명령어인 **femlogit** 명령어를 먼저 다운로드 받은 후 설치해야 한다. **femlogit** 횡단면 다항로짓 추정에 사용하는 **mlogit**과 매우 유사하다. Stata 17 버전에서는 공식 명령어인 xtmlogit에서 fe 옵션을 사용한다.

데이터 파일: A_data11_4.dta*

예제 데이터는 영국의 1987년과 1992년 선거에 관한 변수를 포함하고 있다. 종속변수인 choice 변수는 Labor(노동당), Conservative(보수당), Liberal(자유민주당) 중 투표한 정당을 의미한다.

* 예제 데이터는 Pforr(2014)에서 인용하였다.

그림 11.14 femlogit **명령어**

```
. tsset serial yr92
       panel variable:  serialno (unbalanced)
        time variable:  yr92, 0 to 1
                delta:  1 unit

. xtmlogit choice rldist2 rldist3 inflation yr92, base(1) nolog fe
note: 1,097 groups (1,964 obs) omitted because of no variation in the outcome variable
      over time.
Fixed-effects multinomial logistic regression        Number of obs     =    494
Group variable: serialno                             Number of groups =    247
                                                     Obs per group:
                                                                min =      2
                                                                avg =    2.0
                                                                max =      2

                                                     LR chi2(8)        =  67.55
Log likelihood = -137.43115                          Prob > chi2       = 0.0000
------------------------------------------------------------------------------
      choice | Coefficient  Std. err.      z    P>|z|     [95% conf. interval]
-------------+----------------------------------------------------------------
Conservative |  (base outcome)
-------------+----------------------------------------------------------------
Labour       |
     rldist2 |    .099433   .2269825     0.44   0.661    -.3454446    .5443106
     rldist3 |  -.2434324   .3482192    -0.70   0.485    -.9259295    .4390647
   inflation |   .8492317   .3764864     2.26   0.024      .111332    1.587131
        yr92 |   1.052758   .5222347     2.02   0.044     .0291971    2.076319
-------------+----------------------------------------------------------------
Liberal      |
     rldist2 |   .1502481   .1576326     0.95   0.341    -.1587061    .4592023
     rldist3 |  -.2998983   .2442674    -1.23   0.220    -.7786535    .1788569
   inflation |   .5904684   .3096564     1.91   0.057    -.0164471    1.197384
        yr92 |    .182884     .48262     0.38   0.705    -.7630337    1.128802
------------------------------------------------------------------------------
```

일반적인 패널 고정효과 모형에서 그러하듯이 고정효과 다항 로짓모형의 단점은 자유도 손실이 발생한다는 것이다. 위 추정결과에서도 1,964개 관측치를 추정에 사용하지 못하고 단지 494개만 추정표본에 포함된다. 그 이유는 두 번의 선거에서 한 번만 관찰된 표본 그리고 두 번의 선거에서 투표한 정당에 변함이 없는 그룹은 모두 제외된다. base( ) 옵션은 기준 범주를 설정한다. 위 예제에서는 Conservative를 기준 범주로 설정하였다. rldist2 변수는 "노동당-보수당 차이"를 측정한다. 추정계수가 (+)이기 때문에 이 변수 값이 커질수록 보수당에 비해 노동당을 지지할 확률이 높아진다고 해석할 수 있다.

xtmlogit 이후 margins 명령문을 사용하면 범주별 예측확률을 얻을 수 있다. 고정효과 모형에서는 다만 식 11.16(예측확률 공식)에 포함된 α_{ij}를 추정할 수 없으므로 고정효과=0

으로 간주하고 예측확률을 계산한다. predict(oucome(1))과 predict(outcome(3))을 동시에 포함하여 $\Pr(Y_{it}=1)$과 $\Pr(Y_{it}=3)$을 계산한다. marginsplot에 의해 그려진 그래프를 해석하면 다음과 같다. rldist2 변수값이 증가할수록 choice=1 범주 확률은 거의 변화가 없디만 choice=3 범주 확률은 크게 높아진다.

그림 11.15 예측확률: 고정효과 다항로짓 모형

```
. margins , at(rldist2=(-40(10)60)) atmeans noatlegend ///
> predict(outcome(1)) predict(outcome(3))

Adjusted predictions                                Number of obs = 494
Model VCE: OIM

1._predict: Pr(choice==Conservative|fixed effect 0), predict(outcome(1))
2._predict: Pr(choice==Liberal|fixed effect 0), predict(outcome(3))

------------------------------------------------------------------------------
             |            Delta-method
             |     Margin   std. err.      z    P>|z|     [95% conf. interval]
-------------+----------------------------------------------------------------
_predict#_at |
        1  1 |   .0460161   .2171382     0.21   0.832    -.3795669    .4715991
      ========================== 결과 중략 =================================
        2 11 |   .8868068   1.473117     0.60   0.547     -2.00045    3.774064
------------------------------------------------------------------------------

. marginsplot, recast(line) noci plot2opts(lpattern(longdash))
```

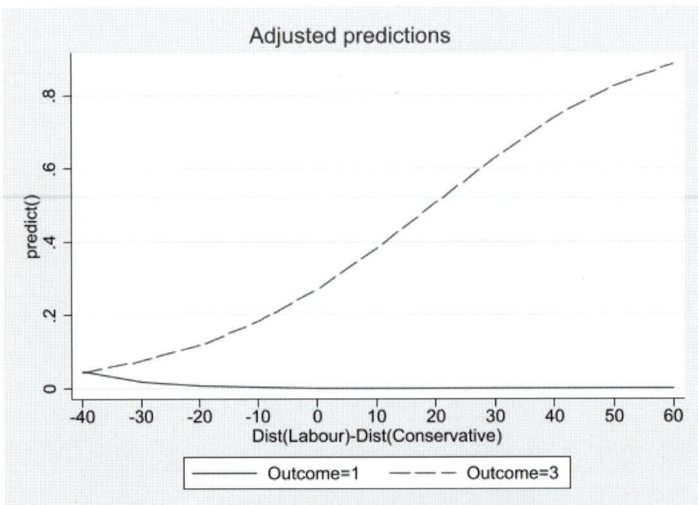

다항로짓 모형에서는 추정계수 자체가 한계효과가 아니기 때문에 대신 승산비를 계산할 수 있다. xtmlogit 명령문에서 rrr 옵션을 추가하여 승산비(odds ratio)를 제시하는 방법을 사용한다. 승산비 결과는 그림 11.16에서 제시한다. 그림 11.14에서 추정계수에 expoential 함수를 취하면 정확히 그림 11.16의 승산비가 얻어진다. 승산비가 1보다 크면 추정계수는 양(+)임을 의미하고 승산비가 1보다 작다면 추정계수는 음(-)이 된다.

그림 11.16 xtmlogit에서 승산비 계산

```
. xtmlogit, rrr

Fixed-effects multinomial logistic regression        Number of obs    =     494
Group variable: serialno                             Number of groups =     247

                                                     Obs per group:
                                                                  min =       2
                                                                  avg =     2.0
                                                                  max =       2

                                                     LR chi2(8)       =   67.55
Log likelihood = -137.43115                          Prob > chi2      = 0.0000

------------------------------------------------------------------------------
      choice |        RRR   Std. err.      z    P>|z|     [95% conf. interval]
-------------+----------------------------------------------------------------
Conservative |  (base outcome)
-------------+----------------------------------------------------------------
Labour       |
     rldist2 |   1.104544   .2507123     0.44   0.661     .7079056     1.72342
     rldist3 |   .7839325   .2729803    -0.70   0.485      .396163    1.551256
   inflation |    2.33785   .8801686     2.26   0.024     1.117766    4.889702
        yr92 |   2.865544   1.496487     2.02   0.044     1.029628    7.975062
-------------+----------------------------------------------------------------
Liberal      |
     rldist2 |   1.162123   .1831884     0.95   0.341     .8532471    1.582811
     rldist3 |   .7408935   .1809761    -1.23   0.220     .4590237     1.19585
   inflation |   1.804834   .5588783     1.91   0.057     .9836874    3.311442
        yr92 |   1.200675   .5794698     0.38   0.705     .4662498     3.09195
------------------------------------------------------------------------------
```

고정효과 다항 로짓모형은 그룹 이질성 u_i와 설명변수가 상관관계가 있더라도 여전히 β에 대한 일치추정량을 얻을 수 있다는 장점이 있다. 그러나 다른 고정효과 모형과 마찬가지로 시간불변 변수(time-invariant variable)의 추정계수를 얻을 수 없고 추정표본이 줄어든다는 단점이 있다. 이러한 자유도 감소로 인해 추정치의 유의성이 떨어질 가능성이 존재한다.

Allison(2009)이 제시한 하이브리드 모형을 이용하여 고정효과 다항 로짓 모형을 추정해 보자. 그런데 다항 로짓 모형을 추정하기 전에 먼저 일반적인 패널 선형모형에서 하이브리드 모형과 고정효과 모형(within 변환)의 결과가 서로 일치하는지 확인해보자. 다음은 이를 위한 예제 데이터 파일이다.

데이터 파일: A_data11_3.dta

예제 데이터는 임금 결정 모형을 분석하기 위한 것이다. 종속변수는 임금에 로그를 취한 것이며, 설명변수는 시간불변의 더미변수인 black, 그리고 시간에 따라 변하는 변수인 ttl_exp와 tenure가 있다. 아래에서는 먼저 xtreg, fe 명령문으로 고정효과 모형을 추정했다. 그런 다음, 시간가변 변수에 대해 within 변환과 between 변환을 실행하여 만든 새로운 변수를 이용하여 하이브리드 모형을 추정했다. d_ttl_exp와 d_tenure는 within 변환을 실행한 변수이고 m_ttl_exp와 m_tenure는 between 변환을 실행한 변수이다. 주의해야 할 점은 종속변수인 ln_wage에 대해서는 변환을 하지 않는다. 새로 변환한 변수와 black 변수를 설명변수 조합으로 하여 OLS로 추정한다. 이때 robust 표준오차를 위해 vce(cluster id) 옵션을 추가하였다. 다음은 실행결과이다.

그림 11.16 고정효과 모형과 하이브리드 모형 추정결과 비교

```
. tsset id year
       panel variable:  idcode (unbalanced)
        time variable:  year, 68 to 88, but with gaps
                delta:  1 unit

. xtreg ln_wage ttl_exp tenure black, fe
note: black omitted because of collinearity

------------------------------------------------------------------------------
     ln_wage |      Coef.   Std. Err.      t    P>|t|     [95% Conf. Interval]
-------------+----------------------------------------------------------------
     ttl_exp |   .0245398   .0006875    35.70   0.000     .0231923    .0258873
      tenure |   .0123934   .0009012    13.75   0.000     .0106269    .0141599
       black |          0  (omitted)
       _cons |    1.48521   .0036176   410.55   0.000     1.478119    1.492301
-------------+----------------------------------------------------------------
     sigma_u |  .37652594
     sigma_e |  .29564006
         rho |  .61861848   (fraction of variance due to u_i)
------------------------------------------------------------------------------
F test that all u_i=0:     F(4698, 23400) =     7.66         Prob > F = 0.0000

. qui tsset id year
```

```
. by id, sort:egen m_ttl_exp=mean(ttl_exp)
. by id, sort:egen m_tenure=mean(tenure)

. gen d_ttl_exp=ttl_exp-m_ttl_exp
. gen d_tenure=tenure-m_tenure

. reg ln_wage d_* m_* black, vce(cluster id)

Linear regression                               Number of obs =    28101
                                                F(  5,  4698) =   522.68
                                                Prob > F      =   0.0000
                                                R-squared     =   0.2253
                                                Root MSE      =   .42059

                           (Std. Err. adjusted for 4699 clusters in idcode)
------------------------------------------------------------------------------
             |               Robust
     ln_wage |      Coef.   Std. Err.      t    P>|t|     [95% Conf. Interval]
-------------+----------------------------------------------------------------
   d_ttl_exp |   .0246667   .0012495    19.74   0.000      .022217    .0271163
    d_tenure |   .0122808   .0014307     8.58   0.000     .0094759    .0150857
   m_ttl_exp |   .0419119   .0025774    16.26   0.000      .036859    .0469647
    m_tenure |   .0278797   .0029789     9.36   0.000     .0220397    .0337197
       black |  -.1359658   .0121481   -11.19   0.000    -.1597819   -.1121497
       _cons |   1.366963   .0114435   119.45   0.000     1.344528    1.389397
------------------------------------------------------------------------------

. xtreg ln_wage d_* m_* black, re

------------------------------------------------------------------------------
     ln_wage |      Coef.   Std. Err.      z    P>|z|     [95% Conf. Interval]
-------------+----------------------------------------------------------------
   d_ttl_exp |   .0245541   .0006859    35.80   0.000     .0232099    .0258984
    d_tenure |   .0123807   .0008992    13.77   0.000     .0106183    .0141431
   m_ttl_exp |   .0427469   .0019668    21.73   0.000      .038892    .0466018
    m_tenure |    .028297   .0025624    11.04   0.000     .0232747    .0333192
       black |  -.1195974   .0114714   -10.43   0.000    -.1420809    -.097114
       _cons |    1.36999   .0103792   131.99   0.000     1.349647    1.390333
-------------+----------------------------------------------------------------
     sigma_u |  .31884254
     sigma_e |  .29564006
         rho |  .53770562   (fraction of variance due to u_i)
------------------------------------------------------------------------------
```

위 결과를 보면, 하이브리드 모형에서 d_ttl_exp와 d_tenure 변수의 추정계수는 xtreg, fe 결과와 거의 같은 값임을 알 수 있다. 하이브리드 모형을 추정하는 또 하나의 방법은 새로운 설명변수 조합을 xtreg, re로 추정하는 것이다. 위 그림에서 마지막 명령문이 이를 추정한 것이다. 그 결과 역시 맨 처음의 xtreg, fe와 거의 같다는 것을 확인할 수 있다.

데이터 파일: A_data11_5.dta

예제 데이터는 기혼 여성의 노동공급에 관한 데이터이다. 종속변수는 employ_cat 변수이고 3개 범주(전일제, 시간제, 비경제활동)를 가지고 있다. 고정효과 다항 로짓모형으로 추정하기 위해서 within 및 between 변환 변수를 새로 만들어보자. 설명변수 중에서 시간에 따라 변하지 않는 변수는 edu_dum2, edu_dum3, hus_edu2, hus_edu3이다. age(응답자의 나이)와 hus_age(남편의 나이) 변수는 시간에 따라 변하지만 within 변환을 하면 두 변수의 변환 결과가 동일하다. 따라서 이들 두 변수 중 hus_age는 변수 변환을 하지 않고 그대로 사용하였다. 이렇게 만든 새로운 설명변수들을 이용하여 횡단면 다항 로짓모형을 추정한다. mlogit 명령어를 사용하였으며 robust 표준오차를 계산하기 위해 vce(cluster pid) 옵션을 추가하였다.

그림 11.17 고정효과 다항 로짓모형 추정

```
. qui tsset pid year
. qui tab edu, gen(edu_dum)
. qui tab hus_edu, gen(hus_edu_dum)

. qui by pid, sort : egen float m_age = mean(age)
. qui by pid, sort : egen float m_region = mean(region)
. qui by pid, sort : egen float m_fsize = mean(fsize)
. qui by pid, sort : egen float  m_income = mean(lhus_income)

. qui gen d_age=age-m_age
. qui gen d_region=region-m_region
. qui gen d_fsize=fsize-m_fsize
. qui gen d_income=lhus_income-m_income

. mlogit employ_cat  d_* m_* edu_dum2 edu_dum3 hus_edu_dum2 hus_edu_dum3 hus_age,
base(3) vce(cluster pid) nolog

Multinomial logistic regression                 Number of obs     =      5,162
                                                Wald chi2(26)     =     282.61
                                                Prob > chi2       =     0.0000
Log pseudolikelihood = -3896.2925               Pseudo R2         =     0.0679

                              (Std. Err. adjusted for 2,646 clusters in pid)
------------------------------------------------------------------------------
             |               Robust
  employ_cat |      Coef.   Std. Err.      z    P>|z|     [95% Conf. Interval]
-------------+----------------------------------------------------------------
1            |
       d_age |   .0983542   .0367432     2.68   0.007     .0263389    .1703696
    d_region |  -.3693319   .2738672    -1.35   0.177    -.9061017    .1674379
     d_fsize |  -.0578694   .0616191    -0.94   0.348    -.1786406    .0629018
    d_income |   -.017271   .0772682    -0.22   0.823    -.1687139    .1341719
```

```
      m_age |   .0201581   .0139352    1.45   0.148   -.0071545   .0474706
   m_region |  -.4080293   .0821042   -4.97   0.000   -.5689505  -.2471081
    m_fsize |   .0318481   .0447221    0.71   0.476   -.0558056   .1195017
   m_income |  -.4122044   .0850668   -4.85   0.000   -.5789322  -.2454766
   edu_dum2 |  -.1822275   .1591345   -1.15   0.252   -.4941254   .1296703
   edu_dum3 |   .1701892   .1896672    0.90   0.370   -.2015518   .5419302
hus_edu_dum2 |  -.0426459   .1579767   -0.27   0.787   -.3522745   .2669826
hus_edu_dum3 |  -.3225967   .1830634   -1.76   0.078   -.6813943   .0362009
    hus_age |     .02541    .013243    1.92   0.055   -.0005457   .0513657
      _cons |   .3308664   .5315579    0.62   0.534   -.7109679   1.372701
-------------+----------------------------------------------------------------
2            |
      d_age |   .0565586   .1630738    0.35   0.729   -.2630603   .3761775
   d_region |  -.0152612   .1318578   -0.12   0.908   -.2736978   .2431754
    d_fsize |   -.011693   .2142598   -0.05   0.956   -.4316344   .4082484
   d_income |   -.077757   .2772385   -0.28   0.779   -.6211346   .4656205
      m_age |   .0240482    .027453    0.88   0.381   -.0297586   .0778551
   m_region |  -.2107465    .177798   -1.19   0.236   -.5592242   .1377311
    m_fsize |    .065111   .0875522    0.74   0.457   -.1064881   .2367101
   m_income |  -.3364427   .1572669   -2.14   0.032   -.6446803  -.0282052
   edu_dum2 |   .6037004   .3438998    1.76   0.079   -.0703308   1.277732
   edu_dum3 |   .3701402   .4212745    0.88   0.380   -.4555427   1.195823
hus_edu_dum2 |  -.1968058   .3553524   -0.55   0.580   -.8932838   .4996721
hus_edu_dum3 |  -.3406656   .3969145   -0.86   0.391   -1.118604   .4372726
    hus_age |  -.0110824   .0278384   -0.40   0.691   -.0656446   .0434798
      _cons |  -1.779408   1.148425   -1.55   0.121    -4.03028   .4714645
-------------+----------------------------------------------------------------
3            |  (base outcome)
------------------------------------------------------------------------------
```

위 추정결과를 살펴보면, 취업(1번 범주)과 비경제활동(3번 범주) 사이의 선택에 관한 추정식에서 예를 들어 dage 변수의 추정계수는 부호가 양(+)이다. 이는 여성의 나이가 많아질수록 비경제활동보다는 취업상태에 있을 가능성이 더 크다는 의미이다. 또한 edu_dum3(대학 졸업 여부) 변수 역시 추정계수가 양(+)이며, 이는 대학졸업 여성이 비경제활동보다는 취업을 선택할 확률이 더 크다는 의미이다.

11.4 Stata do file

```
use A_data11_1, clear
mlogit occ white ed exper, nolog
qui mlogit occ white ed exper, nolog base(1)

qui mlogit occ white ed exper, nolog

test [Menial]white=[WhiteCol]white
test white
```

```
test [Menial]

qui mlogit occ white ed exper, nolog
lincom [Menial]white-[WhiteCol]white

* error message
lincom [Menial]white/[WhiteCol]white-[BlueCol]white
nlcom [Menial]white/[WhiteCol]white-[BlueCol]white

qui mlogit occ white ed exper, nolog
mlogtest, hausman

qui mlogit occ white ed exper, nolog
estimates store m1
qui mlogit occ white ed exper if occ~=1, nolog
estimates store m2
hausman m2 m1, alleqs constant

qui mlogit occ white ed exper, nolog
mlogtest , suest

set seed 1234
mlogtest , smhsiao

set seed 1235
mlogtest , smhsiao

qui mlogit occ white ed exper, nolog
predict pr*
predict pr, outcome(2)
dotplot pr1-pr5, xlabel(, labels alternate)

qui mlogit occ white ed exper, nolog
margins , atmeans at(ed=(3(1)20)) noatlegend predict(outcome(5))
marginsplot , noci

qui mlogit occ white ed exper, nolog
margins , atmeans  predict(outcome(5)) dydx(exp)

qui mlogit occ white ed exper, nolog
qui mlogit occ white ed exper, nolog
qui margins , atmeans at(ed=(3(1)20)) predict(outcome(5)) ///
 predict(outcome(1))  noatlegend
marginsplot, noci recast(line) plot2opts(lpattern(longdash))

use A_data11_2, clear
recode occ_code (1/2=1) (3/5=2) (6/7=3) (8/max=4)
tab occ_code
xttrans occ_code
```

```
xtmlogit occ_code age i.msp i.race , re nolog base(1)
margins , at(age=(20(1)36)) atmeans noatlegend ///
predict(pu0 outcome(1)) predict(pu0 outcome(4))

marginsplot, noci recast(line) plot2opts(lpattern(longdash))

gsem (2.occ_code <- age i.msp i.race M1[idcode]@1) ///
(3.occ_code <- age i.msp i.race M2[idcode]@1) ///
(4.occ_code <- age i.msp i.race M3[idcode]@1) ///
, mlogit cov(M1[idcode]*M2[idcode]@0) ///
cov(M1[idcode]*M3[idcode]@0) ///
cov(M2[idcode]*M3[idcode]@0) nolog

predict yhat1, mu marginal  outcome(occ_code 1)
predict yhat2, mu marginal  outcome(occ_code 2)
predict yhat3, mu marginal  outcome(occ_code 3)
predict yhat4, mu marginal  outcome(occ_code 4)

list idcode year occ_code yhat*  in 1/7

use A_data11_4, clear
tsset serial yr92

xtmlogit choice rldist2 rldist3 inflation yr92, base(1) nolog fe

margins , at(rldist2=(-40(10)60)) atmeans noatlegend ///
predict(outcome(1)) predict(outcome(3))

marginsplot, recast(line) noci plot2opts(lpattern(longdash))

xtmlogit, rrr

use A_data11_3, clear
tsset id year
xtreg ln_wage ttl_exp tenure black, fe
qui tsset id year
by id, sort:egen m_ttl_exp=mean(ttl_exp)
by id, sort:egen m_tenure=mean(tenure)

gen d_ttl_exp=ttl_exp-m_ttl_exp
gen d_tenure=tenure-m_tenure

reg ln_wage d_* m_* black, vce(cluster id)
xtreg ln_wage d_* m_* black, re

use A_data11_5, clear
qui tsset pid year
```

```
qui tab edu, gen(edu_dum) //2, 3번 time varying
qui tab hus_edu, gen(hus_edu_dum) //2, 3번 time varying

qui by pid, sort : egen float m_age = mean(age)
qui by pid, sort : egen float m_region = mean(region)
qui by pid, sort : egen float m_fsize = mean(fsize)
qui by pid, sort : egen float  m_income = mean(lhus_income)

qui gen d_age=age-m_age
qui gen d_region=region-m_region
qui gen d_fsize=fsize-m_fsize
qui gen d_income=lhus_income-m_income

mlogit employ_cat  d_* m_* edu_dum2 edu_dum3 ///
hus_edu_dum2 hus_edu_dum3 hus_age, base(3) ///
vce(cluster pid) nolog
```

CHAPTER 12 | 멀티레벨 모형 I

12.1 비조건부평균 모형

멀티레벨(multilevel) 데이터는 관측치가 특정 그룹에 속하거나 군집되어(clustered) 있는 경우에 발견된다. 특정 가족에 속한 가구원 데이터, 특정 회사에 속한 근로자 데이터, 특정 학교에 속한 학생들 데이터를 예로 들 수 있다. 종단면 데이터(또는 패널 데이터) 역시 특정 개인이 여러 시점의 관측치를 가지고 있어서 멀티레벨 데이터의 예가 될 수 있다. 멀티레벨 데이터의 특징은 상위레벨에 속한 하위레벨 관측치들이 서로 상관관계를 가질 가능성이 크다는 것이다.

레벨형 구조를 가진 종속변수 y_{ij}를 생각해보자. y_{ij}는 상위 레벨 j에 속한 하위레벨 i 관측치를 의미한다. 이에 대한 모형에서 다음과 같이 설명변수를 가정하지 않고 상수항과 오차항의 합으로만 가정한 모형을 비조건부평균(unconditional means) 모형 또는 분산성분(variance component) 모형이라고 부른다.

$$y_{ij} = \mu + \alpha_j + e_{ij} \tag{12.1}$$

여기에서 $\alpha_j \sim N(0, \sigma_\alpha^2)$와 $e_{ij} \sim N(0, \sigma_e^2)$, 즉 확률효과로 가정한다. 위 식에서 i와 j에 따라 변하지 않는 고정요소(fixed part)는 상수항인 μ이다. 위 모형을 확률효과 ANOVA(analysis of variance)라고도 부른다. 종속변수 평균은 $E(y_{ij}) = \mu$이며 $\hat{\mu}$ 추정치는 전체 평균(grand mean)이 된다. 종속변수의 분산과 공분산은 다음과 같다.

$$var(y_{ij}) = \sigma_\alpha^2 + \sigma_e^2 \tag{12.2}$$

$$\begin{aligned} corr(y_{kj}, y_{sj}) &= \frac{cov(y_{kj}, y_{sj})}{\sqrt{var(y_{kj})\,var(y_{sj})}} \\ &= \frac{E(\alpha_j^2)}{\sigma_\alpha^2 + \sigma_e^2} = \frac{\sigma_\alpha^2}{\sigma_\alpha^2 + \sigma_e^2} = \rho \end{aligned} \tag{12.3}$$

식 12.3은 특정 그룹(상위 레벨) j에 속한 임의의 하위레벨 관측치 k, s의 상관계수로서, 이는 전체 분산에서 상위레벨 분산이 차지하는 비율로 해석된다. 예를 들어 $j = 1,2$이고 $i = 1,2,3$이라 해보자. 즉, 특정 그룹 내에 3개의 관측치가 있다면 관측치는 총 6개가 된다. 따라서 오차항 $\alpha_j + e_{ij}$의 공분산 행렬은 다음과 같다.

$$V = \begin{bmatrix} \sigma_\alpha^2 + \sigma_\epsilon^2 & \rho & \rho & 0 & 0 & 0 \\ \rho & \sigma_\alpha^2 + \sigma_\epsilon^2 & \rho & 0 & 0 & 0 \\ \rho & \rho & \sigma_\alpha^2 + \sigma_\epsilon^2 & 0 & 0 & 0 \\ 0 & 0 & 0 & \sigma_\alpha^2 + \sigma_\epsilon^2 & \rho & \rho \\ 0 & 0 & 0 & \rho & \sigma_\alpha^2 + \sigma_\epsilon^2 & \rho \\ 0 & 0 & 0 & \rho & \rho & \sigma_\alpha^2 + \sigma_\epsilon^2 \end{bmatrix} \quad (12.4)$$

비조건부평균 모형의 3개 모수($\mu, \sigma_\alpha^2, \sigma_e^2$)를 추정하기 위해서는 오차항의 정규분포 가정과 공분산행렬 V를 이용하여 로그우도함수를 구축한다. 식 12.1의 모수 $\mu, \sigma_\alpha^2, \sigma_e^2$를 추정한 후 $\hat{\alpha}_j$를 사후적으로 계산하는 방법은 최우추정(ML; Maximum Likelihood)이나 경험적 베이지안(EB; Empirical Bayesian) 방법을 사용할 수 있다. 먼저 ML 방법은 다음과 같은 절차를 거친다.

$$y_{ij} - \hat{\mu} = \alpha_j + e_{ij} \quad (12.5)$$

위 식에서 추정해야 할 모수로 α_j만 있다고 가정한다. α_j는 다음과 같은 로그우도함수를 최대화하는 추정치로 얻어진다.

$$\log L(y_{1j} - \hat{\mu}, y_{2j} - \hat{\mu}, y_{3j} - \hat{\mu} \mid \alpha_j) \quad (12.6)$$

선형회귀 모형에서는 ML 추정치와 OLS 추정치가 서로 같기 때문에 $j = 1$일 때에는 다음과 같다.

$$\hat{\alpha}_{1,ML} = \frac{1}{3}\sum_{i=1}^{3}(y_{i1} - \hat{\mu})$$

ML 방법의 문제점은 식 12.1에서 α_j를 확률효과로 간주하지만 위 ML 방법에서는 α_j를 다시 고정효과로 간주하고 추정한다는 점이다.

α_j 추정치를 구하는 또 하나의 방법은 EB 접근법이다. α_j는 사전적 분포(prior distribution)로서 정규분포를 따르며 평균은 0이고 분산은 σ_α^2이다. α_j의 사후적 분포(posterior distribution)는 베이즈 규칙(Bayes rule)에 따라 다음과 같이 도출된다.

$$\text{posterior}(\alpha_j) \propto \text{prior}(\alpha_j) \times \Pr\left(y_{1j} - \hat{\mu},\ y_{1j} - \hat{\mu},\ y_{1j} - \hat{\mu} \mid \alpha_j\right) \quad (12.7)$$

위 식에서 $\propto$는 '비례적'이라는 의미이다. 결국 위 식의 의미는 α_j의 사후적 분포 posterior(α_j)는 사전적 분포 prior(α_j)와 (y_{1j}, y_{2j}, y_{3j})가 관측된 분포의 혼합 분포(mixed distribution)로 나타난다는 것이다. 이때 $\hat{\alpha}_{j,EB}$는 posterior(α_j) 분포의 평균으로 대신한다. 선형모형에서 $\hat{\alpha}_{j,EB}$과 $\hat{\alpha}_{j,ML}$는 다음과 같은 관계를 지니고 있음을 보일 수 있다.

$$\hat{\alpha}_{j,EB} = \frac{\hat{\sigma}_\alpha^2}{\hat{\sigma}_\alpha^2 + \hat{\sigma}_e^2/n_j}\hat{\alpha}_{j,ML} \tag{12.8}$$

여기에서 n_j는 레벨 j에 속한 관측치의 수로서 위 예제에서는 $n_j = 3$이 된다. EB 방식은 α_j를 여전히 확률효과로 간주한다는 점에서 식 12.1 모형과 일관성이 있다.

12.2 설명변수가 포함된 조건부 모형

하위레벨(i)에서 값이 변하는 설명변수 x_{ij}를 포함한 모형을 다음과 같이 설정해보자.

$$y_{ij} = \mu + \beta x_{ij} + \alpha_j + e_{ij} \tag{12.9}$$

이와 동시에 상위레벨(j)의 이질성(heterogeneity)에 해당하는 α_j는 다음과 같이 상위레벨 설명변수 z_j의 선형함수라고 가정하자.

$$\alpha_j = \gamma_0 + \gamma_1 z_j + u_j \tag{12.10}$$

위의 두 식을 결합하면 y_{ij}는 다음과 같이 외생적 설명변수에 대한 조건부 모형으로 표현된다.

$$y_{ij} = (\mu + \gamma_0) + \beta x_{ij} + \gamma_1 z_j + u_j + e_{ij} \tag{12.11}$$

여기에서 u_j는 상위레벨 j에 따라서만 값이 달라지며, j 그룹 내에서는 모든 관측치 i가 동일한 값을 갖는다. 오차항에 대한 분포는 $u_j | x_{ij}, z_j \sim N(0, \sigma_u^2)$, 그리고 $e_{ij} | x_{ij}, z_j, u_j \sim N(0, \sigma_e^2)$로 가정한다. 식 12.11은 다음과 같이 바꾸어 쓸 수 있다.

$$y_{ij} = (\mu + \gamma_0 + u_j) + \beta x_{ij} + \gamma_1 z_j + e_{ij} \tag{12.12}$$

이 식은 상수항(intercept term)이 j에 따라 변한다는 의미에서 확률절편(random intercept) 모형이라고도 부른다. 식 12.12 모형에서 종속변수의 조건부 분산과 상관계수는 다음과 같다.

$$var(y_{ij}|x_{ij}, z_j) = \sigma_u^2 + \sigma_e^2 \tag{12.13}$$

$$corr(y_{kj}, y_{sj} \; | x_{ij}, z_j) = \frac{\sigma_u^2}{\sigma_u^2 + \sigma_e^2} \tag{12.14}$$

식 12.13의 분산은 동분산성을 의미하고 식 12.14는 j 그룹 내 관측치의 조건부 상관계수를 의미한다.

식 12.9에서 x_{ij}의 계수는 모든 j에 대해 일정하게 고정되어 있다고 가정했다. 이와 달리 다음과 같이 확률기울기(random slope)를 가정할 수도 있다.

$$y_{ij} = \mu + \beta_j x_{ij} + \alpha_j + e_{ij} \tag{12.15}$$

여기에서 α_j와 β_j는 다음과 같이 상위레벨 설명변수의 선형함수라고 가정한다.

$$\alpha_j = \gamma_0 + \gamma_1 z_j + u_{1,j} \tag{12.16}$$

$$\beta_j = \delta_0 + \delta_1 z_j + u_{2,j} \tag{12.17}$$

따라서 식 12.15는 다음과 같이 쓸 수 있다.

$$y_{ij} = (\mu + \gamma_0) + \delta_1 (z_j x_{ij}) + \gamma_1 z_j + (\delta_0 + u_{2,j}) x_{ij} + u_{1,j} + e_{ij} \tag{12.18}$$

위 식에서 설명변수는 상위레벨 설명변수(z_j), 하위레벨 설명변수 (x_{ij}) 그리고 교차레벨(cross-level) 상호작용 변수($z_j x_{ij}$)가 포함되어 있다. 그리고 x_{ij}의 기울기 모수는 레벨 j에 따라서 달라지는 확률기울기가 된다. 식 12.18은 상수항과 기울기 모수가 모두 확률적이기 때문에 확률계수(random coefficient) 모형이라고도 부른다. 위 식에서 세 확률변수의 분포에 대한 가정은 다음과 같다.

$$u_{1,j} \sim N(0, \sigma_{u1}^2), \; u_{2,j} \sim N(0, \sigma_{u2}^2), \; e_{ij} \sim N(0, \sigma_e^2),$$
$$cov(u_{1,j}, u_{2,j}) = \psi_{12} \; , \; cov(u_{1,j}, e_{ij}) = 0, \; cov(u_{2,j}, e_{ij}) = 0$$

$u_{1,j}$는 확률절편이고 $u_{2,j}$는 확률기울기이기 때문에 $cov(u_{1,j}, u_{2,j}) = \psi_{12}$이 0보다 크면 상수항이 커질수록 기울기도 커진다는 의미이다. 반대로 0보다 작으면 상수항이 커질수록 기울기는 작아진다고 해석할 수 있다. 위 결과를 이용하면 종속변수의 조건부 분산, j 그룹 내 공분산, 상관계수는 다음과 같이 된다.

$$
\begin{aligned}
var(y_{ij}) &= var(u_{2j}x_{ij} + u_{1j} + e_{ij}) \\
&= x_{ij}^2 var(u_{2j}) + var(u_{1j}) + var(e_{ij}) + 2x_{ij}cov(u_{2j}, u_{1j}) \\
&\quad + 2cov(u_{1j}, e_{ij}) + 2x_{ij}cov(u_{2j}, e_{ij}) \\
&= \sigma_{u2}^2 x_{ij}^2 + \sigma_{u1}^2 + \sigma_e^2 + 2\psi_{12}x_{ij}
\end{aligned}
\tag{12.19}
$$

$$
\begin{aligned}
cov(y_{kj}, y_{sj} \mid x_{kj}, x_{sj}) &= E[(u_{2j}x_{kj} + u_{1j} + e_{kj})(u_{2j}x_{sj} + u_{1j} + e_{sj})] \\
&= x_{kj}x_{sj}E(u_{2j}^2) + E(u_{1j}^2) + x_{kj}E(u_{2j}u_{1j}) + x_{sj}E(u_{1j}u_{2j}) \\
&= x_{kj}x_{sj}\sigma_{u2}^2 + \sigma_{u1}^2 + x_{kj}\psi_{12} + x_{sj}\psi_{12}
\end{aligned}
\tag{12.20}
$$

$$
\begin{aligned}
corr(y_{kj}, y_{sj} \mid x_{kj}, x_{sj}) &= \frac{cov(y_{kj}, y_{sj} \mid x_{kj}, x_{sj})}{\sqrt{var(y_{kj})}\sqrt{var(y_{sj})}} \\
&= \frac{x_{kj}x_{sj}\sigma_{u2}^2 + \sigma_{u1}^2 + x_{kj}\psi_{12} + x_{sj}\psi_{12}}{\sqrt{var(y_{kj})}\sqrt{var(y_{sj})}}
\end{aligned}
\tag{12.21}
$$

식 12.21에서 $x_{kj} = x_{sj} = 0$이면, 앞에서 살펴보았던 비조건부평균 모형에서의 상관계수인 식 12.3과 동일해진다.

확률계수 모형을 추정한 후 확률 요소인 u_{1j}(확률절편)와 u_{2j}(확률기울기)를 사후적으로 계산하기 위해서는 앞서 설명한대로 ML 방법과 EB 방법을 사용할 수 있다. 먼저 ML 방법은 다음과 같다. 식 12.18에서 고정요소를 제외한 잔차는 다음과 같이 쓸 수 있다.

$$
\hat{u}_{2j}x_{ij} + \hat{u}_{1j} + \hat{e}_{ij} = \hat{\zeta}_{ij} = y_{ij} - (\widehat{\mu + \delta_0 + \gamma_0}) - \hat{\delta}_1 z_j x_{ij} - \hat{\gamma}_1 z_j \tag{12.22}
$$

위 잔차를 새로운 종속변수로 간주하고 추정해야 할 모수를 $\hat{u}_{2j}$와 $\hat{u}_{1j}$로 하여 로그우도함수를 구축한다. j 그룹 내에 $i = 1, 2, 3$ 이라면 로그우도함수는 다음과 같다.

$$
\log L(\hat{\zeta}_{1j}, \hat{\zeta}_{2j}\ \hat{\zeta}_{3j} \mid \hat{u}_{1j}, \hat{u}_{2j}) \tag{12.23}
$$

각 그룹에 대해 식 12.23을 최대화 하는 $\hat{u}_{1j,\,ML}$과 $\hat{u}_{2j,\,ML}$은 OLS 추정치와 같다. 따라서 개별 j 그룹에 속한 관측치를 이용하여 종속변수로 $\hat{\zeta}_{ij}$, 그리고 설명변수로 x_{ij}와 상수항을 두고 추정한 OLS 추정치가 ML 추정치를 대신한다.

u_{1j}와 u_{2j}를 여전히 확률변수로 간주하는 EB 방법은 식 12.7과 유사하게 다음과 같이

사후적 분포를 계산한 후 분포의 평균을 EB 추정치로 삼는다.

$$posterior(u_{1j}) \propto prior(u_{1j}) \times \Pr(\hat{\zeta}_{1j}, \hat{\zeta}_{2j}, \hat{\zeta}_{3j} \mid u_{1j}, u_{2j}) \tag{12.24}$$

$$posterior(u_{2j}) \propto prior(u_{2j}) \times \Pr(\hat{\zeta}_{1j}, \hat{\zeta}_{2j}, \hat{\zeta}_{3j} \mid u_{1j}, u_{2j}) \tag{12.25}$$

ML 접근법은 그룹 j 내에 속한 관측치가 1개일 때는 추정치가 주어지지 않으며 관측치가 적은 경우에도 예측오차(prediction error)가 매우 커지는 문제가 있다. 그러나 EB 접근법에서는 관측치가 1개인 경우 에도 $\hat{u}_{1j,EB}$와 $\hat{u}_{2j,EB}$가 계산되며 ML에 비해 예측오차가 작게 나타난다.

12.3 STATA 실습

멀티레벨 데이터로서의 패널 데이터

데이터 파일: A_data12_1.dta

멀티레벨 데이터의 한 가지 예는 패널 데이터이다. 각 그룹(개인 또는 회사) 내에 여러 시점의 관측치가 있기 때문이다. 기업의 투자액 데이터*와 관련하여 다음과 같은 패널 선형 회귀 모형을 가정해보자.

$$y_{it} = \alpha + \beta x_{it} + u_i + e_{it} \tag{12.26}$$

여기에서 종속변수는 invest 변수로서 기업의 연도별 투자금액이고 설명변수는 mvalue (기업의 시장가치)와 kstock(기업의 유형고정자산 가치)이다. 우리는 이 모형을 패널 데이터의 관점에서 한 번 추정하고, 멀티레벨 데이터의 관점에서 다시 한번 추정해보기로 한다. 우선 패널 데이터의 확률효과 모형은 u_i를 정규분포로 가정하고 ML 방법으로 추정할 수 있다. 이를 위해서는 xtreg 명령문에 mle 옵션을 사용하면 된다.** 이때 tsset 명령문을 사용하는 대신, i( ) 옵션으로 상위레벨(company)을 지정하였다. 아래에서 xtreg 명령문 실행 결과에서 맨 아래쪽에 제시된 LR 통계량은 확률효과가 존재하는지, 즉 $var(u_i) = 0$에 대한 검정결과를 보여주고 있다. p값이 매우 작기 때문에 귀무가설을 기각하는 것으로 나타났다.

---

* Grunfeld(1958) 데이터를 일부 가공한 것이다.

** 멀티레벨 모형에서 ML 추정방법을 사용하기 때문에 xtreg에서도 최우추정량을 얻기 위해 mle 옵션을 추가하였다.

그림 12.1 패널 데이터 추정: xtreg vs. mixed 명령어

```
. xtreg invest mvalue kstock, i(com) mle nolog

                                                LR chi2(2)       =     293.43
Log likelihood  =  -1095.257                    Prob > chi2      =     0.0000

------------------------------------------------------------------------------
      invest |      Coef.   Std. Err.      z    P>|z|     [95% Conf. Interval]
-------------+----------------------------------------------------------------
      mvalue |   .1097626   .0103389    10.62   0.000     .0894988    .1300265
      kstock |    .307942   .0171006    18.01   0.000     .2744254    .3414585
       _cons |   -57.7672   27.70004    -2.09   0.037    -112.0583   -3.476114
-------------+----------------------------------------------------------------
    /sigma_u |   80.29729   18.37811                      51.27213    125.7536
    /sigma_e |   52.49255    2.69306                      47.47094    58.04534
         rho |   .7005943   .0985226                      .4881266    .8603709
------------------------------------------------------------------------------
Likelihood-ratio test of sigma_u=0: chibar2(01)=  193.09 Prob>=chibar2 = 0.000

. mixed invest mvalue kstock || company : , nolog stddev
                                                Wald chi2(2)     =     668.53
Log likelihood =  -1095.257                     Prob > chi2      =     0.0000

------------------------------------------------------------------------------
      invest |      Coef.   Std. Err.      z    P>|z|     [95% Conf. Interval]
-------------+----------------------------------------------------------------
      mvalue |   .1097626   .0103384    10.62   0.000     .0894997    .1300256
      kstock |    .307942    .017072    18.04   0.000     .2744815    .3414025
       _cons |   -57.7672   27.69738    -2.09   0.037    -112.0531    -3.48134
------------------------------------------------------------------------------

------------------------------------------------------------------------------
  Random-effects Parameters  |   Estimate   Std. Err.     [95% Conf. Interval]
-----------------------------+------------------------------------------------
company: Identity            |
                   sd(_cons) |   80.29729    18.3781      51.27215    125.7536
-----------------------------+------------------------------------------------
                sd(Residual) |   52.49255   2.693113      47.47085    58.04546
------------------------------------------------------------------------------
LR test vs. linear regression: chibar2(01) =    193.09 Prob >= chibar2 = 0.0000
```

mixed 명령어를 이용해도 위의 xtreg, mle와 같은 결과를 얻을 수 있다. 종속변수 다음에 고정요소에 해당하는 설명변수를 지정하고 || (세로줄 두 개)를 둔 다음에 확률요소에 해당하는 변수를 지정한다. 본 예제에서는 || 다음에 그룹변수 이름을 지정하고 : (콜론) 다음에 아무 변수도 지정하지 않아야 한다. 위에서 보듯이 mixed 결과는 정확히 xtreg, mle와 같다는 것을 확인할 수 있다. 위의 추정결과를 이용하여 식 12.3에 제시된 상위 그룹 내 종속변수의 상관계수 ρ를 계산해보자. 회사레벨 오차항에 해당하는 u_i의 표준편차 추정치는

sd(_cons)에 주어진 80.29이고, e_{it}의 표준편차 추정치는 sd(Residual)에 주어진 52.49이다. 이를 이용하여 상관계수를 계산한 결과가 아래 나와 있다. 추정된 그룹 내 상관계수는 0.70임을 알 수 있다.

```
. qui mixed invest mvalue kstock || company : , nolog stddev

. mat list e(b)

e(b)[1,5]
        invest:     invest:     invest:   lns1_1_1:    lnsig_e:
         mvalue      kstock       _cons       _cons       _cons
y1    .10976265   .30794197  -57.767199   4.3857358   3.9606712

. scalar var_u=exp(_b[lns1_1_1:_cons])^2

. scalar var_e=exp(_b[lnsig_e:_cons])^2

. di as txt "correlation within a company=  " as result var_u/(var_u+var_e)
correlation within a company=  .70059428
```

비조건부평균 모형 추정

데이터 파일: A_data12_2.dta

12.1절의 비조건부평균 모형(또는 확률절편 모형)은 설명변수는 없고 상수항만 있는 2레벨 모형이다. 이 모형을 예제 데이터*에 적용해보자. 예제 데이터에서 종속변수는 각 학교(j)에 속한 학생(i)들의 언어과목 시험점수(langpost)이다. 상위레벨인 학교변수는 schoolnr이다. 추정은 mixed 명령문에서 || 다음에 상위레벨 변수이름인 schoolnr을 지정하고 : (콜론)을 적어주어야 한다. 옵션으로 var 옵션을 사용하면 $sd(\alpha_j)$ 추정치가 주어지는 대신 $var(\alpha_j)$ 추정치가 주어진다. 다음은 실행결과이다.

그림 12.2 비조건부평균 모형 추정

```
. mixed langpost || schoolnr : , nolog

                                                Wald chi2(0)      =          .
Log likelihood = -8126.6092                     Prob > chi2       =          .

------------------------------------------------------------------------------
    langpost |      Coef.   Std. Err.      z    P>|z|     [95% Conf. Interval]
```

* Snijder · Bosker(2011)의 4장 데이터를 가공한 것이다.

```
-------------+----------------------------------------------------------------
       _cons |   40.36409   .4263628    94.67   0.000     39.52843    41.19974
------------------------------------------------------------------------------

------------------------------------------------------------------------------
  Random-effects Parameters  |   Estimate   Std. Err.     [95% Conf. Interval]
-----------------------------+------------------------------------------------
schoolnr: Identity           |
                  var(_cons) |   19.42856   3.100163      14.21073    26.56223
-----------------------------+------------------------------------------------
               var(Residual) |   64.56783   1.972859       60.8146    68.55269
------------------------------------------------------------------------------
LR test vs. linear regression: chibar2(01) =   287.98 Prob >= chibar2 = 0.0000

. su langpost if e(sample)==1

    Variable |        Obs        Mean    Std. Dev.       Min        Max
-------------+---------------------------------------------------------
    langpost |       2287    40.93485    9.003676          9         58

. estat icc
Intraclass correlation
------------------------------------------------------------------------------
                       Level |        ICC   Std. Err.     [95% Conf. Interval]
-----------------------------+------------------------------------------------
                    schoolnr |   .2313023   .0292466      .1789662    .2934726
------------------------------------------------------------------------------
```

위에서 mixed 명령문 추정결과 맨 아래쪽에 제시된 LR 검정의 귀무가설은 $H_0 : var(\alpha_j) = 0$이다. p값이 매우 낮아 귀무가설이 기각된다. 즉 학교 내 학생들의 시험점수 간 상관관계가 있다는 것을 의미한다. 따라서 확률절편(random intercept) 모형이 합동(pooled) OLS 추정보다 적절함을 의미한다. mixed 명령문 결과 중 맨 위쪽에 제시된 Wald 검정결과가 결측치로 표시되어 있다. Wald 검정은 상수항을 제외한 설명변수의 기울기 모수를 0으로 제약하는 가설을 검정하는데, 위 예제에서는 상수항을 제외한 설명변수가 없기 때문에 Wald 결과가 제시되지 않는다. 식 12.1의 상수항 추정치는 종속변수의 평균과 거의 같다. langpost 변수의 평균은 40.93인데 상수항 추정치는 40.36이다. α_j를 확률변수가 아닌 추정해야 할 모수로 간주하는 고정효과 모형에서는 상수항 추정치가 정확히 전체 평균(40.93)과 일치한다.* 위에서 보면 mixed 명령문을 실행한 후 사후분석 명령어로 estat icc를 실행했다. 이는 식 12.3에 설명한 학교 내 학생들의 시험점수 상관관계(intra-class correlation: ICC)를 추정한다. 이 값은 정확히 19.42÷(19.42+64.56)임을 예상할 수 있다.

* 고정효과 모형은 xtreg langpost, fe i(schoolnr) 명령문을 작성하면 된다.

ICC=0.23의 의미는 같은 학교 내에 속한 학생들의 성적 상관관계는 23%이다.

mixed 명령문을 실행한 후 사용할 수 있는 추가적인 사후분석 명령어를 소개한다. 먼저 estat group 명령을 실행하면 상위레벨인 학교 변수에 대한 요약통계량을 보여준다. 아래 결과를 보면, 전체 학교 숫자는 131개이고 평균적으로 17.5명의 학생을 관측치로 갖고 있다. 다음으로 estat recovariance 명령을 실행하면 상위레벨 확률요소의 공분산 행렬을 얻을 수 있다. 하지만 확률절편 모형에서는 확률요소가 α_j 하나이기 때문에 분산 추정치만 제시되어 있음을 알 수 있다.

그림 12.3 mixed 명령문 관련 사후분석 명령어 실행결과

```
. qui mixed langpost || schoolnr : , nolog

. estat group
-------------------------------------------------------------
                |   No. of       Observations per Group
 Group Variable |   Groups    Minimum    Average    Maximum
----------------+--------------------------------------------
       schoolnr |      131          4       17.5         35
-------------------------------------------------------------

. estat recovariance
Random-effects covariance matrix for level schoolnr

             |      _cons
-------------+-----------
       _cons |   19.42856

. predict xb1, xb

. gen xb2=langpost-xb1

. reg xb2  if schoolnr==1

      Source |       SS       df       MS              Number of obs =      25
-------------+------------------------------           F(  0,    24) =    0.00
       Model |          0      0           .           Prob > F      =       .
    Residual |       1842     24       76.75           R-squared     =  0.0000
-------------+------------------------------           Adj R-squared =  0.0000
       Total |       1842     24       76.75           Root MSE      =  8.7607

------------------------------------------------------------------------------
         xb2 |      Coef.   Std. Err.      t    P>|t|     [95% Conf. Interval]
-------------+----------------------------------------------------------------
       _cons |  -3.964086   1.752142    -2.26   0.033    -7.580329   -.3478437
------------------------------------------------------------------------------

. qui mixed langpost || schoolnr : , nolog var
```

```
. predict eb, reffects

. list eb if schoolnr==1

     +-----------+
     |        eb |
     |-----------|
  1. | -3.498958 |
  2. | -3.498958 |
 ---     이하 생략    --------------


. di as text "EB 추정치 =  " as result (19.42/(19.42+64.56/25))*-3.964
EB 추정치 =  -3.4987492
```

식 12.6와 12.7에서는 각 학교의 확률절편인 α_j를 사후적으로 얻는 방법을 소개하였다. 위에 이들을 계산한 결과가 나와 있다. 먼저 ML 방법으로 계산해보자. 고정요소 예측치인 $\hat{\mu}$은 predict 명령어에 xb 옵션을 사용하면 계산할 수 있다. 종속변수에서 고정요소를 빼준 xb2 변수를 만들고, 이 변수를 새로운 종속변수로 하여 상수항만 존재하는 모형을 각 학교별로 OLS로 추정한 결과가 $\hat{\alpha}_{j,\,ML}$이 된다. 가령 1번 학교는 $\hat{\alpha}_{1,\,ML} = -3.964$가 된다. 두 번째로 EB 접근법으로 구한 확률절편은 predict 명령어에 reffects 옵션을 추가하여 변수로 만들면 된다. 가령 1번 학교의 $\hat{\alpha}_{1,EB}$ 추정치는 -3.49이고 1번 학교 내에서는 모두 같은 값을 가진다. 식 12.8에 확률절편 모형에서 $\hat{\alpha}_{j,\,EB}$와 $\hat{\alpha}_{j,\,ML}$의 관계가 나와 있다. 이 공식을 이용하여 계산한 결과, 위 결과에서 보듯이 1번 학교에 대해 $\hat{\alpha}_{1,EB}$ 추정치와 동일한 값을 얻었다.

설명변수가 포함된 조건부 모형 추정

앞에서와 동일한 데이터 파일(A_data12_2.dta)를 이용하여 이번에는 레벨 1(하위레벨)과 레벨 2(상위레벨)의 설명변수가 포함된 확률절편 모형을 추정한다. 구체적인 모형은 식 12.11의 형태이다. 즉,

$$y_{ij} = \alpha + \beta x_{ij} + \gamma_1 z_j + u_j + e_{ij}$$

종속변수는 언어과목 점수이고, ses 변수(x_{ij})는 학생의 사회경제적 상태(Socioeconomic Status; SES)이다. 또한 schoolse 변수(z_j)는 각 학교의 SES로서 같은 학교 내의 학생들에 대해서 모두 동일한 값을 갖는다. 추정은 mixed 명령어 다음에 종속변수와 설명변수를 적

고, || 다음에 상위레벨 변수이름인 schoolnr을 지정하고 : (콜론)을 적어주어야 한다. 다음은 추정결과이다.

그림 12.4 설명변수가 포함된 조건부 모형 추정

```
. mixed langpost ses schoolse || schoolnr:, nolog

                                                Wald chi2(2)      =     320.68
Log likelihood = -7976.8884                     Prob > chi2       =     0.0000

------------------------------------------------------------------------------
    langpost |      Coef.   Std. Err.      z    P>|z|     [95% Conf. Interval]
-------------+----------------------------------------------------------------
         ses |   .2950168   .0173691    16.99   0.000     .2609741    .3290595
    schoolse |    .160337   .0881506     1.82   0.069    -.012435     .333109
       _cons |   29.36728   1.644499    17.86   0.000     26.14412    32.59044
------------------------------------------------------------------------------

------------------------------------------------------------------------------
  Random-effects Parameters  |   Estimate   Std. Err.     [95% Conf. Interval]
-----------------------------+------------------------------------------------
schoolnr: Identity           |
                  var(_cons) |   15.00939   2.397369      10.97502    20.52679
-----------------------------+------------------------------------------------
               var(Residual) |   56.99353   1.738736      53.68555    60.50533
------------------------------------------------------------------------------
LR test vs. linear regression: chibar2(01) =   272.99 Prob >= chibar2 = 0.0000
```

위 결과를 보면, 확률절편에 해당하는 u_j의 분산 추정치는 15.0으로 상수항만 있는 비조건부평균 모형(그림 12.2)의 분산 추정치 19.4에 비해 줄어들었음을 알 수 있다. 각 학교의 이질성을 설명변수인 schoolse 변수가 어느 정도 포착해내기 때문이다. e_{ij}의 분산추정치인 var(Residual)도 비조건부평균 모형에 비해 줄어들었음을 알 수 있다. 학생레벨 설명변수인 ses 변수가 모형에 포함되었기 때문이다. 새로운 설명변수를 포함시켜도 여전히 $var(u_j)=0$의 귀무가설을 기각할 수 있다는 것을 마지막에 제시된 LR 검정을 통해 알 수 있다. ses 변수의 추정계수 0.295는 학생의 SES 값이 1단위 증가하면 평균적으로 학생의 시험점수가 0.295점 증가한다고 해석한다. schoolse=0.160은 학교의 SES 값이 1단위 증가하면 그 학교에 다니는 학생의 시험점수가 평균적으로 0.16점 증가한다고 해석한다.

mixed 추정 후 EB 방법을 이용하여 $\hat{u}_j$를 추정해보자. $\hat{u}_j$은 각 학교의 회귀직선 식에서 상수항에 영향을 미친다. 각 학교의 회귀직선 식을 구해서 이를 그래프로 그려보자. 아래에 실행 예제가 나와 있는데, 우선 predict 명령문에 xb 옵션을 두면 고정요소를 계산해준다.

이것을 fixed라는 이름으로 지정했다. 또한 reffects 옵션은 각 학교 j에 대해 $\hat{u}_j$ 추정치를 계산해주는데 이를 uhat이란 이름으로 지정했다. 따라서 fixed와 uhat을 더한 새로운 변수(yhat 이름으로 지정)가 각 학교 회귀직선 식에서 y축 절편에 해당한다.[*] 그래프의 가로축은 학생수준 설명변수인 ses로 두면 된다. 주의해야 할 점은 그래프를 작성하기 전에 반드시 sort schoolnr ses 명령문이 필요하다. 각 학교 내 학생들 ses 점수를 반드시 오름차순으로 정렬해야 하기 때문이다. 마지막으로 각 학교별로 추정된 회귀직선 식을 선(line) 그래프로 그릴 때 connect(ascending) 옵션을 사용해야 한다. 다음은 명령문과 실행결과이다.

그림 12.5 학교별 회귀직선 추정식 그래프 작성

```
. qui mixed langpost ses schoolse || schoolnr:, nolog

. predict fixed, xb

. predict uhat, reffects

. sort schoolnr ses

. twoway (line yhat ses if schoolnr<=30 , connect(ascending))
```

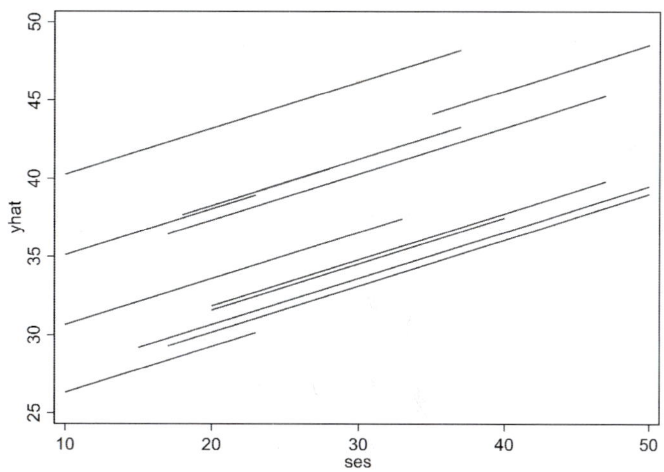

위 예제에서는 모든 학교에 대해서 그래프를 그리지 않고 학교 번호가 30번 이내인 학교에 대해서만 그래프를 그렸다. 그림에서 알 수 있듯이 각 학교 회귀직선 식의 기울기는 모두 같고 단지 Y 절편만 서로 달라진다. Y 절편이 서로 다르게 그려진 이유는 바로 상위

* fitted 변수와 uhat 변수를 각각 생성하여 더하는 대신 predict yhat, fitted 라고 명령문을 입력하면 여기서 만들어진 yhat 변수는 정확히 그림 12.5의 yhat 변수와 같아진다.

레벨 j의 확률요소인 $\hat{u}_j$가 학교마다 서로 다르기 때문이다.

Tip 12.1 ● ML 방법을 이용한 학교별 회귀직선 식 그리기

EB 방법 대신 ML 방법을 이용하여 각 학교별 회귀직선 추정식을 구하기 위해서는 먼저 각 학교별 $\hat{u}_{j,ML}$을 구해야 한다. 12.2절에서 설명했듯이 y_{ij}에서 고정요소를 뺀 잔차를 계산한 다음, 그 잔차를 새로운 종속변수로 두고 설명변수로는 상수항만 포함시켜 OLS로 추정한 결과가 정확히 $\hat{u}_{j,ML}$과 같다. 아래에는 이를 계산하기 위한 일련의 명령문과 실행결과가 나와 있다. 우선 각 학교별로 reg 명령문을 실행한 후 상수항 추정치를 dta 파일로 만들기 위해서 statsby를 접두어(prefix)로 사용하였다. working directory에 저장된 uhat1.dta 파일을 원래 파일인 A_data12_2.dta 파일에 병합(merge)한다. 병합된 데이터에서 uhat1 변수가 $\hat{u}_{j,ML}$이 된다. 마지막으로 그래프를 그리기 위해서는 고정요소와 $\hat{u}_{j,ML}$을 더해서 그래프의 *Y*축에 해당하는 변수 yhat1을 생성한다. 그 다음 절차는 그림 12.5에서 이미 설명한 명령문을 이용한다.

```
. qui mixed langpost ses schoolse || schoolnr:, nolog

. predict fixed1, xb

. gen residual=langpost-fixed1

. statsby uhat1=_b[_cons] , by(schoolnr) saving(uhat1, replace): reg residual
(running regress on estimation sample)

      command:  regress residual
        uhat1:  _b[_cons]
           by:  schoolnr

Statsby groups
----+--- 1 ---+--- 2 ---+--- 3 ---+--- 4 ---+--- 5
..................................................    50
..................................................   100
...............................

. merge m:1 schoolnr using uhat1, nogenerate

    Result                           # of obs.
    -----------------------------------------
    not matched                             0
    matched                             2,287  (_merge==3)
    -----------------------------------------
```

```
. gen yhat1=fixed1+uhat1

. sort schoolnr ses

. twoway (line yhat1 ses if schoolnr<=30 , connect(ascending))
```

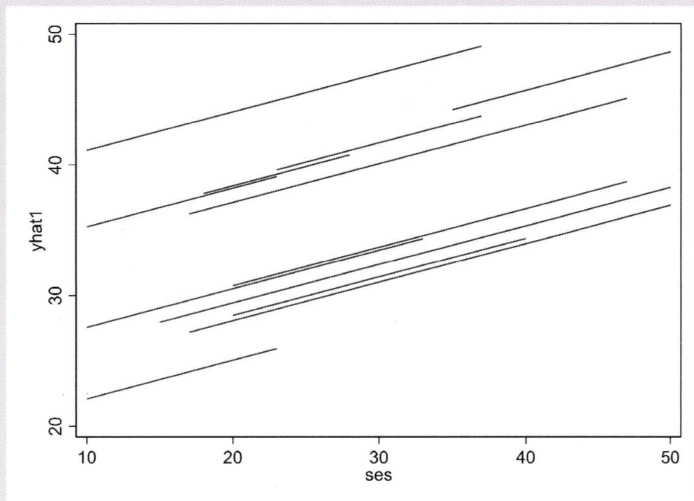

멀티레벨 확률계수 모형 추정

앞에서와 동일한 데이터 파일(A_data12_2.dta)을 이용하여 이번에는 확률기울기(random slope)까지 포함한 확률계수(random coefficient) 모형을 추정하고 그 결과를 해석해 보자. 레벨 1과 레벨 2의 설명변수가 모두 포함된 식 12.18 모형을 고려한다.

$$y_{ij} = \gamma_0 + \gamma_1 z_j + \delta_1 (z_j \times x_{ij}) + (\delta_0 + u_{2,j}) x_{ij} + u_{1,j} + e_{ij}$$

종속변수는 언어과목 점수(langpost)이고, 학교레벨 변수인 schoolse(z_j)와 학생레벨 변수인 ses(x_{ij}) 외에 이들의 상호작용 변수($z_j \times x_{ij}$)가 포함되어 있다. 아래 명령문에서 c.ses#c.schoolse가 바로 상호작용 변수이다. 추정은 mixed 명령어 다음에 종속변수와 설명변수를 적고, || 다음에 상위레벨 변수이름인 schoolnr을 지정하고 : (콜론) 다음에는 확률기울기를 가진 설명변수, 즉 ses 변수를 지정해 주어야 한다. 또 하나 추가적인 옵션은 cov(un)이다. 레벨 2의 확률요소에 해당하는 u_{1j}와 u_{2j}의 공분산을 어떻게 가정하느냐의 문제이다. cov 옵션을 주지 않으면 $cov(u_{1j}, u_{2j}) = 0$으로 가정한다. cov(un)은 $cov(u_{1j}, u_{2j})$의 형태를 미리 정하지 않고 직접 추정하라는 의미이다. 다음은 추정결과이다.

그림 12.6 확률계수 모형 추정결과

```
. mixed langpost ses schoolse c.ses#c.schoolse || schoolnr:ses , nolog cov(un)

                                                Wald chi2(3)      =    301.64
Log likelihood = -7968.7484                     Prob > chi2       =    0.0000

------------------------------------------------------------------------------
      langpost |      Coef.   Std. Err.      z    P>|z|     [95% Conf. Interval]
---------------+--------------------------------------------------------------
           ses |   .5212472    .082773     6.30   0.000     .3590151    .6834793
      schoolse |   .4620009   .1582736     2.92   0.004     .1517904    .7722115
c.ses#c.schoolse|  -.0114125   .0041509    -2.75   0.006    -.0195481    -.003277
         _cons |   23.57782   2.972887     7.93   0.000     17.75107    29.40457
------------------------------------------------------------------------------

------------------------------------------------------------------------------
  Random-effects Parameters  |   Estimate   Std. Err.     [95% Conf. Interval]
-----------------------------+------------------------------------------------
schoolnr: Unstructured       |
                    var(ses) |    .005001   .0045845      .0008294    .0301561
                  var(_cons) |   29.66834   7.478287      18.10243    48.62388
             cov(ses,_cons) |  -.3499077   .1768705     -.6965674   -.0032479
-----------------------------+------------------------------------------------
               var(Residual) |   56.50059   1.753447      53.16633    60.04396
------------------------------------------------------------------------------
LR test vs. linear regression:       chi2(3) =    279.21   Prob > chi2 = 0.0000

Note: LR test is conservative and provided only for reference.
```

위 추정결과를 보면, 상호작용 변수인 c.ses#c.schoolse의 추정계수는 -0.011이고 통계적으로 유의하다. 이는 학교의 SES(사회경제적 상태) 값이 커질수록 학생 SES가 언어과목 점수에 미치는 한계효과가 작아진다는 의미이다. 또는 상위레벨인 학교레벨 변수가 학생 SES 변수 기울기 모수에 음(−)의 영향을 준다고 해석할 수 있다. 즉 학교 SES가 높은 학교에서는 학생 SES 변수의 기울기가 다른 학교에 비해 상대적으로 완만해지는 것이다. 위 결과에서 var(ses)는 $var(u_{2j})$ 추정치이고, var(_cons)는 $var(u_{1j})$ 추정치, 그리고 cov(ses, _cons)는 $cov(u_{1j}, u_{2j})$ 추정치이다. 상관계수가 음수이기 때문에 각 학교의 회귀직선 식에서 Y 절편이 커질수록 기울기는 더 완만해진다고 해석할 수 있다. 맨 아래에 제시된 LR 검정은 학교레벨의 확률효과가 존재하는지에 대한 가설검정으로서 귀무가설은 다음과 같다.

$$H_o : var(u_{1j}) = 0, \quad var(u_{2j}) = 0, \quad cov(u_{1j}, u_{2j}) = 0$$

3개의 모수를 0으로 제약하기 때문에 카이제곱 분포의 자유도가 3이 된다. 위의 결과를 보면 p값이 매우 작아 귀무가설이 기각된다.

확률계수 모형 추정 후 각 학교별 회귀직선 추정식을 그래프로 그리는 과정과 실행결과가 아래 나와 있다.

그림 12.7 학교별 회귀직선 추정식 그래프 작성: 확률계수 모형

```
. qui mixed langpost ses schoolse c.ses#c.schoolse || schoolnr:ses , nolog vcov(un)

. predict fixed, xb

. predict random*, reffects

. gen yhat=fixed+random1*ses+random2

. sort schoolnr ses

. twoway (line yhat ses if schoolnr<=30, connect(ascending) )
```

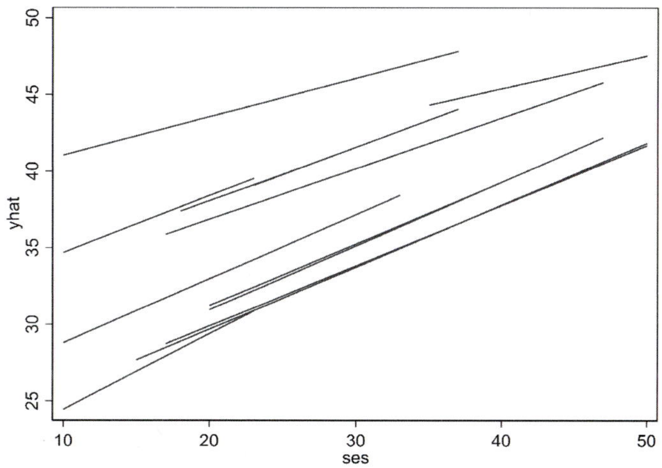

위 명령문을 보면, mixed 명령문을 실행한 후 predict, xb 명령문으로 고정요소 추정치를 계산한다. predict, reffects 명령문은 확률요소에 해당하는 u_{1j}와 u_{2j} 추정치를 변수로 만든다. 여기서 주의해야 할 점은 predict 다음에 새로운 변수이름을 2개 지정하거나, 위 예제의 "random*"처럼 *(별표)를 이용해야 한다. random1 변수가 u_{2j} 추정치이고 random2 변수가 u_{1j} 추정치가 된다.* 새로운 변수 yhat은 고정요소와 확률요소를 더해서 만들고 이 변수가 그래프의 *Y*축에 위치하게 된다. 그래프의 *X*축은 학생레벨의 ses 변수이다. 위 그림에서 확인할 수 있듯이 확률계수 모형에서 각 학교의 회귀직선은 *Y* 절편뿐만 아니라 기울기

* 변수의 순서를 혼동하지 않아야 한다.

도 다르다.

Tip 12.2 ● esttab 명령어로 추정결과 표로 만들기

esttab 명령어를 이용하면 논문에 바로 넣을 정도로 깔끔한 표를 만드는 것이 가능하다. 먼저 findit esttab을 실행하여 인터넷에서 프로그램을 다운로드 받아 설치해야 한다. 아래 실행 예제가 나와 있다. 먼저 확률절편 모형과 확률기울기 모형을 추정하여 그 결과를 저장하자.

```
. qui mixed langpost ses schoolse || schoolnr: , nolog cov(un)

. estimates store RI

. qui mixed langpost ses schoolse c.ses#c.schoolse || schoolnr:ses , nolog cov(un)

. estimates store RC
```

표를 만들기 위해서는 아래에서 보는 것처럼 esttab 명령어 다음에 추정결과를 저장한 이름을 지정한다. star 옵션을 사용하여 유의성 기준을 10%, 5%, 1%로 지정했다. 추정치의 표준오차는 따로 옵션을 주지 않으면 소수점 둘째 자리까지만 표시해 준다. 셋째 자리까지 표시하기 위해 se(%9.3f) 옵션을 추가하였다. 다음은 실행결과이다.

```
. esttab RI RC, star(* 0.1 ** 0.05 *** 0.01) se(%9.3f) mtitles(RI RC)

--------------------------------------------
                      (1)             (2)
                      RI              RC
--------------------------------------------
langpost
ses                 0.295***        0.521***
                  (0.017)         (0.083)

schoolse            0.160*          0.462***
                  (0.088)         (0.158)

c.ses#c.sc~e                      -0.0114***
                                  (0.004)

_cons               29.37***        23.58***
                  (1.644)         (2.973)
--------------------------------------------
lns1_1_1
_cons               1.354***       -2.649***
                  (0.080)         (0.458)
```

```
--------------------------------------------
lnsig_e
_cons              2.021***        2.017***
                  (0.015)         (0.016)
--------------------------------------------
lns1_1_2
_cons                              1.695***
                                  (0.126)
--------------------------------------------
atr1_1_1_2
_cons                             -1.518*
                                  (0.813)
--------------------------------------------
N                    2287            2287
--------------------------------------------
Standard errors in parentheses
* p<0.1, ** p<0.05, *** p<0.01
```

위 표에서 한 가지 문제점은 확률요소의 분산 추정치가 주어지지 않고 변환된 값들이 표에 나타난다는 점이다. 그림 12.4와 12.6에서와 같이 확률요소의 분산추정치를 표에 넣고 싶다면 다음과 같이 조금 복잡한 절차를 거쳐야 한다.

```
. qui mixed langpost ses schoolse || schoolnr:, nolog
. estadd scalar v1=exp(2*_b[lns1_1_1:_cons])
. estadd scalar v_e=exp(2*_b[lnsig_e:_cons])
. estimates store RI

. qui mixed langpost ses schoolse ses_school || schoolnr:ses , nolog  cov(un)
. estadd scalar v1=exp(2*_b[lns1_1_2:_cons])
. estadd scalar v2=exp(2*_b[lns1_1_1:_cons])
. estadd scalar v_e=exp(2*_b[lnsig_e:_cons])
.   estadd   scalar   cov   =   tanh(_b[atr1_1_1_2:_cons])*   exp(_b[lns1_1_1:_cons])*
exp(_b[lns1_1_2:_cons])
. estimates store RC

. esttab RI RC, star(* 0.1 ** 0.05 *** 0.01) se(%9.3f) mtitles(RI RC) scalar(v1 v2 cov
v_e) drop(lns1_1_1:_cons lns1_1_2:_cons lnsig_e:_cons atr1_1_1_2:_cons)

--------------------------------------------
                      (1)             (2)
                       RI              RC
--------------------------------------------
langpost
ses                0.295***        0.521***
                  (0.017)         (0.083)

schoolse           0.160*          0.462***
                  (0.088)         (0.158)

c.ses#c.sc~e                      -0.0114***
```

```
                    (0.004)

_cons          29.37***      23.58***
              (1.644)       (2.973)
----------------------------------------
v1             15.01         29.67
v2                           0.00500
cov                          -0.350
v_e            56.99         56.50
----------------------------------------
Standard errors in parentheses
* p<0.1, ** p<0.05, *** p<0.01
```

위 명령문들을 살펴보면, 우선 첫 번째 모형에서 _b[lns1_1_1:_cons]이 $\ln(sd(u_{1j}))$이기 때문에 $var(u_{1j})$는 exp(2*_b[lns1_1_1:_cons])와 같다. estadd 명령어는 v1으로 저장한 스케일러(scalar)를 ereturn list에 포함하라는 의미이다. $var(e_{ij})$도 유사한 방법으로 v_e 스케일러로 저장한다. 두 번째 모형에서는 좀 더 복잡한 공식이 필요하다. $var(u_{1j})$와 $var(u_{2j})$를 저장하는 방법은 앞에서 설명한 방법과 유사하지만 _b[lns1_1_1:_cons]는 $var(u_{1j})$이 아니고 $var(u_{2j})$를 만드는데 사용되는 점에 유의해야 한다. 또한 $cov(u_{1j}, u_{2j})$는 상당히 복잡한 공식을 거쳐야 만들 수 있다. 우선 _b[atr1_1_1_2:_cons]를 ξ라고 하면 ξ와 $corr(u_{1j}, u_{2j}) = \psi_{12}$의 관계는 다음과 같다.

$$\xi = \frac{1}{2}(\ln(1+\psi_{12}) - \ln(1-\psi_{12})) = \tanh^{-1}(\psi_{12})$$

따라서 $\psi_{12} = \tanh(\xi)$이며, 위 명령문에 tanh(_b[atr1_1_1_2:_cons])로 들어가 있다. 마지막으로 표를 만들기 위한 esttab 명령문에서 기존 표에 포함되었던 불필요한 추정치를 모두 drop 옵션으로 삭제했다. 또한 추가로 표시하고자 하는 확률요소와 관련된 추정치는 stats 옵션에 입력했다.

12.4 Stata do file

```
use A_data12_1, clear
xtreg invest mvalue kstock, i(com)  mle nolog
mixed invest mvalue kstock || company : , nolog stddev

qui mixed invest mvalue kstock || company : , nolog stddev
mat list e(b)
scalar var_u=exp(_b[lns1_1_1:_cons])^2
```

```
scalar var_e=exp(_b[lnsig_e:_cons])^2
di as txt "correlation within a company=  " ///
as result var_u/(var_u+var_e)

use A_data12_2, clear
mixed langpost || schoolnr : , nolog
su langpost if e(sample)==1
estat icc

qui mixed langpost || schoolnr : , nolog
estat group
estat recovariance
predict xb1, xb
gen xb2=langpost-xb1
reg xb2  if schoolnr==1

qui mixed langpost || schoolnr : , nolog
predict eb, reffects
list eb if schoolnr==1
di as text "EB 추정치 =  " ///
as result (19.42/(19.42+64.56/25))*-3.964

mixed langpost ses schoolse || schoolnr:, nolog

qui mixed langpost ses schoolse || schoolnr:, nolog
predict fixed, xb
predict uhat, reffects
gen yhat=fixed+uhat
sort schoolnr ses

twoway (line yhat ses if schoolnr<=30 , connect(ascending))

qui mixed langpost ses schoolse || schoolnr:, nolog
predict fixed1, xb
gen residual=langpost-fixed1
statsby uhat1=_b[_cons] , by(schoolnr) ///
saving(uhat1, replace): reg residual

merge m:1 schoolnr using uhat1, nogenerate
gen yhat1=fixed1+uhat1
sort schoolnr ses
twoway (line yhat1 ses if schoolnr<=30 , connect(ascending))

mixed langpost ses schoolse c.ses#c.schoolse ///
 || schoolnr:ses , nolog cov(un)

qui mixed langpost ses schoolse c.ses#c.schoolse ///
 || schoolnr:ses , nolog cov(un)
capture drop fixed
```

```
capture drop random*
capture drop yhat
predict fixed, xb
predict random*, reffects
gen yhat=fixed+random1*ses+random2
sort schoolnr ses
twoway (line yhat ses if schoolnr<=30, connect(ascending) )

qui mixed langpost ses schoolse || schoolnr: , nolog cov(un)
estimates store RI
qui mixed langpost ses schoolse c.ses#c.schoolse ///
 || schoolnr:ses , nolog cov(un)
estimates store RC
esttab RI RC, star(* 0.1 ** 0.05 *** 0.01) se(%9.3f) ///
mtitles(RI RC)

qui mixed langpost ses schoolse || schoolnr:, nolog
estadd scalar v1=exp(2*_b[lns1_1_1:_cons])
estadd scalar v_e=exp(2*_b[lnsig_e:_cons])
estimates store RI

qui mixed langpost ses schoolse c.ses#c.schoolse ///
|| schoolnr:ses , nolog cov(un)
estadd scalar v1=exp(2*_b[lns1_1_2:_cons])
estadd scalar v2=exp(2*_b[lns1_1_1:_cons])
estadd scalar v_e=exp(2*_b[lnsig_e:_cons])
estadd scalar cov = ///
tanh(_b[atr1_1_1_2:_cons])* exp(_b[lns1_1_1:_cons])* ///
exp(_b[lns1_1_2:_cons])

estimates store RC

esttab RI RC, star(* 0.1 ** 0.05 *** 0.01) se(%9.3f) ///
mtitles(RI RC) stats(v1 v2 cov v_e) ///
drop(lns1_1_1:_cons lns1_1_2:_cons ///
lnsig_e:_cons atr1_1_1_2:_cons)
```

CHAPTER 13 | 멀티레벨 모형 II

13.1 선형 성장 모형

패널 데이터 또는 종단면 데이터는 특정 개인(패널)을 시간에 따라 반복적으로 관찰한 형태이다. 이러한 종단면 데이터는 구조상 멀티레벨 데이터로 간주할 수 있다. 상위레벨이 개인이고 개인별 각 시점이 하위레벨이 된다. 이와 같은 종단면 데이터에서 어떤 변수가 개인들에 있어서 시간에 따라 어떻게 변해 가는지 분석하고자 할 때 개인성장 모형(individual growth model)을 설정하고 추정할 수 있다.

우선 성장모형 중 가장 간단한 비조건부 성장모형은 다음과 같이 시간과 상수항만 포함하고 있다.

$$y_{ij} = \alpha_j + \beta_j \, TIME_{ij} + e_{ij} \tag{13.1}$$

여기에서 j는 개인레벨이고, i는 개인의 어떤 특성이 관찰된 시점(occasion)을 의미한다. 상수항과 기울기 모수가 모두 상위레벨 j에 따라 달라지기 때문에 12장에서 설명한 확률계수(random coefficient) 모형에 속한다. α_j와 β_j를 규정하는 식에 (상위레벨) 설명변수가 포함되지 않았다고 가정하자.

$$\alpha_j = \alpha_0 + u_{1j}, \quad \beta_j = \beta_0 + u_{2j} \tag{13.2}$$

식 13.2를 위의 식 13.1에 대입하면 다음이 된다.

$$y_{ij} = (\alpha_0 + \beta_0 \, TIME_{ij}) + (u_{1j} + u_{2j} \, TIME_{ij} + e_{ij}) \tag{13.3}$$

위 식의 우변에서 앞쪽 괄호 부분은 고정요소(fixed part)이고 뒤쪽 괄호 부분은 확률요소(random part)가 된다. α_0는 $TIME = 0$일 때(즉 최초 시점) 종속변수 y의 평균으로 해석한다. β_0는 $TIME$이 1단위 변할 때 종속변수 y가 (평균적으로) 변하는 정도로 해석한다. 즉 시간 단위당 변화율이다. $var(u_{1j})$이 통계적으로 유의하게 0과 다르면 $TIME = 0$일 때 종속변수 y의 변동(variation)은 상위레벨인 개인이 서로 다르기 때문이라고 해석할 수 있다. $var(u_{2j})$가 통계적으로 유의하게 0과 다르면 종속변수 y가 시간에 따라 변화는 정도가 개인들 간에 차이가 있다고 해석할 수 있다.

두 번째 모형은 개인 레벨의 설명변수가 있는 경우이다. α_j와 β_j를 다음과 같이 규정한다.

$$\alpha_j = \alpha_0 + \alpha_1 z_j + u_{1j}, \quad \beta_j = \beta_0 + \beta_1 z_j + u_{2j} \tag{13.4}$$

위 규정 하에서 식 13.1은 다음과 같이 바꾸어 쓸 수 있다.

$$\begin{aligned} y_{ij} = & (\alpha_0 + \alpha_1 z_j + \beta_0 TIME_{ij} + \beta_1 \times (z_j TIME_{ij})) \\ & + (u_{1j} + u_{2j} TIME_{ij} + e_{ij}) \end{aligned} \tag{13.5}$$

여기에서 $z_j TIME_{ij}$는 두 변수의 곱으로서 교차레벨(cross-level) 상호작용 변수가 된다. $\beta_1 > 0$이면 z_j 변수 값이 커질수록 시간 단위당 변화율이 커진다. 반대로 $\beta_1 < 0$이면 z_j 변수 값이 커질수록 변화율이 작아진다.

13.2 3단계 레벨 모형

지금까지는 2단계 레벨 모형을 고려하였으나 본 절에서는 3단계 멀티레벨 모형에 관해 설명한다. 특정 병원(k)의 의사(j)에 속한 여러 환자(i)에 대한 관측치, 특정 산업(k)에 속한 기업(j)의 시간(i)에 따른 관측치, 특정 지역(k)의 어머니(j)에 속한 자녀들(i)에 대한 관측치 등이 그 예가 될 수 있다. 비조건부평균(unconditional means) 모형 또는 설명변수가 없는 확률절편(random intercept) 모형은 상수항만 포함된 경우이다.

$$y_{ijk} = \mu + \alpha_{jk} + \alpha_k + e_{ijk} \tag{13.6}$$

위 식에서 μ는 전체 평균이고 α_{jk}는 그룹 k에 속한 그룹 j의 확률절편, α_k는 그룹 k의 확률절편이다. 확률요소에 대한 분포 가정은 다음과 같다.

$$\begin{aligned} & \alpha_k \sim N(0, \psi_3) \\ & \alpha_{jk} | \alpha_k \sim N(0, \psi_2) \\ & e_{ijk} | \alpha_{jk}, \alpha_k \sim N(0, \psi_1) \\ & cov(\alpha_k, \alpha_{jk}) = 0, \ cov(\alpha_k, e_{ijk}) = 0, \ cov(\alpha_{jk}, e_{ijk}) = 0 \end{aligned}$$

교차레벨의 확률효과끼리는 모두 서로 상관관계가 없다고 가정한다. 그룹 k 안에서 서로 다른 j와 j' 그룹에 속해있는 두 관측치 $y_{i'j'k}$와 y_{ijk}의 상관계수는 다음과 같이 계산된다.

$$corr(y_{ijk}, y_{i'j'k}) = \frac{\psi_3}{\psi_3 + \psi_2 + \psi_1} \tag{13.7}$$

어떤 그룹 $(k,\ j)$ 안에서 서로 다른 두 관측치 $y_{i'jk}$와 y_{ijk}의 상관계수는 다음과 같다.

$$corr(y_{ijk}, y_{i'jk}) = \frac{\psi_3 + \psi_2}{\psi_3 + \psi_2 + \psi_1} \tag{13.8}$$

식 13.7과 식 13.8을 비교하면 두 번째 식 분자에 있는 ψ_2 때문에 당연히 $corr(y_{ijk}, y_{i'j'k}) < corr(y_{ijk}, y_{i'jk})$이다. 같은 그룹 k 안에 있지만 서로 다른 j 레벨에 속한 두 관측치보다는 $(k,\ j)$ 그룹이 모두 동일한 두 관측치가 직관적으로 상관관계가 더 클 것이다.

특정 레벨의 설명변수를 포함하는 확률절편 모형은 다음과 같다.

$$y_{ijk} = \mu + \beta x_{ijk} + \alpha_{jk} + \alpha_k + e_{ijk} \tag{13.9}$$

확률요소인 α_{jk}와 α_k는 다음과 같이 각 레벨 설명변수의 선형함수라고 가정하자.

$$\alpha_{jk} = \gamma_0 + \gamma_1 z_{jk} + u_{jk} \tag{13.10}$$

$$\alpha_k = \theta_0 + \theta_1 z_k + u_k \tag{13.11}$$

식 13.10과 13.11을 앞의 식 13.9에 대입하면 다음과 같다.

$$y_{ijk} = (\mu + \gamma_0 + \theta_0) + \beta x_{ijk} + \gamma_1 z_{jk} + \theta_1 z_k + u_{jk} + u_k + e_{ijk} \tag{13.12}$$

이번에는 절편뿐만 아니라 기울기도 확률적인 확률계수(random coefficient) 모형을 위해 식 13.9에서 레벨에 상관없이 고정되어 있는 β를 j 레벨에서 서로 달라지는 β_{jk}로 바꾸어 보자.

$$y_{ijk} = \mu + \beta_{jk} x_{ijk} + \alpha_{jk} + \alpha_k + e_{ijk} \tag{13.13}$$

여기에서 α_k은 식 13.11과 동일하되, α_{jk}는 식 13.10 대신 다음과 같이 약간 바꾸어 보자.

$$\alpha_{jk} = \gamma_0 + \gamma_1 z_{jk} + u_{1jk} \tag{13.14}$$

또한 식 13.13에서 β_{jk}는 다음 식과 같이 z_{jk} 변수의 선형함수로 가정한다.

$$\beta_{jk} = \delta_0 + \delta_1 z_{jk} + u_{2jk} \tag{13.14}$$

이상을 종합하면 식 13.13은 다음과 같이 된다.

$$
\begin{aligned}
y_{ijk} &= (\mu + \gamma_0 + \theta_0) + (\delta_0 + \delta_1 z_{jk} + u_{2jk}) x_{ijk} + \gamma_1 z_{jk} + \theta_1 z_k \\
&\quad + u_{1,jk} + u_k + e_{ijk} \\
&= (\mu + \gamma_0 + \theta_0) + \delta_0 x_{ijk} + \delta_1 (z_{jk} x_{ijk}) + \gamma_1 z_{jk} + \theta_1 z_k \\
&\quad + u_{2,jk} x_{ijk} + u_{1,jk} + u_k + e_{ijk}
\end{aligned} \tag{13.15}
$$

이와 같은 모형에서 한계효과의 의미를 생각해보자. 예를 들어 k는 지역, j는 기업, i는 시점을 의미한다고 하자. 우리는 시간에 따라 변하는 x_{ijk} 변수(투자금액)가 종속변수인 y_{ijk}(생산성)에 미치는 한계효과에 관심이 있다. 이 상황에서 z_{jk} 변수가 더미변수로서, 예를 들어 수출기업이면 1이고, 내수기업이면 0이라 하자. z_{jk} 변수는 지역(k)과 기업(j)에 따라서는 값이 달라지지만, 마지막 레벨인 시간(i)에 따라서는 바뀌지 않는 변수라는 것에 주의해야 한다. 이때 x_{ijk} 변수가 종속변수에 미치는 (각 기업의) 한계효과 $\partial y_{ijk}/\partial x_{ijk}$는 수출기업($z_{jk}=1$)이면 $\delta_0 + \delta_1 + u_{2,jk}$이 되고, 내수기업($z_{jk}=0$)이면 $\delta_0 + u_{2,jk}$이 된다. 확률기울기를 결정하는 $\hat{u}_{2,jk}$ 추정치에 따라 최종적인 한계효과를 비교할 수 있다. 그러나 그것에 상관없이 $\delta_1 > 0$이면 수출기업의 한계효과가 내수기업의 한계효과보다 (평균적으로) 크다고 말할 수 있다. 결국 $\delta_1 > 0$이면 z_{jk} 값이 커질수록 한계효과 $\partial y_{ijk}/\partial x_{ijk}$는 커지게 된다.

13.3 멀티레벨 이항 종속변수 모형

레벨구조 데이터에서 종속변수가 연속형이 아니고 이산형(discrete), 특히 이항 종속변수(binary dependent variable)인 경우 확률절편 모형과 확률계수 모형에 대해 설명한다. 각 학교에 속한 학생들의 대학진학 여부가 그 예이다.

관찰된 이항변수를 결정하는 잠재변수(latent variable) y_{ij}^*를 다음과 같이 설명변수와 오차항의 선형함수로 가정하자.

$$
y_{ij}^* = \gamma_0 + \beta x_{ij} + \gamma_1 z_j + u_j + e_{ij} \tag{13.16}
$$

여기에서 $y_{ij}^* > 0$이면 $y_{ij}=1$로 관찰되고, $y_{ij}^* \le 0$이면 $y_{ij}=0$으로 관찰된다. 오차항 e_{ij}는 로지스틱 분포 $logistic(0, \pi^2/3)$를 따르고, 확률절편에 해당하는 u_j는 i.i.d.(independent and identically distributed)이고 정규분포 $N(0, \psi)$를 따른다고 가정하자.

하위레벨 i를 시간 개념인 t로 바꾸면 정확히 확률효과 로짓 모형과 같아진다(민인식 · 최필선, 2022, 15장 참고). 잠재변수 y_{ij}^*의 분산과 j 레벨에서 종속변수끼리의 상관계수는 다음과 같이 계산된다.

$$var(y_{ij}^*) = var(u_j + e_{ij}) = \psi + \frac{\pi^2}{3} \tag{13.17}$$

$$\rho = corr(y_{kj}^*, y_{sj}^*) = \frac{\psi}{\psi + \pi^2/3} \tag{13.18}$$

식 13.16을 추정하기 위해서는 로그우도함수를 구축하여 최우추정량을 구해야 한다. 특정 j 그룹 내 y_{ij}의 결합확률은 다음과 같다.

$$\Pr(y_{1j}, y_{2j}, \cdots, y_{nj} | x_{ij}, z_j, u_j) = \prod_{i=1}^{n} \Pr(y_{ij} | x_{ij}, z_j, u_j) \tag{13.19}$$

이를 다음과 같이 적분을 통해 u_j를 없앨 수 있다.

$$\begin{aligned} &\Pr(y_{1j}, y_{2j}, \cdots, y_{nj} | x_{ij}, z_j) \\ &\quad = \int \Pr(y_{1j}, y_{2j}, \cdots, y_{nj} | x_{ij}, z_j) \phi(u_j) du_j \end{aligned} \tag{13.20}$$

여기에서 $\phi(\cdot)$는 정규분포 확률밀도함수(PDF)이다. 위 식의 적분은 수치적 계산(numerical calculation)을 이용해야 한다. 8장에서 이미 설명한 Gauss-Hermite quadrature approximation이 주로 사용된다. 모든 관측치를 고려한 로그우도함수는 다음과 같다.

$$\log L = \sum_{j=1}^{N} \ln \Pr(y_{1j}, y_{2j}, \cdots, y_{nj} | x_{ij}, z_j) \tag{13.21}$$

다음은 확률기울기(random slope)를 도입한 확률계수(random coefficient) 모형에 대해 설명한다. 잠재변수 y_{ij}^*에 대한 선형모형은 아래와 같다.

$$y_{ij}^* = \alpha_j + \beta_j x_{ij} + e_{ij} \tag{13.22}$$

여기에서 x_{ij} 변수의 기울기 모수는 고정되어 있지 않고 상위레벨 j에 따라 바뀐다고 가정한다. 확률절편인 α_j와 확률기울기인 β_j를 다음과 같이 간단한 형태로 가정하자.

$$\alpha_j = \gamma_0 + u_{1j} \tag{13.23}$$

$$\beta_j = \beta_0 + u_{2j} \tag{13.24}$$

이들 가정을 종합하면 식 13.22는 다음과 같이 쓸 수 있다.

$$y_{ij}^* = \gamma_0 + \beta_0 x_{ij} + u_{2j} x_{ij} + u_{1j} + e_{ij} \tag{13.25}$$

여기에서 $u_{1j} \sim N(0, \psi_1)$, $u_{2j} \sim N(0, \psi_2)$, $cov(u_{1j}, u_{2j}) = \psi_{12}$로 가정하자.

이상에서 설명한 멀티레벨 로짓 모형에서 예측확률을 계산해 보자. 논의를 단순화하기 위해 식 13.16의 확률절편 모형, 즉 $y_{ij}^* = \gamma_0 + \beta x_{ij} + \gamma_1 z_j + u_j + e_{ij}$을 이용하여 설명한다. 이와 같은 로짓모형에서 $y_{ij}^* > 0$이어서 $y_{ij} = 1$이 관찰될 예측확률은 다음과 같다.

$$\Pr(y_{ij} = 1 | x_{ij}, z_j, u_j) = \frac{\exp(fixed + random)}{1 + \exp(fixed + random)} \tag{13.26}$$

여기에서 $fixed = \gamma_0 + \beta x_{ij} + \gamma_1 z_j$이고, $random = u_j$이다. 식 13.26의 확률은 고정요소($fixed$)와 확률요소($random$)를 모두 고려해서 계산한 값이다. 즉 미지의 u_j가 어떤 값으로 주어졌을 때의 조건부 확률(conditional probability) 또는 개체별 확률(subject-specific probability)이 된다. 확률요소를 0으로 간주하는 경우에는 예측확률이 다음과 같다.

$$\Pr(y_{ij} = 1 | x_{ij}, z_j, u_j = 0) = \frac{\exp(fixed)}{1 + \exp(fixed)} \tag{13.27}$$

여기에서 확률요소를 0으로 놓은 이유는 확률효과의 사전적 평균(prior mean)이 0이기 때문이다. 그런 의미에서 식 13.27 확률은 확률효과가 사전적 평균으로 주어졌을 때의 조건부 확률로 정의할 수 있다.

이번에는 하위레벨 i의 설명변수인 x_{ij}가 예측확률에 미치는 한계효과(marginal effect)는 다음과 같이 계산된다.

$$\begin{aligned} \frac{\partial \Pr(y_{ij} = 1 | x_{ij}, z_j, u_j)}{\partial x_{ij}} &= \beta \frac{\exp(fixed + random)}{[1 + \exp(fixed + random)]^2} \\ &= \beta \frac{\exp(fixed + random)}{1 + \exp(fixed + random)} \frac{1}{1 + \exp(fixed + random)} \\ &= \beta \Pr(y_{ij} = 1 | x_{ij}, z_j, u_j)(1 - \Pr(y_{ij} = 1 | x_{ij}, z_j, u_j)) \end{aligned} \tag{13.28}$$

확률요소인 u_j를 0으로 간주했을 때의 한계효과도 비슷한 방식으로 얻을 수 있다. 즉 식 13.27에서 출발하면 다음의 결과를 얻는다.

$$\frac{\partial \Pr(y_{ij}=1|x_{ij}, z_j, u_j=0)}{\partial x_{ij}}$$

$$= \beta \Pr(y_{ij}=1|x_{ij}, z_j, u_j=0)\,[1-\Pr(y_{ij}=1|x_{ij}, z_j, u_j=0)] \quad (13.29)$$

멀티레벨 로짓 모형을 추정한 후 사후적으로 한계확률(marginal probability) 또는 PA 확률(Population-Averaged probability)을 계산할 수 있다.* 식 13.26의 조건부 확률에서 적분을 통해 확률효과에 해당하는 u_j를 없앨 수 있다. 즉,

$$\Pr(y_{ij}=1|x_{ij}, z_j) = \int \Pr(y_{ij}=1|x_{ij}, z_j, u_j)\,\phi(u_j)du_j \quad (13.30)$$

위 식에서 $\phi(\cdot)$는 정규분포의 확률밀도함수이다. 위 확률에 대한 해석은 설명변수 x_{ij}와 z_j가 주어졌을 때 전체 모집단(population)으로부터 계산된 $\Pr(y_{ij}=1)$의 평균적 확률이다.

13.4 STATA 실습

선형 성장모형 추정

데이터 파일: A_data13_1.dta

먼저 예제 데이터**를 이용하여 선형 성장모형을 추정하는 명령문과 결과를 설명한다. 상위레벨(j)은 개인이고 하위레벨(i)은 시점에 해당하는 패널 데이터이다. 종속변수는 로그임금이고 $TIME$에 해당하는 변수는 경력(exper 변수)이다. 경력이 증가함에 따라 로그임금이 어떻게 성장하는지 각 개인별로 그래프를 그려보자. 아래 그림에는 임의로 선정한 6명의 산포도와 개인별로 추정한 회귀직선 식을 보여준다. 6명의 경력(시간)에 따른 성장 패턴을 보면 Y 절편에도 차이가 있고 증가율에도 서로 차이가 있음을 알 수 있다.

---

* 한계확률(marginal probability)은 한계효과(marginal effect)와는 전혀 다른 개념임에 주의해야 한다. 한계확률은 결합확률(joint probability)과 대칭되는 개념이다.

** Rabe-Hesketh · Skrondal(2012) 예제 데이터를 가공한 것이다.

그림 13.1 개인별 산포도와 회귀직선 추정식

```
. twoway (scatter lnw exper, sort) (lfit lnw exper) if id==31 | id== 36| id==122 |
id==134 | id==145 | id==207, by(id)
```

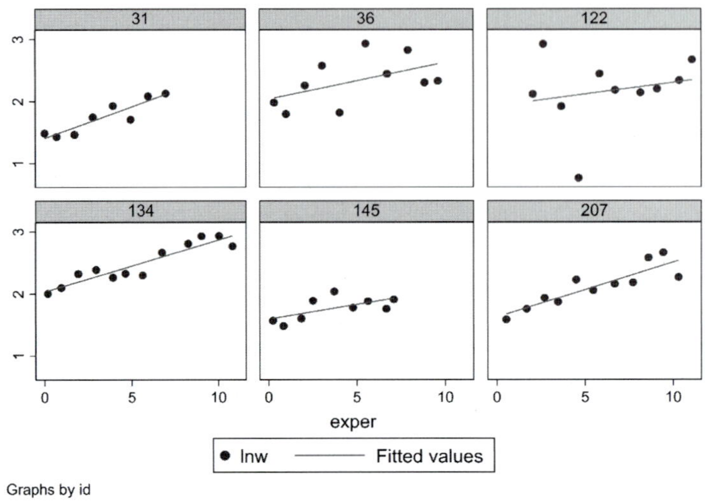

먼저 여타 설명변수가 포함되지 않은 비조건부 성장모형으로 예제 데이터를 추정해보자. 식 13.3에 제시된 확률계수 모형을 설명의 편의상 다시 한번 제시하면 다음과 같다.

$$y_{ij} = (\alpha_0 + \beta_0 TIME_{ij}) + (u_{1j} + u_{2j}\, TIME_{ij} + e_{ij})$$

이 모형에 대한 추정결과는 아래와 같다. 아래 결과에서 상수항 추정치인 1.715은 exper=0일 때(즉 최초 시점)의 평균 로그임금에 해당한다. 다음으로 exper 변수의 추정계수 0.045는 경력이 1년 늘어나면 임금이 평균적으로 4.5%씩 증가한다는 의미이다. 즉 시간에 따른 임금 증가율이 된다. $cov(u_{1j}, u_{2j})$ 추정치는 −0.0029로서 음(−)의 상관관계이다. 이는 최초 시점에 임금이 높은 사람들은 시간에 따른 임금 증가율은 평균적으로 오히려 낮다는 의미로 해석할 수 있다. LR 검정 결과를 보면, 확률계수 모형이 단순 선형회귀 모형에 비해 적절함을 알 수 있다.

그림 13.2 비조건부성장 모형 추정결과

```
. mixed lnw exper || id : exper, nolog cov(un)

                                                Wald chi2(1)      =    380.59
Log likelihood = -2460.6971                     Prob > chi2       =    0.0000

------------------------------------------------------------------------------
         lnw |      Coef.   Std. Err.      z    P>|z|     [95% Conf. Interval]
-------------+----------------------------------------------------------------
       exper |   .0456807   .0023416    19.51   0.000     .0410913    .0502701
       _cons |   1.715604   .0107965   158.90   0.000     1.694443    1.736765
------------------------------------------------------------------------------

------------------------------------------------------------------------------
  Random-effects Parameters  |   Estimate   Std. Err.     [95% Conf. Interval]
-----------------------------+------------------------------------------------
id: Unstructured             |
                  var(exper) |    .001726     .00022      .0013444    .0022158
                  var(_cons) |   .0542681   .0050012      .0453001    .0650114
            cov(exper,_cons) |  -.0029149    .000869      -.004618   -.0012118
-----------------------------+------------------------------------------------
               var(Residual) |   .0951047   .0019442      .0913694    .0989927
------------------------------------------------------------------------------
LR test vs. linear regression:       chi2(3) =   1580.05   Prob > chi2 = 0.0000
Note: LR test is conservative and provided only for reference.

. estimates store RC

. qui mixed lnw exper || id :, nolog

. estimates store RI

. lrtest RI RC

Likelihood-ratio test                                 LR chi2(2)  =    213.15
(Assumption: RI nested in RC)                         Prob > chi2 =    0.0000
```

본 예제 데이터를 확률계수 모형 대신 확률절편 모형으로 추정할 수도 있다. 두 모형에 대한 선택은 $var(u_{2j}) = cov(u_{1j}, u_{2j}) = 0$ 의 귀무가설 검정을 통해 결정할 수 있다. 위 결과에 검정 과정이 나와 있다. 각 모형을 추정한 후 estimates store 명령문에 이름을 지정하여 추정결과를 저장한다. 그런 다음 lrtest 명령어를 이용하여 LR 검정을 실행한다. 이때 lrtest 명령어 다음에 저장한 이름을 지정해야 하는데 제약된 모형(확률절편 모형)을 먼저 적고, 제약이 없는 모형(확률계수 모형)을 나중에 적어야 한다. LR 검정통계량은 두 모형의 로그우도함수의 차이에 2를 곱해주면 얻을 수 있다. 검정통계량은 자유도가 2인 카이제곱 분포를 따른다. 자유도가 2인 이유는 확률계수 모형에서 2개의 모수가 0이라고 제약하면 확률절편 모형이 되기 때문이다. LR 검정결과 귀무가설을 기각하기 때문에 확률계수(RC) 모형이 확률절편(RI) 모형에 비해 적절함을 알 수 있다.

개인별 성장 직선은 12장에서 설명한 명령어를 이용하여 그릴 수 있으므로 여기에서는 생략하기로 한다. 대신 평균적 성장 직선과 그것의 '95% 범위'를 동시에 그려보자. 여기에서 95% 범위는 95% 신뢰구간과는 조금 다른 개념이다. 본 데이터에 있는 개인이 100명이라면 성장 모형 추정을 통해 100명의 성장 직선을 구할 수 있다. 그 중 95%인 95명의 성장 직선이 포함되는 범위가 '95% 범위'의 개념이다. 먼저 평균적 성장 직선을 구해보자. 확률요소의 평균은 모두 0이기 때문에 평균적 성장 직선은 식 13.3에서 고정요소에 의해서만 계산된다. 즉 다음과 같다.

$$\text{평균적 성장 직선 추정치} : \hat{\alpha}_0 + \hat{\beta}_0 TIME_{ij}$$

위 직선의 95% 범위를 구하기 위해서는 고정요소와 확률요소를 포함한 분산을 계산하면 된다. 이는 다음과 같다.

$$\begin{aligned} & var(\hat{\alpha}_0 + \hat{\beta}_0 TIME_{ij} + u_{1j} + u_{2j} TIME_{ij}) \\ & \quad = var(u_{1j} + u_{2j} TIME_{ij}) \\ & \quad = \psi_1 + 2\psi_{12} TIME_{ij} + \psi_2 TIME_{ij}^2 \end{aligned} \tag{13.31}$$

위 식에서 $\psi_1 = var(u_{1j}), \psi_2 = var(u_{2j}), \ \psi_{12} = cov(u_{1j}, u_{2j})$이다. 위 식에 제곱근을 취한 표준편차를 이용하여 95% 범위를 계산할 수 있다. 아래 결과의 그래프에서 upper와 lower 곡선 사이에 전체의 약 95% 근로자들의 성장 직선이 포함된다고 말할 수 있다.

그림 13.3 평균적 성장 직선 및 95% 범위 그래프

```
. qui mixed lnw exper || id : exper, nolog cov(un)

. estat recovariance
Random-effects covariance matrix for level id

             |     exper       _cons
-------------+----------------------
       exper |   .001726
       _cons | -.0029149    .0542681

.   twoway   (function   log_wage=_b[_cons]+_b[exper]*x,   range(0   13))   (function
upper=_b[_cons]+_b[exper]*x+2*sqrt(0.054+2*-0.0029*x+0.0017*x^2),    range(0    13))
(function  lower=_b[_cons]+_b[exper]*x-2*sqrt(0.054+2*-0.0029*x+0.0017*x^2)  ,  range(0
13)), scheme(s2mono) xlabel(0(2)13)
```

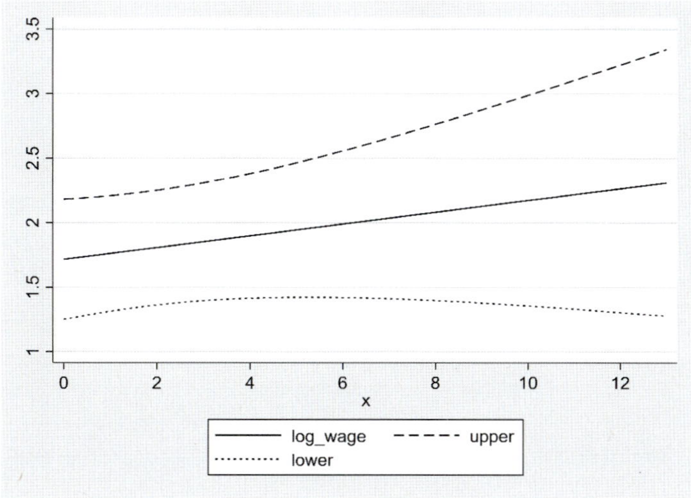

3단계 레벨 모형 추정

데이터 파일: A_data13_2.dta

이번 예제 데이터는 레벨 구조가 3단계이다. 최상위 레벨(k)은 region 변수이고, 그 다음 레벨(j)은 state 변수이다. 최하위 레벨(i)은 year 변수이다. 먼저 식 13.6에서 제시한 설명 변수가 없는 확률절편 모형을 추정해 보자. 설명의 편의상 해당 식을 다시 한번 제시하면 다음과 같다.

$$y_{ijk} = \mu + \alpha_{jk} + \alpha_k + e_{ijk}$$

이 모형에서 종속변수 gsp는 미국의 각 주별 총생산에 로그를 취한 것이다. 추정 명령문과 실행결과가 아래 나와 있다. mixed 명령어에 종속변수 gsp를 적은 다음, ||을 두고 레벨 k에 해당하는 region과 : (콜론)을 써주었다. 그리고 다시 한 번 ||을 두고 중간 레벨 j에 해당하는 state를 쓰고 역시 : (콜론)을 써주었다.

그림 13.4 3단계 레벨 확률절편 모형 추정결과

```
. mixed gsp || region: || state:,  nolog

Mixed-effects ML regression                    Number of obs     =        816

-------------------------------------------------------------
                |   No. of       Observations per Group
 Group Variable |   Groups    Minimum    Average    Maximum
```

```
---------------+------------------------------------------
        region |          9         51       90.7       136
         state |         48         17       17.0        17
----------------------------------------------------------

                                             Wald chi2(0)       =         .
Log likelihood =  200.86162                  Prob > chi2        =         .

------------------------------------------------------------------------------
         gsp |      Coef.   Std. Err.      z    P>|z|     [95% Conf. Interval]
-------------+----------------------------------------------------------------
       _cons |   10.65961   .2503806    42.57   0.000     10.16887    11.15035
------------------------------------------------------------------------------


------------------------------------------------------------------------------
  Random-effects Parameters  |   Estimate   Std. Err.     [95% Conf. Interval]
-----------------------------+------------------------------------------------
region: Identity             |
                  var(_cons) |   .4376123   .2697616      .1307299    1.464887
-----------------------------+------------------------------------------------
state: Identity              |
                  var(_cons) |   .6080626   .1382733      .3893904    .9495358
-----------------------------+------------------------------------------------
               var(Residual) |   .0246633   .0012586      .0223159    .0272577
------------------------------------------------------------------------------
LR test vs. linear regression:       chi2(2) =  2750.56   Prob > chi2 = 0.0000

Note: LR test is conservative and provided only for reference.

. su gsp
    Variable |        Obs        Mean    Std. Dev.       Min        Max
-------------+---------------------------------------------------------
         gsp |        816    10.50885    1.021132    8.37885   13.04882

. estat icc
Intraclass correlation
------------------------------------------------------------------------------
                       Level |        ICC   Std. Err.     [95% Conf. Interval]
-----------------------------+------------------------------------------------
                      region |   .4088542   .1636403      .1550254    .7227832
                state|region |   .9769574   .0063229      .9607063    .9865813
------------------------------------------------------------------------------
```

위 결과에서 _cons=10.65는 종속변수인 gsp의 전체 평균에 대한 추정치가 된다. gsp 변수의 실제 평균(10.50)과 거의 같은 값임을 알 수 있다. 마지막 부분의 상관계수 추정치를 보면, 식 13.7에 제시된 상관계수는 0.408로서 이는 같은 region 내 서로 다른 state에 속한 gsp의 상관계수에 해당한다. 또한 식 13.8에 제시된 상관계수는 0.976으로 추정됐으며, 이는 같은 region-state에 속한 gsp의 상관계수에 해당한다. 12.2절에서 설명하였듯이 후자가 전자보다 더 큰 값을 갖는다.

3단계 레벨의 확률계수 모형을 다음과 같이 설정해보자.

$$gsp_{ijk} = \mu + \beta_{jk}emp_{ijk} + \alpha_{jk} + \alpha_k + e_{ij}, \qquad (13.32)$$
$$\alpha_{jk} = \gamma_0 + \gamma_1 hwy1_{jk} + u_{1,jk},$$
$$\alpha_k = \theta_0 + \theta_1 water1_k + u_k,$$
$$\beta_{jk} = \delta_0 + \delta_1 hwy1_{jk} + u_{2,jk}$$

여기에서 emp_{ijk}는 최하위 레벨 i(year)에 따라 달라지고, $hwy1_{jk}$는 중간 레벨인 j(state)에 따라 달라진다. $water1_k$ 변수는 최상위 레벨인 k(region)에 따라 다른 값을 갖는다. 이 모형을 추정한 결과가 아래 나와 있다. 이 모형의 경우 중간레벨 j(state)에 대해서만 확률기울기를 가정했기 때문에 명령문을 적을 때 첫 번째 ||에서는 "region:"이라고만 적고, 두 번째 ||에서 "state: emp"로 입력해야 함에 주의해야 한다.

그림 13.5 3단계 레벨 확률계수 모형 추정결과

```
. mixed gsp emp c.hwy1#c.emp hwy1 water1  || region: || state: emp,  nolog cov(un)

Mixed-effects ML regression                     Number of obs     =        816

-----------------------------------------------------------
                |   No. of       Observations per Group
 Group Variable |   Groups    Minimum    Average    Maximum
----------------+------------------------------------------
         region |        9         51       90.7        136
          state |       48         17       17.0         17
-----------------------------------------------------------

                                                Wald chi2(4)      =    1385.94
Log likelihood =   1545.287                     Prob > chi2       =     0.0000

------------------------------------------------------------------------------
         gsp |      Coef.   Std. Err.      z    P>|z|     [95% Conf. Interval]
-------------+----------------------------------------------------------------
         emp |    .804857   .3363657     2.39   0.017     .1455923    1.464122
             |
c.hwy1#c.emp |    .036297   .0377956     0.96   0.337     -.037781     .110375
             |
        hwy1 |  -.3423759   .2894604    -1.18   0.237    -.9097078     .224956
      water1 |  -.0387139    .046581    -0.83   0.406     -.130011    .0525832
       _cons |   5.934511   2.594186     2.29   0.022     .8499996    11.01902
------------------------------------------------------------------------------

------------------------------------------------------------------------------
  Random-effects Parameters  |   Estimate   Std. Err.     [95% Conf. Interval]
-----------------------------+------------------------------------------------
```

```
region: Identity               |
                  var(_cons) |  .0066631   .0050237      .0015202    .0292044
-----------------------------+------------------------------------------------
state: Unstructured          |
                    var(emp) |  .0396284   .0087354      .0257261    .0610433
                  var(_cons) |  2.304219   .5065072      1.497666    3.545133
              cov(emp,_cons) | -.3014056   .0663372     -.431424   -.1713871
-----------------------------+------------------------------------------------
               var(Residual) |  .0008012   .0000425      .0007221    .0008889
------------------------------------------------------------------------------
LR test vs. linear regression:       chi2(4) =  2046.55   Prob > chi2 = 0.0000

Note: LR test is conservative and provided only for reference.

. estimates store mod1

. qui mixed gsp emp hwy1 water1  || region: || state:,  nolog

. estimates store mod2

. lrtest mod2 mod1, df(2)

Likelihood-ratio test                                 LR chi2(2)  =    462.61
(Assumption: mod2 nested in mod1)                     Prob > chi2 =    0.0000
```

본 예제 모형에서 *emp* 변수에 대해 확률기울기를 가정한 것이 적절한지 LR 통계량을 계산하여 검정할 수 있다. 귀무가설은 다음과 같다.

$$H_0 : var(u_{2,jk}) = 0, \qquad cov(u_{1,jk}, u_{2,jk}) = 0$$

2개의 모수 제약조건이 있으므로 자유도는 2가 된다.* p값이 매우 작아 귀무가설을 기각한다. 즉 확률계수 모형이 확률절편 모형보다 적절함을 뜻한다.

mixed 명령문 실행 후 predict 명령어를 이용하여 특정 region에 속한 state의 절편과 기울기 추정치를 비교해 보자. 다음은 실행결과이다.

그림 13.6 확률계수 모형에서 추정된 절편과 기울기 비교

```
. qui mixed gsp emp c.hwy1#c.emp hwy1 water1  || region: || state: emp,  nolog  cov(un)

. predict u*, reffects

. gen int1=_b[_cons]+u1+u3

. su hwy1
```

* 이 경우에 lrtest 명령문에서 df(2) 옵션을 쓰지 않으면 자유도가 3인 카이제곱 분포에서 p값을 계산한다. 이런 특이한 경우를 제외하고는 lrtest 명령문에서 df 옵션을 사용하는 경우는 거의 없다.

```
    Variable |        Obs        Mean    Std. Dev.       Min        Max
-------------+---------------------------------------------------------
        hwy1 |        816    8.900425    .8045057   7.561374   10.72465

. gen slope1=_b[emp]+_b[c.hwy1#c.emp]*r(mean)+u2

. egen tag1 = tag(region state)

. list region state int1 slope1 if tag1==1 & region==1

     +--------------------------------------+
     | region   state       int1     slope1 |
     |--------------------------------------|
  1. |      1       6   4.590322   1.311532 |
 18. |      1      17   4.497335   1.339625 |
 35. |      1      19    4.56742   1.275761 |
 52. |      1      27   4.362454   1.366549 |
 69. |      1      37   5.144242   1.223699 |
     |--------------------------------------|
 86. |      1      43   5.556336   1.178234 |
     +--------------------------------------+
```

위에서 보듯이 predict u*, reffects 명령문을 실행하면 u1, u2, u3 변수가 생성된다. 이 변수들을 식 13.32의 확률요소와 연결하면 다음과 같다.

u1 변수 = $\hat{u}_k$

u2 변수 = $\hat{u}_{2,jk}$

u3 변수 = $\hat{u}_{1,jk}$

각 state의 상수항은 고정요소가 _b[_cons]이고, 확률요소는 u1과 u3 변수이다. 따라서 이들 3개 값을 모두 더하면 상수항이 된다. 식 13.32에서 각 state의 *emp* 변수에 대한 기울기는 $\hat{\delta}_0 + \hat{\delta}_1 hwy1 + \hat{u}_{2,jk}$이 된다. 위 예제에서는 이 기울기를 계산할 때 *hwy*1 변수를 전체 평균에서 고정시킨 상태에서 계산하였다. region=1에 속한 6개 state 중에서 상수항이 제일 크게 추정된 state는 43번이고, 기울기가 제일 크게 추정된 state는 27번임을 알 수 있다.

멀티레벨 이항 종속변수 모형 추정

데이터 파일: A_data13_3.dta

이번 예제 데이터[*]는 60개 국가에 속한 시민들의 종교 활동에 대한 2레벨 구조이다. 즉 국가가 상위레벨이고 개인이 하위레벨이다. 종속변수는 church 변수로서 교회를 다니고 있으

* Snijder · Bosker(2011)의 14장 데이터를 가공한 것이다.

면 1이고, 교회를 다니지 않으면 0의 값을 갖는다. 설명변수는 하위레벨인 i에 따라 달라지는 income 변수를 설정하였다. 멀티레벨 이항 종속변수 모형을 확률절편 모형으로 추정하는 명령문과 실행결과가 아래 나와 있다. 명령어는 melogit이다. 명령문 작성 방법은 mixed 명령어와 거의 유사하다. || 다음에 상위레벨 변수를 지정하고 : (콜론)을 입력해야 한다. 본 예제에서 상위레벨 변수이름은 COUNTRY이다. 데이터에서 이 변수는 숫자변수가 아니고 문자변수이다. 문자변수임에도 불구하고 여전히 상위레벨 변수로 지정할 수 있다. 패널 데이터에서는 그룹 변수가 반드시 숫자변수인 경우에만 tsset 명령어를 쓸 수 있다는 것과 차이가 있다. 다음은 추정결과이다.

그림 13.7 멀티레벨 이항 종속변수 확률절편 모형 추정

```
. melogit church income || COUNTRY: , nolog

Mixed-effects logistic regression               Number of obs     =     13,635
Group variable:          COUNTRY                Number of groups  =         60

                                                Obs per group:
                                                              min =         11
                                                              avg =      227.3
                                                              max =        767

Integration method: mvaghermite                 Integration pts.  =          7

                                                Wald chi2(1)      =      12.13
Log likelihood = -6110.0118                     Prob > chi2       =     0.0005
------------------------------------------------------------------------------
      church |      Coef.   Std. Err.      z    P>|z|     [95% Conf. Interval]
-------------+----------------------------------------------------------------
      income |  -.0818859   .0235118    -3.48   0.000    -.1279681   -.0358037
       _cons |  -1.480193   .1867741    -7.93   0.000    -1.846264   -1.114123
-------------+----------------------------------------------------------------
COUNTRY      |
   var(_cons)|   2.025504   .4057204                      1.367831    2.999396
------------------------------------------------------------------------------
LR test vs. logistic model: chibar2(01) = 2702.97     Prob >= chibar2 = 0.0000

. estat icc
Residual intraclass correlation
------------------------------------------------------------------------------
                       Level |        ICC   Std. Err.     [95% Conf. Interval]
-----------------------------+------------------------------------------------
                     COUNTRY |   .3810653   .0472431       .293671    .4769073
------------------------------------------------------------------------------

. di as txt "within correlation =  " as result 2.024/(2.024+_pi^2/3)
within correlation =  .38089014
```

위 결과에서 income 변수의 추정계수는 음(−)으로 유의하기 때문에 평균적으로 개인소득이 낮을수록 교회에 다닐 확률이 높아진다고 말할 수 있다. melogit 명령어가 mixed와 다른 점 하나는 오차항 분산이 추정되지 않는다는 것이다. 그러나 로짓 모형이므로 식 13.16에 나와 있듯이 $var(e_{ij}) = \pi^2/3$으로 가정되어 있다. 위에서 LR 검정결과를 보면, 확률절편이 필요 없다는 귀무가설이 기각되는 것으로 나타났다. 따라서 확률절편 모형이 풀링(pooling) 로짓 모형보다 적절한 선택이다. 로짓 모형 추정 후 사용할 수 있는 명령어의 하나로 estat icc를 실행했다. 이는 특정 국가 내에 포함된 두 시민의 교회 출석 상관계수를 계산해 준다. 여기서 상관계수는 교회출석 여부를 결정하는 잠재변수(y^*_{ij})의 국가 내 상관계수(within-country correlation 또는 intra-class correlation)이다. 위 결과에서 마지막 부분의 계산은 estat icc 명령어로 얻은 상관계수가 식 13.18의 공식에 따라 계산한 결과와 정확히 일치한다는 것을 보여준다.

이번에는 멀티레벨 로짓 모형 추정 후 predict 명령어를 이용해서 예측확률을 계산해 보자. 확률절편 모형을 식으로 표현하면 다음과 같다.

$$church^*_{ij} = \gamma_0 + \beta income_{ij} + u_j + e_{ij} \tag{13.33}$$

예측확률은 로지스틱 누적분포함수(CDF)를 이용하면 다음과 같이 구할 수 있다.

$$\Pr(church_{ij} = 1 | fixed, random) = \frac{\exp(\gamma_0 + \beta income_{ij} + u_j)}{1 + \exp(\gamma_0 + \beta income_{ij} + u_j)} \tag{13.34}$$

$$\Pr(church_{ij} = 1 | fixed, random = 0) = \frac{\exp(\gamma_0 + \beta income_{ij})}{1 + \exp(\gamma_0 + \beta income_{ij})} \tag{13.35}$$

여기에서 *fixed*는 고정요소를 의미하고, *random*은 확률요소를 의미한다. 앞 절에서 설명했듯이 위 식 13.34는 개체 특성(u_j)이 주어졌을 때 확률이고, 식 13.35는 확률효과 u_j가 사전적 평균($u_j = 0$)에 있을 때의 확률이다. 이들 확률을 계산한 결과가 아래 그림 13.7에 나와 있다.

그림 13.8 멀티레벨 로짓 모형 추정 후 예측확률

```
. qui melogit church income || COUNTRY: , nolog

. predict p_fix_random, mu

. predict p_fix, fixedonly
```

```
(option mu assumed; predicted means)

. predict fixed,  xb

. predict random, reffects

. list church p_fix_random p_fix fixed random  in 1

     +----------------------------------------------------+
     | church   p_fix_~m      p_fix       fixed     random |
     |----------------------------------------------------|
  1. |      1   .2463566   .1965123   -1.408237   .2900976 |
     +----------------------------------------------------+

. di as txt "조건부 확률 = "  invlogit(-1.408237+0.2900976)
조건부 확률 = .24635657

. di as txt "확률효과 0일 때 조건부 확률 =  " invlogit(-1.408237)
확률효과 0일 때 조건부 확률 =    .19651228
```

우선 명령문을 차례로 보면, predict 명령어 옵션에서 mu를 사용하면 식 13.34의 조건부 확률을 계산해준다. 이어 predict에서 fixedonly 옵션을 사용하면 식 13.35의 조건부 확률, 즉 $u_j = 0$일 때의 예측확률을 계산해준다. 또한 predict에서 xb 옵션을 사용하면 고정요소의 추정치, 즉 각 개인에 대해 $(\hat{\gamma}_0 + \hat{\beta} income_{ij})$를 계산해준다. 이것을 "fixed"라는 이름으로 저장했다. 마지막으로 predict에서 reffects 옵션을 사용하면 각 국가(j)의 확률절편 추정치($\hat{u}_j$)를 EB(Empirical Bayesian) 방법으로 계산해 준다. 이것을 "random"이라는 이름으로 저장했다. list 명령어를 이용해서 데이터에 있는 첫 번째 개인의 조건부 예측확률을 나오게 했다. 첫 번째 표본은 실제로 교회를 다니는 사람($church_{ij} = 1$)인데, 모형에 따르면 예측확률이 24.6%인 것으로 나타났다. 그러나 국가 특성을 고려하지 않는 경우에는 예측확률이 19.6%로 낮아진다. 마지막 두 개의 명령문은 식 13.34와 13.35의 공식을 이용해서 예측 확률을 계산하는 과정을 보여준다. 식 13.34는 fixed 값과 random 값을 더해야 하고, 식 13.35는 fixed 값만 있으면 된다. Stata에서 invlogit(a) 함수가 $\exp(a)/[1+\exp(a)]$를 계산해준다. 이를 이용하여 각 조건부 확률을 계산한 결과, 표에 나온 값과 정확히 일치함을 확인할 수 있다.

앞 절의 식 13.30에서 설명한 한계확률 또는 PA 확률은 본 예제에서 다음과 같다.

$$\Pr(y_{ij} = 1 | fixed)_{marginal} = \int \frac{\exp(\gamma_0 + \beta income_{ij} + u_j)}{1 + \exp(\gamma_0 + \beta income_{ij} + u_j)} \phi(u_j)\, du_j \qquad (13.36)$$

melogit 명령어로 모형을 추정한 후 predict 명령어에서 marginal 옵션을 사용하면 한계확률을 계산할 수 있다. 7장에서 설명한 xtgee 명령어가 확률절편 모형을 추정하는 것이 가능하다. 하지만, 확률계수 모형은 추정할 수 없는 단점이 있다. xtgee 명령문에서는 상위레벨 변수를 i( ) 옵션의 괄호 안에 지정한다. 이 때 주의해야 할 점은 melogit과 달리 반드시 숫자변수를 지정해야 한다는 점이다. 즉 i(COUNTRY)라고 입력하면 명령문이 실행되지 않는다.

그림 13.9 멀티레벨 로짓 모형 추정 후 한계확률

```
. qui melogit church income || COUNTRY: , nolog

. predict m_pr, marginal
(option mu assumed)
(using 7 quadrature points)
.
. xtgee church income, i(country_code) family(binomial) link(logit) nolog vce(robust)

GEE population-averaged model                   Number of obs      =     13,635
Group variable:                 country_code    Number of groups   =         60
Link:                                  logit    Obs per group:
Family:                             binomial                   min =         11
Correlation:                    exchangeable                   avg =      227.3
                                                               max =        767
                                                Wald chi2(1)       =       8.25
Scale parameter:                           1    Prob > chi2        =     0.0041

                            (Std. Err. adjusted for clustering on country_code)
------------------------------------------------------------------------------
             |               Robust
      church |      Coef.   Std. Err.      z    P>|z|     [95% Conf. Interval]
-------------+----------------------------------------------------------------
      income |  -.0622622   .0216831    -2.87   0.004    -.1047602   -.0197641
       _cons |  -1.095261   .1494396    -7.33   0.000    -1.388158   -.8023651


. predict m_gee
(option mu assumed; Pr(church != 0))
.
. list p_fix* m_pr m_gee in 1/5

     +-------------------------------------------+
     | p_fix_~m      p_fix       m_pr      m_gee |
     |-------------------------------------------|
  1. | .2435718   .1965218   .2625311   .2610528 |
  2. | .2360158   .1900586   .2565443   .2550187 |
  3. | .2558203   .2070519   .2721285    .270757 |
  4. | .2423277    .195456   .2615491    .260062 |
  5. | .2375719   .1913876   .2577816   .2562646 |
     +-------------------------------------------+
```

위의 xtgee 명령어에 의한 추정결과를 앞 그림 13.7의 melogit 명령어에 의한 추정결과를 비교하면, 추정치에 차이가 있는 것을 알 수 있다. 그 이유는 melogit은 최우추정법을 사용하는데 비해, xtgee는 GEE 추정을 사용하기 때문이다. predict 명령문에서 옵션을 주지 않으면 PA 확률, 즉 한계확률을 계산해 준다. 맨 마지막에는 melogit, xtgee 명령문에서 구한 조건부 확률과 한계확률을 list 명령어를 이용해서 표로 보여주고 있다. melogit과 xtgee에서 계산한 한계확률(0.262와 0.261)은 거의 같은 값이며, 조건부 확률(0.243)과는 어느 정도 차이가 있음을 알 수 있다.

이번에는 한계효과를 계산해보자. 설명을 위해 추정 모형에 변수를 하나 더 추가했다. 즉 확률절편 모형에서 i 레벨 설명변수로 FEMALE이라는 더미변수를 추가하였다. 이 상황에서 melogit 추정 후 설명변수 $income_{ij}$가 $\Pr(church_{ij} = 1)$에 미치는 한계효과를 계산한 결과가 아래 나와 있다. 우선 모형 추정결과를 보면, 소득 변수 추정계수는 이전과 마찬가지로 음(−)으로 유의한데 반해, 새롭게 추가한 FEMALE 변수는 양(+)으로 유의한 것으로 나타났다. 여성이 남성보다 교회에 다닐 확률이 더 크다는 의미이다. margins 명령어를 이용하면 한계효과나 예측확률을 계산할 수 있다. 옵션으로 predict(marginal)는 식 13.36의 한계확률을 계산하고 predict(fixedonly) 옵션을 이용하면 확률요소를 0이라 했을 때의 예측확률이다. 아래에서 그 결과를 보면, 소득이 평균에 있을 때 남자와 여자가 교회 다닐 확률은 각각 15.0%와 21.8%로 계산되었다. 여자가 확률이 더 높은 것은 이미 FEMALE 변수 추정계수가 양(+)이었기 때문에 예상할 수 있는 결과이다. 한편, *income* 변수 한계효과는 −0.0097로 계산되었다. 이는 소득이 1단위 증가하면 교회 다닐 확률이 0.97%p씩 줄어든다는 의미이다.

그림 13.10 멀티레벨 로짓모형 추정 후 한계효과 계산 I

```
. melogit church income i.FEMALE || COUNTRY: , nolog

Mixed-effects logistic regression               Number of obs     =     13,628
Group variable:         COUNTRY                 Number of groups  =         60

                                                Obs per group:
                                                              min =         11
                                                              avg =      227.1
                                                              max =        767

Integration method: mvaghermite                 Integration pts.  =          7

                                                Wald chi2(2)      =     107.63
```

```
Log likelihood = -6057.2466                    Prob > chi2       =     0.0000
------------------------------------------------------------------------------
      church |      Coef.   Std. Err.      z    P>|z|     [95% Conf. Interval]
-------------+----------------------------------------------------------------
      income |  -.0648575   .0236681    -2.74   0.006    -.1112462   -.0184688
    1.FEMALE |   .4567722    .046644     9.79   0.000     .3653517    .5481928
       _cons |  -1.730428   .1917783    -9.02   0.000    -2.106307    -1.35455
-------------+----------------------------------------------------------------
COUNTRY      |
   var(_cons)|   2.096239   .4196649                      1.415895     3.10349
------------------------------------------------------------------------------
LR test vs. logistic model: chibar2(01) = 2756.55     Prob >= chibar2 = 0.0000

. margins FEMALE, predict(marginal) atmeans noatlegend
Adjusted predictions                                   Number of obs = 13,628
Model VCE: OIM

Expression: Marginal predicted mean, predict(marginal)
------------------------------------------------------------------------------
             |            Delta-method
             |     Margin   std. err.      z    P>|z|     [95% conf. interval]
-------------+----------------------------------------------------------------
      FEMALE |
           0 |     .21988   .0266012     8.27   0.000     .1677425    .2720174
           1 |   .2840662   .0297391     9.55   0.000     .2257787    .3423537
------------------------------------------------------------------------------

. margins FEMALE, predict(fixedonly) atmeans noatlegend
Adjusted predictions                                   Number of obs = 13,628
Model VCE: OIM

Expression: Predicted mean, fixed portion only, predict(fixedonly)
------------------------------------------------------------------------------
             |            Delta-method
             |     Margin   std. err.      z    P>|z|     [95% conf. interval]
-------------+----------------------------------------------------------------
      FEMALE |
           0 |   .1506333   .0245369     6.14   0.000     .1025419    .1987248
           1 |   .2187663   .0326272     6.71   0.000     .1548182    .2827144
------------------------------------------------------------------------------

. margins , predict(fixedonly) atmeans dydx(income)
Conditional marginal effects                    Number of obs     =     13,628
Model VCE    : OIM

Expression   : Predicted mean, fixed portion only, predict(fixedonly)
dy/dx w.r.t. : income
at           : income          =   -.012121 (mean)
               0.FEMALE        =   .4705753 (mean)
               1.FEMALE        =   .5294247 (mean)

------------------------------------------------------------------------------
             |            Delta-method
```

```
             |      dy/dx   Std. Err.      z    P>|z|     [95% Conf. Interval]
-------------+----------------------------------------------------------------
      income |  -.0097482   .0037422    -2.60   0.009    -.0170827   -.0024137
------------------------------------------------------------------------------

. margins , predict(fixedonly) atmeans noatlegend
Adjusted predictions                              Number of obs     =     13,628
Model VCE    : OIM

Expression   : Predicted mean, fixed portion only, predict(fixedonly)

------------------------------------------------------------------------------
             |            Delta-method
             |     Margin   Std. Err.      z    P>|z|     [95% Conf. Interval]
-------------+----------------------------------------------------------------
       _cons |   .1842498   .0285417     6.46   0.000     .1283092    .2401904
------------------------------------------------------------------------------


. di as txt "소득변수의 한계효과=   "  0.18424*(1-0.18424)* -0.06485
소득변수의 한계효과=   -.00974667

. qui margins , predict(fixedonly) atmeans noatlegend at(income=(-4(1)6))
. marginsplot , noci
```

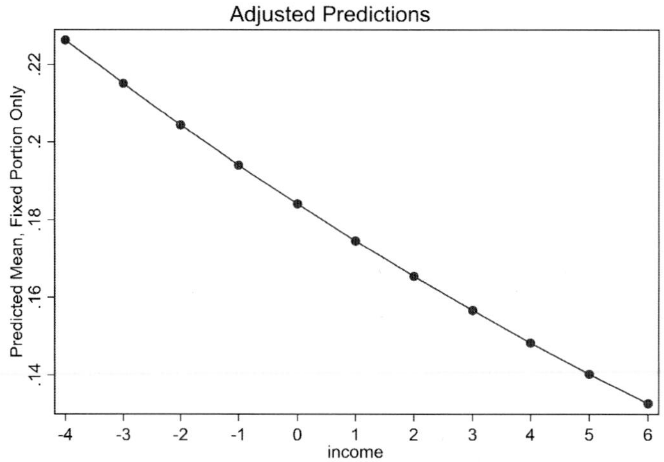

조건부 예측확률에 대한 한계효과 공식은 식 13.28과 13.29에 나와 있다. 식 13.29는 확률요소를 0으로 간주했을 때의 한계효과이다. 따라서 이 공식을 이용해서 위에서 margins, predict(fixedonly) 명령문으로 계산한 결과를 확인해볼 수 있다. 먼저 모든 설명변수가 평균에 있을 때 조건부 예측확률을 margins 명령문으로 계산해 낸다. 위 결과에서 보면, 그 값이 0.1842이다. 식 13.29에 의해 $\hat{\beta}_{income} \times 0.1842 \times (1-0.1842)$을 계산하면 앞에서와

동일한 −0.0097을 얻을 수 있다. 위 그림의 맨 마지막에는 −4에서 6까지의 소득에 대해 예측확률을 그래프로 그린 것이 나와 있다. 먼저 margins 명령문으로 모형을 추정한 후 marginsplot 명령문을 실행하면 된다. 소득이 증가할수록 $\Pr(y_{ij}=1|fixed, random=0)$이 낮아지는 것을 알 수 있다.

이번에는 확률요소(u_j)를 포함한 조건부 확률(식 13.26)에 미치는 한계효과를 계산해보자. 확률요소가 포함된 조건부 확률은 predict(marginal) 옵션을 사용하면 된다. 성별(FEMALE) 변수에 대한 한계효과를 계산하기 위해 dydx(FEMALE) 옵션을 추가한다. $u_j=0$인 조건부 확률(식 13.27)에 한계효과와 비교하기 위해 predict(fixedonly) 옵션도 동시에 사용한다. 확률요소를 고려한 한계효과는 0.0641이고 확률요소=0으로 가정한 한계효과는 0.0681이다. 남성에 비해 여성이 교회 다닐 확률이 6.41%p~6.81%p 더 높다고 해석한다.

그림 13.11 멀티레벨 로짓모형 추정 후 한계효과 계산 II

```
. qui melogit church income i.FEMALE || COUNTRY: , nolog

. margins , predict(fixedonly) predict(marginal) atmeans dydx(FEMALE)
Conditional marginal effects                          Number of obs = 13,628
Model VCE: OIM

dy/dx wrt: 1.FEMALE

1._predict: Predicted mean, fixed portion only, predict(fixedonly)
2._predict: Marginal predicted mean, predict(marginal)

At: income   = -.012121 (mean)
    0.FEMALE = .4705753 (mean)
    1.FEMALE = .5294247 (mean)
------------------------------------------------------------------------------
             |            Delta-method
             |      dy/dx   std. err.      z    P>|z|     [95% conf. interval]
-------------+----------------------------------------------------------------
0.FEMALE     |  (base outcome)
-------------+----------------------------------------------------------------
1.FEMALE     |
    _predict |
           1 |    .068133   .0106306     6.41   0.000     .0472974    .0889686
           2 |   .0641862   .0076583     8.38   0.000     .0491762    .0791963
------------------------------------------------------------------------------
Note: dy/dx for factor levels is the discrete change from the base level.
```

그림 13.12에서는 *income* 변수를 평균에서 고정하지 않고 -4에서 6까지 1단위 간격으로 변화시키면서 식 13.26과 식 13.27 조건부 확률을 그래프로 그린 결과를 보여준다. 남녀로 구분하여 확률을 계산한 후 *income* 변수값이 증가함에 따라 남녀의 조건부 확률이 어떻게

변하는지 그래프로 그려준다. 여기에서 보듯이 소득이 증가할수록 교회에 다닐 확률이 낮아지는 것으로 나타났다. 같은 소득일지라도 여자보다 남자의 교회 참석 확률이 높다는 것을 알 수 있다.

그림 13.12 남녀별 소득 변화에 따른 조건부 확률

```
. qui melogit church income i.FEMALE || COUNTRY: , nolog
. qui margins FEMALE , predict(fixedonly) atmeans noatlegend at(income=(-4(1)6))
. marginsplot , noci plot2opts(lpattern(longdash))

  Variables that uniquely identify margins: income FEMALE
```

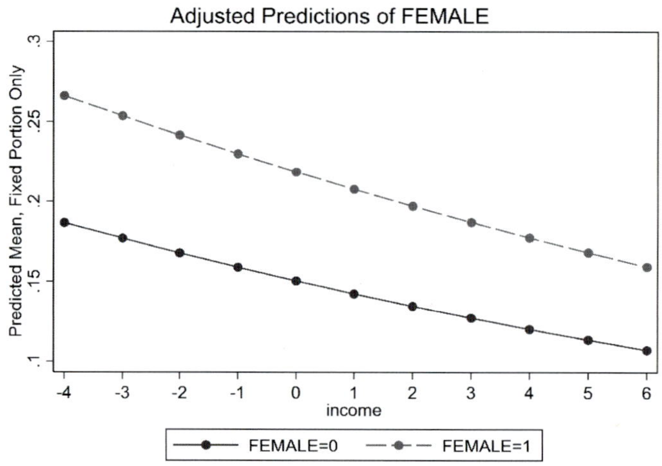


```
. qui margins FEMALE , predict(marginal) atmeans noatlegend at(income=(-4(1)6))
. marginsplot , noci plot2opts(lpattern(longdash))
```

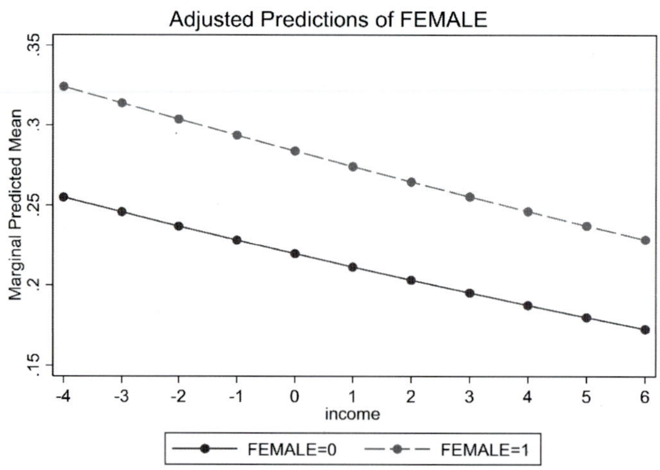

마지막으로 앞에서와 동일한 예제 데이터(A_data13_3.dta)를 이용하여 확률계수 모형을 추정해보자. 모형 설정은 다음과 같다.

$$church_{ij} = \gamma_0 + \beta_j income_{ij} + \theta FEMALE_{ij} + u_{1j} + e_{ij},$$
$$\beta_j = \delta_0 + \delta_1 urban_j + u_{2j} \quad (13.37)$$

확률기울기 β_j는 상위레벨 변수인 $urban_j$의 선형함수이다. 따라서 고정요소와 확률요소는 다음과 같이 구분된다.

$$\text{고정요소} = \gamma_0 + \delta_0 income_{ij} + \delta_1 urban_j income_{ij} + \theta FEMALE_{ij}$$
$$\text{확률요소} = u_{1j} + u_{2j} income_{ij}$$

이와 같은 확률계수 모형은 melogit 또는 gllamm 명령어를 통해서 추정이 가능하다.* 아래에 Stata 명령문과 추정결과가 있다. 우선 melogit 명령문에서 확률기울기를 갖는 설명변수를 지정해야 하는데, || COUNTRY: income 식으로 콜론 다음에 해당 변수 이름을 입력했다. 확률기울기를 갖는 설명변수가 2개인 경우에는 || COUNTRY: x1 x2 식으로 입력하면 된다. 확률계수 모형에서는 상위레벨 j에서 2개의 확률효과가 있으므로 cov(un) 옵션으로 공분산을 추정하도록 지정했다.

그림 13.13 멀티레벨 이항 종속변수 확률계수 모형

```
. melogit church income c.urban#c.income i.FEMALE || COUNTRY: income, nolog cov(un)

Mixed-effects logistic regression               Number of obs     =     13,628
Group variable:           COUNTRY               Number of groups  =         60

                                                Obs per group:
                                                              min =         11
                                                              avg =      227.1
                                                              max =        767

Integration method: mvaghermite                 Integration pts.  =          7

                                                Wald chi2(3)      =     108.36
Log likelihood = -6051.8928                     Prob > chi2       =     0.0000
------------------------------------------------------------------------------
      church |      Coef.   Std. Err.      z    P>|z|     [95% Conf. Interval]
-------------+----------------------------------------------------------------
      income |  -.2096074   .2874362    -0.73   0.466    -.7729719    .3537572
             |
```

* xtgee 명령어는 확률절편 모형만 추정할 수 있어서 여기에서는 사용할 수 없다.

```
 c.urban#c.income |   .0100626   .0283273     0.36   0.722    -.0454578    .065583
                  |
         1.FEMALE |      .4551   .0467341     9.74   0.000     .363503    .5466971
            _cons |  -1.739432   .1942509    -8.95   0.000   -2.120157   -1.358708
------------------+----------------------------------------------------------------
COUNTRY           |
      var(income)|   .0203605   .0120535                      .0063808    .0649684
       var(_cons)|   2.142367   .4296172                      1.446102    3.173866
------------------+----------------------------------------------------------------
COUNTRY           |
 cov(income,_cons)|   .1393948   .0634363     2.20   0.028      .015062    .2637276
-----------------------------------------------------------------------------------
LR test vs. logistic model: chi2(3) = 2766.92            Prob > chi2 = 0.0000

. gen cons=1
. eq inter: cons
. eq slope : income
. gen ur_income=urban*income

. gllamm church income ur_income FEMALE , i(country_code) nip(7) adapt link(logit)
family(binomial) eqs(inter slope) nrf(2) nolog

number of level 1 units = 13628
number of level 2 units = 60

Condition Number = 101.0217

gllamm model

log likelihood = -6051.8916

------------------------------------------------------------------------------
      church |      Coef.   Std. Err.      z    P>|z|     [95% Conf. Interval]
-------------+----------------------------------------------------------------
      income |  -.2097223   .2873552    -0.73   0.465    -.7729281    .3534834
   ur_income |   .0100716   .0283188     0.36   0.722    -.0454321    .0655754
      FEMALE |      .4551    .046734     9.74   0.000     .3635031    .5466969
       _cons |  -1.739355   .1938982    -8.97   0.000    -2.119388   -1.359322
------------------------------------------------------------------------------

Variances and covariances of random effects
------------------------------------------------------------------------------

***level 2 (country_code)

    var(1): 2.1432367 (.43033925)
    cov(2,1): .13961704 (.0635713) cor(2,1): .6683798

    var(2): .02035917 (.0120581)
------------------------------------------------------------------------------
```

위의 모형 추정결과에서 var(income)은 $var(u_{2j})$ 추정치이고 var(_cons)는 $var(u_{1j})$ 추정치이다. 앞서 설명하였듯이 로짓모형에서는 $var(e_{ij})$ 추정치는 주어지지 않는다. 레벨 j

와 레벨 i의 상호작용 변수인 c.urban#c.income 변수는 계수가 양(+)인 것으로 추정됐다. 이는 도시화가 많이 진전된 국가일수록 소득 증가가 교회 다닐 확률을 높이게 된다고 해석할 수 있다. 그러나 이 추정치가 통계적으로 유의하지는 않은 것으로 나타났다.

User-written program인 gllamm 명령어를 이용해도 확률계수 모형을 추정할 수 있다.* 이를 위해서는 먼저 상위레벨 j의 확률절편과 확률기울기를 eq 명령어로 지정해야 한다. 위의 명령문에서 보듯이 확률절편 지정을 위해 먼저 1의 값으로만 되어 있는 변수 cons를 만들었다. 그런 다음 확률절편과 확률기울기 식의 이름을 inter와 slope로 지정하였다. 그런데 gllamm 명령문에서는 c 연산자와 i 연산자를 사용할 수 없다. 따라서 먼저 ur_income이라는 상호작용 변수를 생성시켰다. gllamm 명령문의 eqs( ) 옵션에 미리 지정한 식의 이름을 입력해야 한다. gllamm 명령문에 반드시 포함시켜야 할 옵션이 nrf(2) 옵션이다. 이 옵션을 사용하지 않으면 계속 에러 메시지를 얻게 된다. 이 옵션의 의미는 상위레벨 j에서 확률효과가 2개(즉, u_{1j}, u_{2j})라는 의미이다. nrf( ) 옵션을 쓰지 않으면 nrf(1)을 의미한다. 그러나 이미 eqs(inter slope) 옵션에서 2개를 지정했기 때문에 모순되는 부분이 생기게 된다. 추정결과를 보면, 모든 모수 추정치들은 melogit의 결과와 거의 같음을 알 수 있다. gllamm 명령어는 melogit 명령어보다 유연하게 모형을 추정할 수 있는 장점이 있지만 추정결과를 얻는데 꽤 많은 시간이 필요하다.

13.5 Stata do file

```
use A_data13_1, clear
twoway (scatter lnw exper, sort) (lfit lnw exper) ///
if id==31 | id== 36| id==122 | id==134 |  ///
id==145 | id==207, by(id)

mixed lnw exper || id : exper, nolog cov(un)
estimates store RC
qui mixed lnw exper || id :, nolog
estimates store RI
lrtest RI RC

qui mixed lnw exper || id : exper, nolog cov(un)
estat recovariance

twoway (function log_wage=_b[_cons]+_b[exper]*x, ///
range(0 13)) (function upper=_b[_cons]+_b[exper]*x ///
+2*sqrt(0.054+2*-0.0029*x+0.0017*x^2), range(0 13)) ///
```

* i( )옵션에서 i(COUNTRY)가 아니라 i(country_code)를 사용하는 것에 유의하라.

```
(function lower=_b[_cons]+_b[exper]*x ///
-2*sqrt(0.054+2*-0.0029*x+0.0017*x^2) , range(0 13)), ///
scheme(s2mono) xlabel(0(2)13)

use A_data13_2, clear
mixed gsp || region: || state:,  nolog
su gsp
estat icc

mixed gsp emp c.hwy1#c.emp hwy1 water1  ///
|| region: || state: emp,  nolog  cov(un)
estimates store mod1
qui mixed gsp emp hwy1 water1  || region: || state:,  nolog
estimates store mod2
lrtest mod2 mod1, df(2)

qui mixed gsp emp c.hwy1#c.emp hwy1 water1 ///
|| region: || state: emp,  nolog cov(un)
predict u*, reffects
gen int1=_b[_cons]+u1+u3

su hwy1
gen slope1=_b[emp]+_b[c.hwy1#c.emp]*r(mean)+u2
egen tag1 = tag(region state)
list region state int1 slope1 if tag1==1 & region==1

use A_data13_3, clear

melogit church income || COUNTRY: , nolog
estat icc
di as txt "within correlation =  " as result 2.024/(2.024+_pi^2/3)

qui melogit church income || COUNTRY: , nolog
predict p_fix_random, mu
predict p_fix, fixedonly
predict fixed,  xb
predict random, reffects
list church p_fix_random p_fix fixed random  in 1

di as txt "조건부 확률 = "  invlogit(-1.408237+0.2900976)
di as txt "확률효과 0일 때 조건부 확률 = "  invlogit(-1.408237)

qui melogit church income || COUNTRY: , nolog
predict m_pr, marginal


xtgee church income, i(country_code) ///
family(binomial) link(logit) nolog vce(robust)
predict m_gee
```

```
list p_fix* m_pr m_gee in 1/5

melogit church income i.FEMALE || COUNTRY: , nolog
margins FEMALE, predict(marginal) atmeans noatlegend
margins FEMALE, predict(fixedonly) atmeans noatlegend

margins , predict(fixedonly) atmeans dydx(income)
margins , predict(fixedonly) atmeans noatlegend

di as txt "소득변수의 한계효과=    " ///
0.18424*(1-0.18424)* -0.06485

qui margins , predict(fixedonly) atmeans ///
noatlegend at(income=(-4(1)6))
marginsplot , noci

qui melogit church income i.FEMALE || COUNTRY: , nolog
margins , predict(fixedonly) predict(marginal) atmeans dydx(FEMALE)

qui melogit church income i.FEMALE || COUNTRY: , nolog
qui margins FEMALE , predict(fixedonly) atmeans ///
noatlegend at(income=(-4(1)6))
marginsplot , noci plot2opts(lpattern(longdash))

qui margins FEMALE , predict(marginal) atmeans ///
noatlegend at(income=(-4(1)6))
marginsplot , noci plot2opts(lpattern(longdash))

melogit church income c.urban#c.income i.FEMALE ///
|| COUNTRY: income, nolog cov(un)

gen cons=1
eq inter: cons
eq slope : income
gen ur_income=urban*income

gllamm church income ur_income FEMALE , ///
i(country_code) nip(7) adapt link(logit) ///
family(binomial) eqs(inter slope) nrf(2) nolog
```

참고문헌

민인식 (2012), STATA에서 행렬연산 활용, *Korean Journal of STATA*, 제3권 1호.

민인식 · 최필선(2019a), STATA 기초적 이해와 활용, 지필미디어.

민인식 · 최필선(2019b), STATA 기초통계와 회귀분석, 지필미디어.

민인식 · 최필선(2022), STATA 패널데이터 분석, 지필미디어.

민인식 · 최필선(2021), STATA 고급 통계분석, 지필미디어.

Baetschmann, G., K. Staub, R. Winkelmann (2011) "Consistent Estimation of the Fixed Effects Ordered Logit Model," IZA Discussion Papers 5443, Institute for the Study of Labor (IZA).

Baetschmann, G., A. Ballantyne, K. E. Staub, R. Winkelmann (2020), "feologit: A new command for fitting fixed-effects ordered logit models," The Stata Journal, 20(2), pp. 253-275.

Baltagi, B. (2009), *Econometric Analysis of Panel Data*, Wiley & Sons.

Beck, N. and J. Katz (1995), "What to do (and not to do) with time-series cross-section data," *American Political Science Review*, 89, 634-647.

Biorn, E. (2004), "Regression system for unbalanced panel data: a stepwise maximum likelihood procedure," *Journal of Econometrics*, 122, 281-291.

Butler, J. and R. Moffitt (1982), "A computationally efficient quadrature procedure for the one-factor multinomial probit model," *Econometrica*, 50, 761-764.

Cameron, A. and P. Trivedi (2005), *Microeconometrics: Methods and Applications*, Cambridge University Press.

Cameron, A. and P. Trivedi (2009), *Microeconometrics Using Stata*, Stata Press.

Chamberlain, G. (1980), "Analysis of covariance with qualitative data," *Review of Economic Studies*, 47, 225-238.

Das, M. and A. van Soest (1999), "A panel data model for subjective information on household income growth," *Journal of Economic Behavior and Organization*, 40, 409-426.

Frechette, G. (2001) "Update to random-effects ordered probit," *Stata Technical Bulletin*, StataCorp LP, vol. 10(61).

Fuller, W. and G. Battese (1973), "Transformations for estimation of linear models with nested-error structure," *Journal of the American Statistical Association*, 68, 626-632.

Grunfeld, Y. (1958), "The Determinants of Corporate Investment," Ph.D. thesis, Department of Economics, University of Chicago.

Hardin, J. W and J. M. Hilbe (2007), Generalized Linear Models and Extensions, Stata Press.

Hasuman, J., B. Hall and Z. Griliches (1984), "Econometric Models for Count Data with an Application to the Patents: R&D Relationship," *Econometrica*, 52, 909-938.

Honore, B. (1992) "Trimmed LAD and Least Squares Estimation of Truncated and Censored Regression Models with Fixed Effects," *Econometrica*, 60(3), 533-565.

Long J. and J. Freese (2005), *Regression Models for Categorical Dependent Variables Using Stata*, 2nd Ed., Stata Press.

Neyman, J. and E. Scott (1948), "Consistent estimation from partially consistent observations," *Econometrica*, 16, 1-32.

Pforr, K. (2014), "femlogit-Implementaiton of the multinomial logit model with fixed effects", *Stata Journal*, 14(4), pp 847-862.

Rabe-Hesketh, S. and A. Skrondal (2012), Multilevel and Longitudinal Modeling Using Stata, Stata Press.

Singer, J. and J. Willett (2012), *Applied Longitudinal Data Analysis: Modeling Change and Event Occurrence*, Oxford University Press.

Snijders, T. and R. Bosker (2011), *Multilevel Analysis: An Introduction to Basic and Advanced Multilevel Modelin-+g*, 2nd Ed., Sage Publications Ltd.

Zellner, A. (1962), "An Efficient Method of Estimating Seemingly Unrelated Regressions and Tests for Aggregation Bias", *Journal of the American Statistical Association*, 57(298), pp.348-368.

찾아보기

(ㅎ)

저자 약력

• 민인식

서울대학교 사회과학대학 경제학부 졸업
Texas A&M University 경제학과 대학원 졸업 (경제학 박사)
정보통신정책연구원 책임연구원
(현) 한국STATA학회장
(현) 경희대학교 정경대학 경제학과 교수

• 최필선

서울대학교 사회과학대학 국제경제학과 및 동 대학원 졸업
Texas A&M University 경제학과 대학원 졸업 (경제학 박사)
예금보험공사 연구위원, 금융감독원 팀장
(현) 건국대학교 상경대학 국제무역학과 교수

15-17 Version

고급 패널데이터 분석 *3rd Edition*

Advanced Panel Data Analysis

발 행 일 3판 1쇄 2022년 8월 30일
저 자 민인식, 최필선
발 행 인 김성남
발 행 처 (주)지필미디어

주 소 [illegible]
전 화 031-923-4504
팩 스 031-917-4503
이 메 일 jiphil.naver.com
홈페이지 www.jiphil.co.kr
등록번호 제 312-1997-000043호 (1997년 07월 16일)

I S B N 979-11-86674-96-3 / 93310
가 격 30,000원